架构思维

从程序员到CTO

[美]郭东白/著

人民邮电出版社
北京

图书在版编目（CIP）数据

架构思维 : 从程序员到CTO / （美）郭东白著. --
北京 : 人民邮电出版社, 2024.3
ISBN 978-7-115-63275-3

Ⅰ. ①架… Ⅱ. ①郭… Ⅲ. ①计算机网络 Ⅳ.
①TP393

中国国家版本馆CIP数据核字(2023)第234619号

内 容 提 要

本书以架构师工作中的痛点问题为导向，结合大量真实、复杂的案例，帮助架构师提高架构设计能力，规划职业成长路径。本书共 4 部分，第一部分“架构师的思维模式”介绍 3 种架构师的思维定式和 4 种架构活动中常见的思维模式；第二部分“架构师的生存法则”介绍影响架构活动成败的 6 个要素，以及由其引出的架构师的 6 条生存法则；第三部分“架构活动中的挑战、根因和应对”介绍架构师在整个架构活动中持续发挥的作用以及架构活动不同阶段常见的问题；第四部分“架构师的职业规划和能力成长”介绍架构师的成长地图和对应角色的关键能力，以及提升思考力的方法。

本书对所有 IT 从业人员都有益，尤其适合想成为架构师的研发人员和想提升自己架构能力的架构师。

◆ 著　　　　[美] 郭东白
责任编辑　孙喆思
责任印制　王　郁　马振武
◆ 人民邮电出版社出版发行　　北京市丰台区成寿寺路 11 号
邮编　100164　　电子邮件　315@ptpress.com.cn
网址　https://www.ptpress.com.cn
固安县铭成印刷有限公司印刷
◆ 开本：800×1000　1/16
印张：19.25　　　　2024 年 3 月第 1 版
字数：364 千字　　　　2025 年 4 月河北第 5 次印刷
著作权合同登记号　图字：01-2023-5112 号

定价：89.80 元

读者服务热线：(010)81055410　印装质量热线：(010)81055316
反盗版热线：(010)81055315

本书献给我的妈妈爸爸。

序

当东白邀请我为他的新书撰写序言时，我本以为他会在书中分享作为一名软件架构师和首席技术官（CTO）所需的技术知识和专业技能，后来惊喜地发现，我猜错了。

东白与我几乎同一时间加入阿里巴巴，初始阶段在不同的业务部门工作。后来我们又先后来到东南亚的Lazada工作，更加深了合作关系。东白与一般的技术专家或领导者有着非常不同的特点。他在技术领域积累了丰富的经验，但他的特别之处在于他对组织和人的关注，以及对技术工作的商业产出与影响一直保持着敏锐的洞察力。此外，东白对如何帮助年轻人的职业发展充满激情，他善于沟通，能够将复杂的技术和概念用简单的语言传达给别人。

信息技术在过去30年对我们的生活与工作产生了巨大的影响，并主导了整个社会的发展与进步。推动变革的技术经历了个人计算机、局域网、互联网、移动互联网、大数据、人工智能等，但背后真正的两个核心动力从未改变：一是半导体与硬件技术的不断突破，使我们能够以更低的成本进行更快的计算与更大容量的存储；二是计算机软件科学的发展，使我们能够处理更加复杂的逻辑并服务更多的用户。

在这个不断变化的技术环境中，软件架构的重要性愈发凸显。然而作为一个职业，软件架构师的地位却不断受到业内外的挑战。在20世纪90年代互联网技术发展初期，软件架构师是备受推崇的职位。在相对简单的技术诉求下，他们的决策直接决定了系统的性能和扩展性。技术的快速发展导致一个软件系统变得越来越庞大和复杂，涉及的技术领域和组件也越来越多，这些都使成为一个成功的软件架构师的门槛变得越来越高。与此同时，敏捷和快速迭代的开发模式强调快速交付功能，因而长期的架构规划有时会被忽视。但是，我们不能忽视软件架构师的价值。技术不断发展，需要经验丰富的软件架构师来引导系统的设计和发展。他们在技术选择、性能优化、安全性、可维护性和业务目标的实现等方面发挥着至关重要的作用。

在这本书中，东白不仅分享了技术层面的知识，更将焦点放在了如何在软件架构领域取得成功的全过程中。他关注的不只是技术的表象，更是背后的原理和动机。他将自己丰富的经验、深刻的思考以及对组织、人和业务的独特洞察融入了这本书，为读者带来了一种与众不同的视角。

东白在书中强调了技术与商业的融合，教导我们如何将创新的火花转化为实际的商业价值。在当今快速变化的环境中，深刻理解软件架构的思维方式和决策方法对整个科技生态系统的成功具有关键性影响。这本书将为那些渴望在软件架构领域取得成功的人提供宝贵的经验和指导，对任何技术专家、技术领导者和数字经济或IT领域的产品与业务人员同样有很大的帮助。

李纯

Lazada前CEO、阿里巴巴前B2B事业部CTO

前　言

我从初中一年级开始接触编程，到现在已经有近40年了。我从当时在只有4 KB内存的单板机上开始学习BASIC语言和汇编语言，到后来管理3个大洲6个数据中心由上万台物理机支撑的全球电商系统，这期间我见证了个人计算机的崛起，经历了互联网和移动技术的爆发，到现在面对着人工智能的大潮。

我从一个业余的编程爱好者变成专业的程序员，然后成为研发经理、架构师、产品经理、首席架构师，最后到CTO。我的工作地也从美国换到了中国，再换到新加坡，再回到中国，现在到了韩国，这个过程中我有幸亲历了互联网和移动技术的爆发。

我从2005年开始认真学习并且实践软件架构，从软件工程师做起，做过兼职架构师，也做过跨域架构师、总架构师和CTO。到现在，我已经在CTO这个岗位上工作8年多，这8年多我先是在阿里巴巴旗下的AliExpress担任CTO，又到阿里巴巴旗下的Lazada担任集团CTO，然后在瓜子二手车集团担任CTO，现在我在韩国电商公司Coupang担任外卖和电商相关的3个业务的CTO。

我经历了一个架构师职业发展的完整路径，我想通过本书来浓缩我对架构师这个职业的理解，我更期望本书能帮助你在架构师这个职业上获得更快、更好的发展。

从我偶然的架构师经历谈起

看我的职业经历，你可能会觉得我很成功，而我一直认为自己是一个“偶然的架构师”。为什么这么说呢？我发现我性格上有一些成为优秀架构师的必要条件，我在工作上又非常投入，我又恰好处在一个软件技术高速发展的时代，这些因素使我在架构师这个职业的发展上比很多人要幸运那么一点点。

当初极客时间联系我写一个架构相关的专栏时，我开始反复思考：我这些所谓的成功，真的可以帮到别人吗？

我的结论是：在当下互联网行业这种极度内卷的大环境下，用我过去的行为其实根本没办法复制我的成功。

但在梳理思路的过程中，我有一个想法越来越强烈：假设我能有一台时光机，能回到

20年前，把我今天写下的架构原则和成长建议给到那时的我，我的人生肯定会大不同，绝对比现在幸运十倍甚至百倍。

事实上，本书中介绍的这些架构原则并不是我独特的发明创造，它们都很朴素、简单，不少理论在 20 年前就已经存在，现在依然没有过时，它们在我身上适用，在我近距离观察到的其他优秀架构师身上也适用。但是，如果不是自己在一些事情上碰得“头破血流”，我完全不会注意到或者真正理解这些原则，更别说运用好了。这也是我下决心写极客时间专栏“郭东白的架构课”的原因。

但我相信，即使我找到了时光机，见到了年轻时的我，年轻且任性的我可能也未必会太在乎这些原则。我把那些羞于启齿的失败，一件一件原原本本地讲出来，年轻的我可能会说：“哦，原来是这样的啊！”

我想给 20 年前的我的建议是：“听我讲讲我的失败故事吧，或许它们能帮到你。”这就是本书所有内容的出发点。

制定自己的架构师成长战略

为什么我认为架构师的成长需要一个战略呢？为什么你不能像我一样成为一个“偶然的架构师”呢？

我读博士用了 5 年，但从系统地学习架构理论到成为一位真正的架构师花了 10 年。这个过程让我有了一个坚信的理念：要想在架构师这个职业上超越别人，必须尽早制定自己的架构师成长战略。

我喜欢读史书和人物传记，我在大量的阅读中发现，有一类人（如亚历山大）的成功平常人是无法复制的，但有一类人（如埃隆·马斯克、史蒂夫·乔布斯和马云）的成功还是有迹可循的，他们的经验是可以学习的。

怎么学呢？我借用企业管理学者哈梅尔（Gary Hamel）和普拉哈拉德（C. K. Prahalad）在“战略意图”（Strategic Intent）这篇文章中提到的一个概念：“过去 20 年中达到世界顶尖地位的公司，每一家都有自己的战略意图。”把“公司”换成马斯克、乔布斯和马云等人，这句话同样适用。每个想达到顶峰的人都应该有自己的战略意图。

所谓“战略意图”，就是拥有与其资源和能力极不相称的雄心壮志。哈梅尔和普拉哈拉德还特别提到，只有这种极度的不相称性才会让一家公司愿意突破常规，为自己创造机会，成功挑战不可能。

所以，我这么定位我的这本书：“假设你有做一个全球顶尖架构师的战略意图，那么我希望我能帮你提高一点成功概率。”我并不是说我是全球顶尖架构师，而是说假设你在我的思考之上开始你的架构师生涯，我相信你会比不具备这些思考的人更有优势。

在我看来，当前软件行业的大量人才供给和全球范围内的残酷竞争，导致人才胜出更加不易，这也使战略意图对职业成长的价值越来越大。可以说，缺少战略意图将很难成长为一名优秀的架构师。

我期望达到的最终目标是：你能够设计出自己的职业成功，而不是靠运气得来你的职业成功。即使你已经是架构师了，我也希望这些经验总结能帮到你。

本书的整体结构

我接下来讲一下本书的整体结构。本书共分 4 部分，每部分都有独立的主题和目标，并且全书的内容组织也有一定的特色。

第一部分　架构师的思维模式

计算机行业经历了 40 多年的高速迭代，目前还没有慢下来的迹象。这个过程中硬件和软件技术也经历了革命性的变化。

在这么大的跨越过程中，架构师是否有一组可以持续践行的思考原则呢？我认为是有的，就是第 2 章中介绍的架构师的思维定式，这些思维定式也是贯穿架构师整个职业生涯的思维方式。

这些思维方式起源于整个计算机行业一些没有变化的性质：

- 软件企业追求商业成功这个事实没有发生变化；
- 架构师作为一个独立的专业决策者这个角色没有发生变化；
- 整个计算机行业持续高速发展这个事实没有发生变化。

这 3 个现象分别对应本书所倡导的架构师的 3 种思维定式，即价值思维、实证思维和成长思维。

我在第 2 章中把思维假设表述出来，因为我在思考和处理问题的时候，会引入一些隐含的假设作为起点，这些假设的差异最终带来了决策的差异。我的目的是像几何学一样，从一组公理开始所有的证明，而在此之后的原则和结论都是基于逻辑的推导。

这么做可能会让你觉得第一部分读起来有些枯燥。如果是这样，你可以只阅读这一部分中每章的小结，然后从第二部分开始阅读。读完其他部分之后，再回过头来阅读第一部分的内容。这也是我的极客时间专栏“郭东白的架构课”的组织顺序。

第一部分的最后一章介绍了架构活动中的思维模式。架构师作为一个大型软件项目的组织者和设计者，必须为软件系统带来结构性的提升。在这个工作目标不变的情况下，架构师会在大型架构活动中重复遇到相似的决策挑战，这些挑战的性质相同，因此应对这些挑战有一系列有效的思维模式，这就引出了架构师的 4 种常见的思维模式，即全方位思维、批判思维、实用主义思维和分析思维。

这些思维定式和思维模式是贯穿全书的思考起点，也是本书书名用“架构思维”的原因。

第二部分 架构师的生存法则

第二部分主要讲的是架构师必须尊重的一些原则——架构师的生存法则。如果架构师违背了这些生存法则，他指导的架构活动就可能会面临巨大的失误，他的职业生存也会受到威胁。这就是我最想用时光机带给年轻时的我的内容，也是我的专栏“郭东白的架构课”中最受欢迎、读者留言评论最多的内容。

第 4 章是对这些生存法则的整体介绍，从第 5 章到第 10 章，每章介绍一条生存法则。这 6 条生存法则分别对应影响架构活动成败的 6 个要素，分别是目标、人、经济价值、环境、过程控制和文化。

这 6 条生存法则分别代表了我在这 6 个要素上观察到的最常见的共性问题。针对每种问题，我试图挖掘其中的本质，然后针对问题的根因提出解决方案。

举个例子，第 5 章解释架构师的第一条生存法则——有唯一且正确的目标。这是架构活动成功的前提，但架构师经常要面对那些“既要……也要……还要……”的决策者，让架构师在一组相互制约且缺乏理性的目标下变得手足无措。我在这一章里先找到产生这个问题的真正根因，即决策者放弃了他的取舍权，然后介绍一系列手段帮助架构师在这种情况下为企业做出最优的决策。

这就是我认为这些生存法则可以帮到年轻时候的我的原因：它们能帮我理解架构活动中出现的问题背后的本质。有了这些知识，年轻的我肯定会有不同的经历。因此，用来引出生存法则的具体案例对决策的指导价值反倒不大了，但这些抽象的生存法则依然能帮我看清问题的本质，那么年轻的我就能在理解根因的基础上想出新的解决方案，从而为企业创造更大的价值。

这就是生存法则的价值。

第三部分 架构活动中的挑战、根因和应对

具体到一个复杂的架构活动，如果架构师想要为这个架构活动带来更大的成功概率，他就必须在架构活动的不同生命周期关注当时可能出现的问题，从而在正确的时间点上对未来可能出现的问题做有效的防范和充分的准备。

这一部分主要介绍架构师的这些关键防范或准备动作。虽然都是介绍动作，甚至动作的内容都有一定的相似性，但是本书和其他架构方面的书有一个巨大的差异：我不是仅解释具体动作，而是从架构师在架构活动中必然遇到的挑战谈起。这些挑战背后有一个或者多个根因，只有知道了准确的根因，才能发现最有效的应对动作。

事实上，只讲动作让架构师很难实践，因为计算机行业中每家企业几乎都在寻求创新突破，所以每个架构师遇到的问题和对应的解决方法都是独一无二的。在激烈竞争的互联网时代，架构师的每个动作更不能有多余。因此，架构师必须清楚地知道自己为架构活动

的每个生命周期节点要创造的价值，才有可能判断自己打算做出的动作是否有效。有了价值目标，架构师才能想办法度量自己的动作的效果、发现问题，未来再尝试新的动作。这也是贯穿全书的价值思维和实证思维的思考方式。

这一部分介绍的动作只是我有限的工作经历中得到的最佳实践。我不是想让年轻时的我记住这些动作，而是我想让年轻时的我看到可能面临的挑战。这些挑战来自计算机行业一直增长的竞争压力、时间压力、人才供给压力和长期不确定性。不同时代的架构师面临的是这些根因的不同展现形式。

通过这一部分内容的学习，你能快速识别一个挑战，由此迅速联系到它的根因，从本书中提到的应对思路获得启发。这样你就可以根据自己所在的企业、场景和竞争压力情况灵活设计自己的应对动作。

第 11 章介绍架构师在整个架构活动中持续发挥的作用：建立共识、控制风险和注入理性思考。第 12 章到第 18 章分别介绍架构活动的 7 个阶段中最常见的问题，并一一提出相应的干预动作。这种干预动作涵盖了很多架构师的共同困惑。

- 如何通过价值创造让自己变得不可或缺？
- 从架构师的工作内容来看一个架构活动中有哪些完全不同的阶段？
- 在架构活动的每个阶段架构师会遇到什么样的挑战？
- 哪些挑战会大幅影响整个架构活动的成功概率和价值产出？
- 这些挑战背后的根因是什么？
- 在不同阶段架构师应该采用什么手段去预防这个阶段或者未来可能出现的问题？
- 如何在各种资源条件的制约下最大限度地保障架构目标的实现？

当阅读第三部分的时候，跟随我的推导逻辑很重要，因为只有这样你才能学到发现问题根因的办法和应对思路。

第四部分　架构师的职业规划和能力成长

前面提到在当今激烈竞争下架构师必须有一个职业成长的战略意图。有了与自身实力极不相称的战略意图，成长之路必然坎坷。但是，如果有人能给你一张成长地图，在遇到困境的时候你可能就没有那么慌张了。

第四部分就是架构师的成长地图，这部分主要描述架构师成长的宏观视图和一个可能的路径设计。

在第 19 章到第 23 章中，我把架构师的成长的关键能力分解成 5 种，分别是结构化设计的能力、解决横向问题的能力、解决跨领域冲突的能力、构筑技术壁垒的能力和为企业创造生存优势的能力。这些都是架构师职业生涯中非常重要的能力，也代表了架构师在不同阶段要面临不同的挑战，并且要解决不同复杂度的问题。

这 5 种能力分别对应架构师职业成长的 5 种角色，即程序员、兼职架构师、跨域架构师、总架构师和 CTO。我之所以介绍能力跃迁而不是讲我个人在这 5 种角色上的经历和教训，依然是在遵循前面提到的价值思维的逻辑：架构师在这 5 种角色上分别带来 5 种不同的价值，想要最大化这些价值就要提升相应的能力，而这些能力之间存在着很大的不连续性。这就意味着，架构师想承担更大的职责就必须先跨越相应的能力障碍，构建一个全新的能力维度，仅靠把现有能力做到极致是不够的：一个程序员永远不可能只靠写代码就成为 CTO。

架构师的成长就是能力跃迁的过程，如图 0.1 所示，图中每个方框代表架构师的一种能力和对应的角色，每个方框里位于上方的粗体字表示这种能力，下方的细体字是具备这种能力的角色，如程序员的主要能力就是结构化设计的能力。

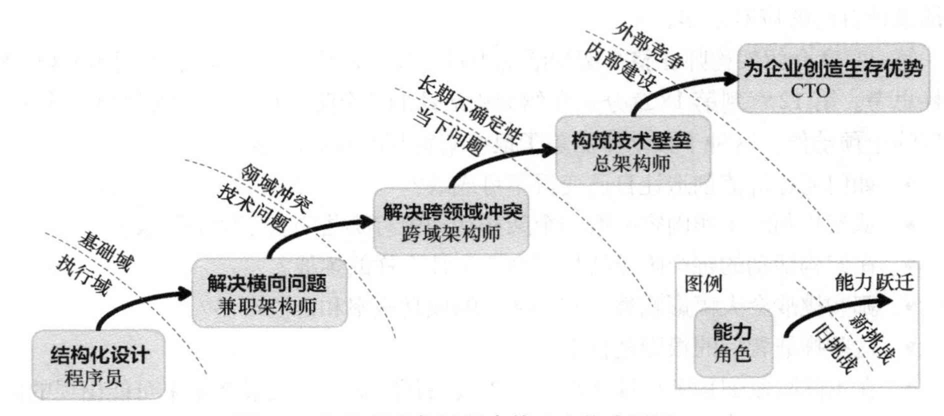

图 0.1　架构师成长过程中的 4 次能力跃迁

第 24 章系统性分析架构师成长的必要条件和充分条件。这一章的目的是想讲清楚架构师成长中最关键的条件是什么，让架构师能在诸多诱惑之间做出正确的取舍。所谓战略，其实就是取舍。你要做的就是把自己的精力放在提升在职业发展中真正有区分度的能力上。

第 25 章着重介绍架构师提升独立思考的能力的手段。有不少人认为思考力是天生的，个人的行为对思考力提升没有多大帮助，而我认为，思考力是可以通过后天的训练提升的。架构师，或者是任何个人决策者，都可以通过训练和建立自己的思考者网络来提升自己的思考力。

第 26 章通过一个具体案例展示如何长时间观察并且深度思考一个问题，最终得出一个有别于他人的有效结论。我选择了过去 8 年间在国内如火如荼的中台的案例，用分析思维发现造成一些企业尝试中台失败的原因，也希望这种分析能够帮到那些正在建设中台的企业。

本书的内容及组织方式

本书的内容和组织方式可能与计算机类的工具书有很大差异，原因是我有这样一个假设：架构师的价值就在于解决未知领域的问题，靠记忆和单纯的技能学习是成不了好架构师的。

本书不是“架构技能八法”“性能提升三招”“稳定性六式”这类工具书。我的目标只有一个：让你接触到一些我靠多年经验才体会到的思考方式。也就是说，本书的终极目标是传递思考方式而不是应对手段。因此，本书每章都是从一个问题或者挑战开始，然后是对这个问题或者挑战的根因剖析，最后是相应的应对方法。

问题本身是客观的，是由我过去经历的或者近距离观察到的真实案例加工而成的。之所以需要加工，是因为一个完整的真实案例会有太多的支线信息，去掉它们可以帮你厘清主线，更多地关注根因。这种对案例的加工是服务于我想传递的思考方式的。案例的作用仅此而已。因此，当你看到一个似曾相识的案例时，不要去猜测这个案例是不是跟某个人或某家公司相关，如有雷同，的确纯属巧合。当然，从学习思考方式的目标来说，把注意力放在去挖某个案例的八卦上也是非常不理智的行为。

另外，本书的案例多数来自电商系统，主要的考虑是电商是一个普遍存在的应用，所有读者都有体验；电商系统的相关架构设计在互联网上也有大量传播，如果你有不明白的表达和场景也可以在网上查到背景知识。不过，本书中的案例多数是用作论据，如果你看不懂可以直接跳过，并不影响后续内容的学习。

既然目标是为了传递思考方式，那么本书会用较大的篇幅反复论证和推导。这个思考过程类似于笛卡儿所倡导的思想方法：先否定一切不能确认为真的东西，再寻找一组逻辑结论。

需要特别说明的是，我在描述推导逻辑的过程中必然会有思考缺陷，我非常期望你能指出我逻辑中的瑕疵，并在帮助我提升的过程中理解架构哲学，发现架构师这一岗位的存在价值。

另外，每章都有“思维拓展”，这些思维拓展是我的一些心得和建议。有些与软件架构有关，有些与软件架构无关，但是我认为这些建议都对架构师的职业成长有帮助。

每章的最后是“思考题”。曾有人向我索要这些问题的标准答案，但多数题目我也没有答案，它们是我的日常思考实验。思考这些问题会有助于更好地理解对应章的内容。

给非软件工程师读者的建议

我的专栏“郭东白的架构课”中有不少软件工程师之外的读者，其中包括投资人、产品经理、业务经理和人力资源（HR）负责人等。他们当中有不少人还主动与我联系和沟通过。根据交流，我把他们归为 3 类。

一类是专业决策者。架构师面临的高风险、高回报、高不确定性的挑战已经通过互联网传递到了各行各业，所以很多人认为架构师的思维方式对他们同样适用。这也是他们认为我的专栏对他们的工作帮助很大的原因。如果你是这样的读者，那么我建议你遇到不太清楚的案例的时候可以跳过。原因就是前面提到的——本书的目标是传递思考方式，不是案例本身。

另一类是架构师的合作者。他们想了解架构师的思维方式和挑战，也期望通过改变自身的工作方式使自己与架构师的合作能够更顺畅，有更好的产出。

最后一类是架构师的管理者，其中也包括 HR。他们的目标是知道架构师应该能够创造什么样的价值，他们做什么才可以帮到架构师，让架构师最大程度地发挥价值。

哪些人不是本书的目标读者

除了公开演讲，我也给很多企业做过培训，我经常会问在场的人一个问题："你为什么想做架构师？"

近半数的人给我的答案是架构师挣钱多、有权力。他们学我的专栏的目的就是速成以通过面试。

我想强调的是：架构师没有速成班，架构师的成功主要靠技术实力和思考力的提升。本书无法帮你通过面试。如果你没有架构实践，仅靠读这本书就能蒙混过关，那么我的判断是这个面试官也不怎么样，你就算加入这家企业也不一定能有提升。你真正能从本书学到的是架构师的思维方式和架构原则，是在未知环境中判断和取舍的能力。本书的目标是帮你通过架构实践为自己所在的团队或企业带来竞争优势。

致谢

本书源于我的极客时间专栏"郭东白的架构课"。我特别感谢极客时间的所有工作人员和人民邮电出版社的编辑团队的大量付出，也特别感谢极客时间专栏的订阅者和评论者。

我还要特别感谢与我共事过的同事和与我深度讨论过的同行。

本书的封面设计思路源自我的女儿郭易辰。

最后感谢支持我的家人和朋友。

资源与支持

资源获取

本书提供如下资源：

- 本书思维导图；
- 异步社区 7 天 VIP 会员。

要获得以上资源，您可以扫描下方二维码，根据指引领取。

提交勘误

作者和编辑尽最大努力来确保书中内容的准确性，但难免会存在疏漏。欢迎您将发现的问题反馈给我们，帮助我们提升图书的质量。

当您发现错误时，请登录异步社区（https://www.epubit.com），按书名搜索，进入本书页面，点击“发表勘误”，输入勘误信息，点击“提交勘误”按钮即可（见下图）。本书的作者和编辑会对您提交的勘误进行审核，确认并接受后，您将获赠异步社区的 100 积分。积分可用于在异步社区兑换优惠券、样书或奖品。

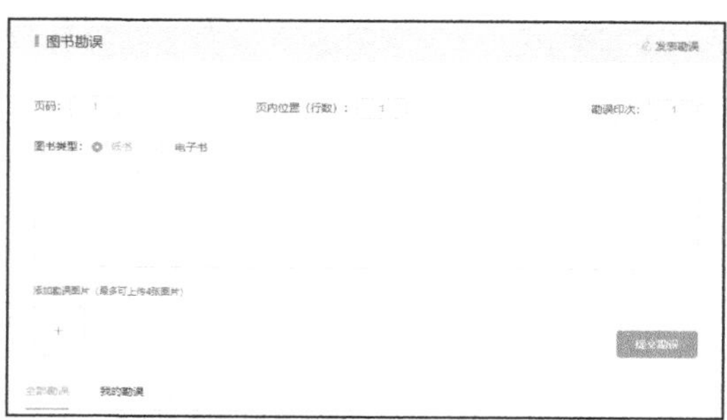

与我们联系

我们的联系邮箱是 contact@epubit.com.cn。

如果您对本书有任何疑问或建议，请您发邮件给我们，并请在邮件标题中注明本书书名，以便我们更高效地做出反馈。

如果您有兴趣出版图书、录制教学视频，或者参与图书翻译、技术审校等工作，可以发邮件给本书的责任编辑（sunzhesi@ptpress.com.cn）。

如果您所在的学校、培训机构或企业，想批量购买本书或异步社区出版的其他图书，也可以发邮件给我们。

如果您在网上发现有针对异步社区出品图书的各种形式的盗版行为，包括对图书全部或部分内容的非授权传播，请您将怀疑有侵权行为的链接发邮件给我们。您的这一举动是对作者权益的保护，也是我们持续为您提供有价值的内容的动力之源。

关于异步社区和异步图书

“异步社区”（www.epubit.com）是由人民邮电出版社创办的 IT 专业图书社区，于 2015 年 8 月上线运营，致力于优质内容的出版和分享，为读者提供高品质的学习内容，为作译者提供专业的出版服务，实现作者与读者在线交流互动，以及传统出版与数字出版的融合发展。

“异步图书”是异步社区策划出版的精品 IT 图书的品牌，依托于人民邮电出版社在计算机图书领域 40 余年的发展与积淀。异步图书面向 IT 行业以及各行业使用相关技术的用户。

目　录

第一部分　架构师的思维模式

第二部分 架构师的生存法则

第三部分 架构活动中的挑战、根因和应对

第四部分 架构师的职业规划和能力成长

第一部分　架构师的思维模式

本部分的内容主要是关于架构师的思维模式的思考。我试图通过论证架构师这一职业作为专业决策者所面临的挑战，阐明架构师要应对这些挑战必须具备的思维模式。

本部分中最重要的概念就是思维定式和思维模式。**思维定式**是一个角色内在的、为了最大化该角色生存概率而必须采取的一组思维方式。**思维模式**是一个角色面对某种特定场景或特定问题时应该采取的最优的思维方式。

这里我通过一个“狼人杀”的案例来解释什么是思维定式。一个人参加一个狼人杀游戏，如果他领到了狼人身份，他就需要采取一组特定的思考方式来帮助他隐藏他的身份，然后潜伏到夜里杀死更多的平民；如果这个人在新的游戏回合领到了平民身份，他就需要采用完全不同的一组思考方式来分析场景，找到潜伏的狼人；如果这个人在下一个回合领到了一个神职角色，他又要切换到一个新的思考方式，以此类推。这些不同的思考方式与这个人所扮演的角色绑定。不论是谁参与这个游戏，一旦他进入这一角色，他就必须采取相似的思维方式，因为这样的思维方式可以最大化他的赢率。

不同于思维定式，思维模式是与场景绑定的。架构师这一角色在企业中有很多不同类型的任务。例如，架构师可能会作为导师培养刚刚加入公司的新人，也可能会被邀请到另一个团队去评审他们的架构规划，还可能会被要求去参加一个重大故障的复盘会，同时被要求必须在最短时间内解决相关系统的稳定性问题。

架构师在执行这 3 种不同的任务的时候会有 3 种不同的思维模式。可以想象，如果架构师以审视一个系统故障的思维方式去培养一个新人，那么这个新人的日子会有多么艰难。

因为思维模式是与场景相关的最佳思考实践，所以具体采取哪种思维模式与场景或者问题密切相关。例如，本书讲软件架构，在软件架构的不同生命周期架构师面临着不同的挑战，因此架构师应该采取的思维模式也必然是有针对性的。

思维定式和思维模式的最大区别在于前者与一个角色绑定，几乎可以认为是这个角色必须采取的信念；后者与场景绑定，就是在某个特定场景下，已知的最可靠的解决问题的思路。因此，思维模式可以是任何人都可以使用的一组思考工具，平时放在工具箱里，在必要的时候拿出来使用。

本部分的第 1 章详细分析互联网架构师的生存挑战，从而为架构师的思维定式设定相应的上下文；第 2 章从互联网企业面临的生存挑战推导出互联网架构师的思维定式；第 3 章强调互联网架构师的常见工作场景，以及在这些特定的工作场景下应该采取的思维模式。

第 1 章 互联网时代的架构师

本书是讲架构思维的。简单来说，**架构思维**就是架构师应该采取的思维方式。更准确地说，本书介绍的是互联网时代的软件架构师应该采取的思维方式。除非特别指出，否则本书中提到架构师特指互联网时代的软件架构师。

互联网时代的架构师是靠高质量决策生存的，高质量决策能力也是现代社会中各种职业都必须具备的核心能力。本书的最终目标是帮助架构师通过系统性的思维方式学习来提升这种决策能力。因此，本章我先从分析架构师角色及其所面临的挑战开始分析。

1.1 架构师的定义

架构师这个岗位虽然很普遍，但很难找到一个被普遍接受的、标准的定义。事实上，这种普遍存在的实体缺乏准确定义的现象在高速发展的行业中十分常见，具体原因有以下几个。

首先，业界无标准。软件行业的高速变化导致整个行业对架构师没有标准的定义，对架构师的价值创造也没有共识。

其次，语义在漂移。架构师原本是软件行业中一个具有较高综合能力的岗位，但它逐渐演变成了具有稀缺能力的软件研发人才的代名词。举例来说，一个缺乏人才吸引力的企业，为了吸引候选人，会在任何软件研发的岗位前加个“架构师”作为修饰。这使架构师一词的语义发生了漂移。

最后，内涵在改变。在过去 40 年间，架构师的思考的作用域，也就是软件技术的底层，发生了巨大的变化。软件工程师从 20 年前为企业用户开发定制软件，到互联网时代为全球用户开发与其场景深度集成且计算环境高度复杂的分布式互联网软件，架构师的服务对象、工作内涵、外部依赖和工作模式也随之发生了巨大的改变，而且这种改变还在进行中。

我之所以要从定义“架构师”开始整本书的内容，是因为如果缺乏一个准确的定义就无法锁定“架构师”这个名词的内涵，无法理解“架构师”这个职业必须创造的价值，也就无法分析架构师面临的具体挑战，更无法锁定该岗位角色必须具备的能力，“架构师应该采取的思维模式”这个话题也就无从谈起了。事实上，准确定义一个实体是架构师启动日常思考的第一步，也是任何一个理性思考者的思考起点。

我在极客时间的专栏里引用了 9 种架构师的定义，这些定义分别描述架构师的工作内容、具备的能力、创造的价值以及工作和思维方式。

事实上，一个实体的定义是为使用它的上下文服务的，与使用它的上下文相关。在本书的“架构思维”这个上下文中，我对架构师定义是：**架构师是为复杂场景设计结构化软件并且引导多个团队来实施它的人。**

有了上面这个定义，就可以开始研究架构师这个职业的特殊性了。

1.2　架构师的职责定位

下面我就用领域模型来描述架构师的工作环境和定位，进一步定义架构师的工作内容。

图 1.1 展示的是一个简化的传统软件产品研发的领域模型。

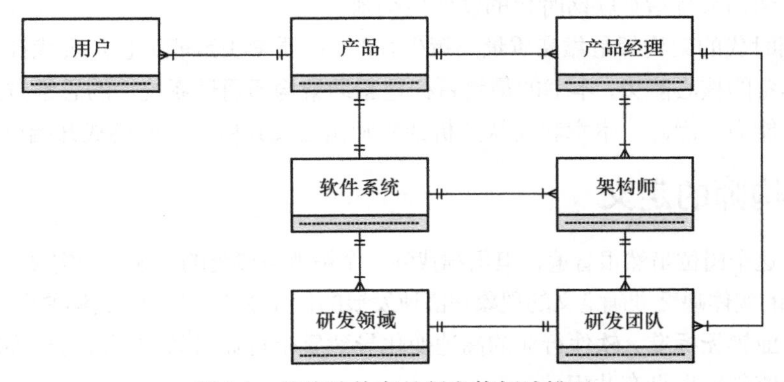

图 1.1　传统软件产品研发的领域模型

图 1.1 中的每个方块表示一个实体，连线表示两个实体间的关系，其中连线和方块的连接处的两条短线代表有且仅有一个的关系，而连接处的短线和鸟爪形状则代表有一个或者多个的关系。例如，图 1.1 中代表用户实体和产品实体的方块和连接它们的连线就可以简单描述为“有多个用户使用一个产品”。有时候我会在连线上用一个词来标注这个连线所代表的关系，如果这种关系比较简单，我会像图 1.1 所示的那样略去对应的标注。

图 1.1 表明，一个产品服务很多用户。一个产品由多名产品经理共同定义，背后是一个软件系统。一个软件系统包括软件本身，以及在运行软件操作系统和软件系统中管理的能反映当前商业模式的数据、算法模型和商业规则等。一个软件系统分成多个研发领域，每个领域由一个研发团队负责，这个研发团队把产品经理的需求转化成软件实现。如果这个过程是完美的，似乎一个软件企业就不需要架构师这个角色了。但是，回到前面关于架构师的定义，为什么几乎每个软件企业都有专职的架构师呢？部分答案就在图 1.1 中。架构师和研发团队是一对多的关系，一个架构师要为多个研发领域的软件设计和实施做决策。这就是架构师这个角色的特殊性：架构师对多个领域的软件架构和实施负责。他通过

影响多个研发团队的决策和行为来间接影响自己所负责的领域架构。这就是前面提到的“为复杂场景设计结构化软件”的过程。

当软件场景足够复杂且每个研发团队独立做出的软件架构决策不再是最优的时，架构师的价值就体现出来了，他要在单个研发团队之外提供不同的视角和决策，最终找到更好的架构选择和实施路径。

接下来我就分析一下在互联网时代架构师给软件企业提供的价值。

1.3 互联网软件架构的特点

本书里的多数内容是针对互联网架构师的。也就是说，前面架构师定义中提到的“复杂场景”特指互联网场景，即任何涉及网络用户和网络设备的场景，而不是局限于基于互联网的信息交换场景。

在这个定义下，互联网场景，如游戏、社交、电商，区别于非互联网场景的一个重要特性就是，网络上的用户和设备会迅速扩张，而且其背后的技术可以在全球范围内复制，从而形成巨大的技术和商业规模优势。

从软件研发的影响来看，我认为互联网时代的商业环境最主要的特性有以下 3 个。

（1）**赛道竞争激烈**。互联网企业有非常强的马太效应，充分竞争的大市场里最终往往仅有一两个玩家胜出，往往具备赢家通吃的特性。互联网是一个高投入、高回报和高死亡率的竞技场，一个赛道只要可以被互联网时代的技术改造，这个赛道里的所有企业就会被迫参与到这场竞争中。例如，亚马逊和阿里巴巴对零售业、美团对餐饮、抖音对媒体，都是一个有巨大技术优势的互联网企业带给整个行业的一次巨大重组。

（2）**市场和监管环境高度不确定**。在互联网高度竞争的过程中，用户、商家、供应商和基础设施提供商都很快被市场教育，同时市场监管也在加速响应这些变化。过去 20 年间，平台经济、共享经济、内容经济、P2P 经济等一系列商业模式创新都是市场和监管同时高速演化的例子。

（3）**技术环境高度复杂且高速迭代**。在短短 20 年间，端边缘和云上算力、人工智能技术、区块链技术和互联网带宽同时高速发展，催生了类似元宇宙和大语言模型这样的全新应用场景，而新应用场景又会加速技术的分化，使用户体验更加多元化，这种体验多元化和技术高速分化又使软件及其背后的基础设施的生命周期变得更短，软件架构决策的风险也变得更大。

我自己的职业生涯正好经历了从“前互联网时代”过渡到“互联网时代”的软件产品的全过程。2001 年我开始在甲骨文公司数据库部门工作。当时数据库软件的分发依然靠光盘这样的物理介质，发布和市场渗透非常慢，而企业内部数据迁移也同样耗时。因此，用户对软件质量要求非常高，对迭代速度反倒要求不高。一直到 2010 年，甲骨文公司对数据库代码的测试覆盖率的要求是 95%。一个数据库版本的发布周期是 18 个月。每个版本的产品需求在研发开始的时候就已经基本成型，甚至已经和大客户完成多轮反馈。但是，到互联网时代的 2012 年我在亚马逊工作时，产品需求已经很难保证 6 个月稳定不变了，多数服务器端代码测试覆盖率还不到 25%。到了 2022 年，很多中小公司连商业模式都很难保证 6 个月稳定，更别说产品需求了。

互联网时代的商业环境具有以上最主要特性，意味着互联网时代的软件架构挑战有它自己的特性。

（1）**架构活动投入大，超大投入带来的可能回报也很大。**在互联网时代，为了最大化前面提到的马太效应，企业往往通过一种大型商业活动来聚合和放大营销效果，如“618”和“双 11”大促、线上线下同步活动、全球新品发布等，这种大型商业活动需要制订跨团队的甚至是跨企业的架构活动规划，而每次架构活动背后的商业投入也非常大。阿里巴巴的天猫“双 11”就是一个完美的例子。天猫 2018 年“双 11”第一分钟每秒交易几十万次，第一个小时的交易额总计超过 1000 亿元人民币，全天的交易额有数千亿元人民币。如果“双 11”那天出现重大技术故障，不但会影响投资者的信心，甚至有些小企业会因备货太多却销售不出去而在一夜之间破产。而且这个架构活动的交付日期根本没有变更空间，“双 11”之前必须完成，而“双 11”当天必须保障业务和技术目标的高度保真。

（2）**反射式的日常研发行为导致大量的技术债和严肃设计的欠缺。**在互联网时代，因为竞争激烈，不论是初创公司，还是大企业里的初创团队，决策时间都非常有限。整个企业从上到下持续面临着巨大交付压力，这种压力导致一种我称之为“反射式研发”的行为，也就是研发人员写代码像膝跳反射一样，他们每天重复接需求、写代码、发布上线、修故障这样的循环，很少有人去思考和追求长远的设计。尽管这种行为不影响业务迭代，但是如果这种行为延续到一个大型的架构活动中，结果就是灾难性的。

（3）**分布在全球的、高压的、分布式的工作模式导致团队之间认知割裂。**现在的互联网企业往往有多个分布在全球各地的产品和研发中心。在这种跨地域、国家、语言和文化的研发模式之下，再加上前面提到的高度不确定的市场环境，每个小团队，甚至每个研发人员，平时都在自己的研发领域内以一种几乎与外部完全隔离的高强度工作方式开发代码。不同研发领域的团队之间沟通长期匮乏。久而久之，康威定律就开始发挥作用：“设计系统的结构和产生这些设计的组织的沟通结构是同构的。”这种由于认知割裂而导致的软件架构缺乏整体结构性的问题会随着时间的推移越来越严重。

那么，在赛道竞争激烈、市场和监管环境高度不确定和技术环境高度复杂且高速迭代的商业环境下，如果一支认知割裂的研发团队加速以反射式的研发行为去支持超大投入的架构活动，会出现怎样的情况呢？可想而知，这支团队做出的决策是无法保障软件设计的全局一致性和整个架构活动的目标的，这时候架构师的价值就显而易见了。

图 1.2 展示的是互联网企业大规模架构活动的领域模型。

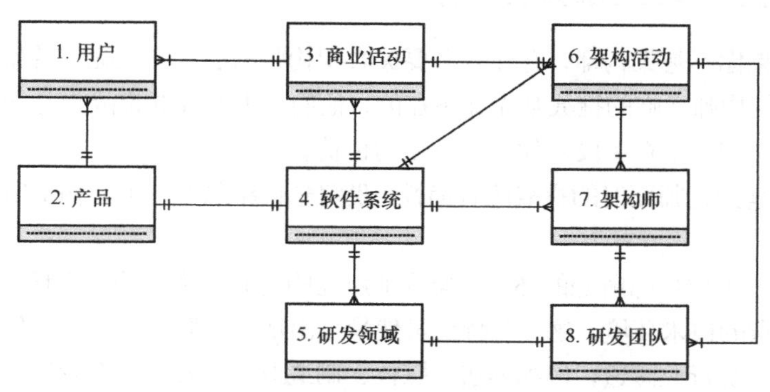

图 1.2 互联网企业大规模架构活动的领域模型

在图 1.2 中，用户、产品、软件系统、架构师、研发领域和研发团队与图 1.1 中的含义相同。互联网企业在日常的高压下保持反射式的交付方式，技术团队不断地积累技术债，而研发团队之间由于认知差异而无法高效地沟通和合作，图 1.1 中多个研发团队负责的多个研发领域之间就会出现软件架构决策的全局不合理性，也就是说，图 1.1 中的软件系统的架构是次优的。

当一家企业筹办一个有大量用户参与的大型商业活动的时候，就需要额外关注这个商业活动对应的架构活动，以保障架构合理，并达到交付目标。也就是说，这个高风险、高回报的大型架构活动需要架构师来抵抗各个研发团队独立做出的次优决策。他需要在研发团队之外提供更完整和更长期的视角，帮助企业找到更好的架构设计和实施路径。也就是说，**架构师**在一个充分竞争的大市场里、在不确定性的市场环境中、在高度复杂的技术环境下，引导多个研发团队持续优化一个软件系统并且保障一个大型的架构活动达到预期目标。

当然，不是每个架构活动都像电商领域的“双 11”这么苛刻。事实上，这么苛刻的要求也意味着巨大的成本。某些企业为了准备“双 11”，从 6 月就开始备战，持续地高强度加班一直到“双 11”结束，甚至有的营销方案在前一年的“双 12”就要先做小范围预演，等到第二年“618”再次尝试，最后到第二年的“双 11”才全面铺开。

虽然很少有架构活动能像“双 11”这样的商业重要性，但是几乎每个互联网公司的架构活动都面临着超高的风险、超大的预期回报和远高于日常的架构复杂度这些性质。原因很简单：如果一个架构活动不具备这样的性质，就不会有互联网公司愿意为这个架构活动配置专职的架构师来审视和调整众多团队的架构决策。取而代之的应该是敏捷开发，用最小的组织、最低的时间成本、最少的代码把系统迅速上线。也就是说，架构师的存在是因为互联网企业中高风险、高回报场景的客观存在。

1.4　看压力，人人都是架构师

但是，如果你不是架构师，有什么必要关心架构师的思维方式呢？答案是，在当今的竞争环境下，架构师面临的挑战是无处不在的，他们过去面临的挑战也是你将要面临的挑战，因此他们的职业生存手段对你同样有学习价值。

为了看清楚架构师面对的挑战的普遍性，我们先重新思考一下架构师所处的环境和所承担的职责。

首先分析一下架构师所处的环境。架构师所处的是充分竞争的大市场、不确定的市场环境、高度复杂的技术环境。这 3 个特性虽然最早出现在互联网行业中，但是已经通过技术迅速向其他传统行业渗透，例如零售、媒体、制造业、教育，甚至餐饮，都因为互联网特性的渗透而面临同样激烈的竞争、同样不确定的市场和新技术带来的改变。也就是说，过去架构师所处的高风险、高回报的环境正在向其他垂直行业快速复制。

其次看一下架构师的职责。架构师的主要职责是通过引导研发团队优化一个软件系统来达到预期的商业效果。在这个过程中，架构师不是具体优化动作的执行者，而是间接地为执行者提供建议，但架构师也要为最终的结果负责，确保达成总体目标。这种以保障整体结果为目标干预执行者决策的角色就是一个**专业决策者**的角色。他能够通过更丰富的领域知识和经验、更好的判断力、更全面的视角为执行团队提供更可靠的建议，并且能够监督执行过程，迅速调整决策，最终保障一个高风险的投入达到预期目标。

这种在执行团队之外的专业决策者的角色其实在各个行业都很常见，这也是架构师之外的专业人士会关注和学习我的极客时间专栏的原因。可以说，现代企业中的专业决策者与互联网中的架构师面对的挑战是类似的，如图 1.3 所示。

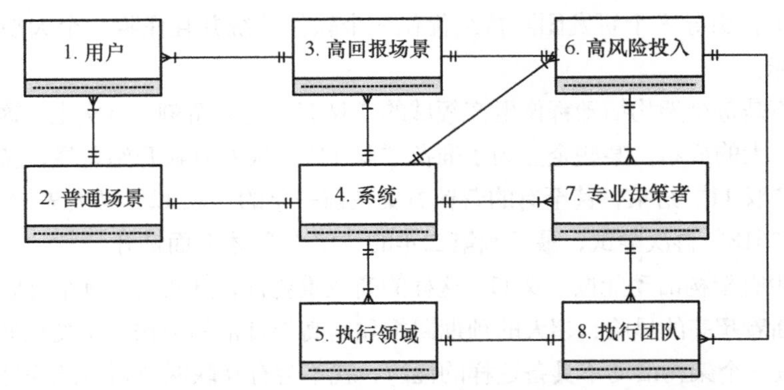

图 1.3　现代企业中的专业决策者与互联网中的架构师面对的挑战是类似的

对比一下图 1.3 和图 1.2 可以看出，这两张图是同构的，图中标号相同的实体的功能相似。图 1.2 中软件系统被抽象成任何由多个执行团队共同协作完成的一个系统或者服务，这个系统通过普通场景和高回报场景服务用户，针对高回报场景，会有普通场景之外的高风险投入，需要更多来自专业决策者的输入，而图 1.2 中的架构师就是专业决策者的一个例子。图 1.3 可以看作图 1.2 的抽象。此外，图 1.3 表明，所有的专业决策者都是靠高质量决策创造价值的，甚至任何一个想要获得职业成长的人都要提升自己的高质量决策能力。

1.5 小结

我在本章中定义了架构师这个职业，强调**架构师是为复杂场景设计结构化软件并且引导多个团队来实施它的人**。通过分析互联网时代商业环境的特性和软件架构挑战，即协调多个认知割裂的团队在缺乏规划的工作模式上完成一个有超大商业投入的架构活动，我确定架构师必须具备为高风险、高回报的场景输入高质量决策的能力。

本书就是要帮助架构师和其他职场人士提升这种高质量决策能力。

1.6 思维拓展：通过领域模型提升思考的结构性

在本章中我演示了架构师的一个常见的思考手段，即通过深度挖掘一个实体的内涵和领域模型分析来定义一个实体。有了实体的定义，我继而从场景的分析和实体之间关系的分析中发掘出实体的内在属性。

在本章的案例中我通过这种分析方法发现了高质量决策这个核心能力，之后通过进一步建模抽象把这种能力推广到更普遍的场景中。

实体定义和建模是架构师的一项重要技能，是统一割裂认知的第一步。多数成熟的互联网企业也很强调这方面的技能，有些企业甚至把领域建模作为架构师晋升文档模板中的一部分。但是，我在工作中发现很少有人能把这件事情做好。做好这件事情最关键的就是在日常的各种机会中不断地使用这些手段，把定义概念这个看似简单、实则对思考提升非常有效的实用能力训练好。

1.7 思考题

1. 本章中提到架构师这个实体虽然普遍存在但缺乏准确定义，你能再举出 3 个有同样情形的实体的例子吗？
2. 建议找一家招聘网站，看一下与你所在的行业和背景相关的架构师岗位都有哪些，并判断一下有多少岗位符合本书中的架构师定义，再结合本章内容，分享一下你的洞察。
3. 找一个与你能力基本匹配且符合架构师定义的岗位，看一下你的差距在哪里，然后把这些差距总结成几个关键词和一组提升路径。
4. 把你对架构师的定义延展到另一个你熟知的职业角色上去，然后你分析一下你所在的企业中处在这个角色的人是否符合你的定义？为什么？

第2章 互联网架构师的思维定式

在第 1 章中我提到架构思维是架构师应该采取的思维方式，那么互联网时代的架构师应该采取的思维方式是什么呢？

在本章中我会从企业生存的角度出发，引出专业决策者为企业生存必须创造的价值；然后，从这种价值创造的需求推导出架构师为了最大化自身的价值创造而必须采取的思维模式组合——价值思维、实证思维和成长思维（这 3 种思维共同构成了架构师应该采取的思维定式）；最后，论证一下为什么这种思维定式会提升架构师高质量决策能力和长期生存空间。

2.1 最大化企业生存的王道

思维定式是为了最大化一个角色生存的。因为架构师是服务于一家企业的，企业生存是架构师生存的前提，所以在了解最大化架构师这个角色生存之前，先研究一下企业生存。

企业的生存方式可以有很多种，具体选择哪一种受企业决策者的价值观左右，而这个价值观超出了本书要讨论的范畴。

简单来说，在我国历史上有过两种价值观：王道和霸道。一般来说，“王道”是以顺应自然和民意的行为来最大化自身利益的做事方式，“霸道”是以不受任何约束的手段达到目的的做事方式。

从过去互联网时代国内外的监管动作，甚至延伸到过去几百年世界各国的监管政策来看，政府会通过各种手段，包括税收、监管政策和法律法规等，限制甚至是打击那些不符合社会价值的企业。因此，我认为企业的长期生存靠顺应自然和民意，即企业靠“王道”生存。

在互联网商业环境中，所谓“顺应自然”就是尊重市场规律，以长期可持续的价值，尤其是规模化的成本优势，来最大化社会资源的利用；而“顺应民意”则体现在通过用户可以直接感知的价值创造，来提升用户增长和留存，也就是通常所说的“用户用脚投票”的部分。

2.2 从企业生存的王道到架构师的价值思维

对为软件企业提供高质量决策的架构师来说，什么才是生存的王道呢？答案是价值思维。也就是说，架构师的每个决策都要最大化自己为企业创造的长期价值。这是架构师思维模式的起点，也是架构师这个职能存在的重要前提。

因为一家企业在开放市场里寻求长期生存，所以它必须采用最有可能达到这一个目标的决策来指导自己的行为。架构师如果持续为企业提供最接近这个目标的决策，那么尽管具体到每个架构活动都有不同的成功概率，但在足够长的时间内的平均回报则趋向最优。这样，架构师才能换取他在企业中长期生存的机会。

具体到互联网环境中，架构师就是要深刻地理解自己的企业或者自己的应用场景，通过借力互联网而以更低成本来服务更多的用户，从而促成良性的增长，放大规模效应，最终把规模效应带来的成本优势返还给用户，为用户带来更好、更便宜、更多样、更便捷的服务。这就是互联网架构师的价值驱动的思维方式。

不过，对架构师这个职能而言，这种价值思维还有一个约束条件——过程正义。也就是说，在最大化价值创造的过程中，架构师可选的行动项不是毫无限制的，而局限于那些满足公平正义条件的一个子集。这里的过程正义是相对结果正义而言的，后者的行动项不受任何约束，简单来说就是，为了达到目的不择手段，也就是靠霸道生存。

为什么过程正义是一个必选项而不是可选项呢?

首先，架构师这个职业的特殊性在于架构师需要通过他人来间接地创造价值。如果架构师作为一个决策建议者都不能维持过程正义，那他就无法要求具有真正管辖权力的执行者维持过程正义了。执行者如果为所欲为，架构师的建议对他们就没有任何约束力了。

其次，如果企业以王道生存，那么它必须保持过程正义才能维持公信力，否则最终的做事方式和结果都会偏离最大化社会价值的目标。架构师作为企业的一员应该主动选择以过程正义的方式做事情。

过程正义是一个时常被提起但又经常被忽视的约束条件。举个很常见的例子。过去10年里，我几乎每周都能看到架构师在交付压力之下对交付时效、交付质量和预期结果被迫做出超出极限的估计。结果就是，要么架构师损失信誉，要么系统结构性恶化，要么公司蒙受损失。

这么做对架构师个人和架构师群体的损失都很大。架构师的决策仅仅是一个承诺，他需要消耗现有资源在未来兑现承诺，一旦兑现失败，架构活动的资源赞助者就会对架构师将来所有承诺的真实性产生顾虑。

在一个信息不对称的“柠檬市场”，一个赞助者无法为一个不可证伪的承诺付费，只能通过其他手段对冲失败风险或者拒绝为它立即付费，从而避免更大幅的损失。这种拒绝一方面体现为赞助者压缩架构师的执行周期和减少前期资源的投入，另一方面体现为赞助者减少对架构师角色的依赖。

因此，过程正义的价值思维是架构师思维定式，是这个角色最大化生存所必需。

2.3 从个人生存的王道到架构师的思维定式

前面提到了架构师靠为企业提供高质量的决策来换取他在企业中的生存机会，那么他应该通过什么样的思维定式才能维持或者提升自己的高质量决策的能力呢？答案是实证主义和成长思维。

2.3.1 实证思维

实证主义（positivism）是由法国哲学家奥古斯特·孔德（Auguste Comte）提出的，他的学说被后来的卡尔·波普尔（Karl Popper）等人所修正，演变成“后实证主义”。后实证思维方式认为，人和现实之间可以通过实验观察和验证过的规律形成一层抽象，也就是说，可以推演规律，从而对现实形成认知。

实证主义者认为一个基于科学观察抽象出来的科学规律具有以下特征。

第一，这些规律是可以独立表述和使用的。它是独立于实践而存在的，且能够被单独抽象出来而独立传播。实证主义同时要求这些规律最终能够预测出可以被客观地观察和度量到的实践结果，由这些实践结果来验证规律的正确性。

第二，这些规律具有一定的逻辑结构，是完备和自洽的。这些规律往往可以被浓缩成一组公理，通过这组公理和严格的逻辑推导来扩大到更广泛的规律。公理越简单、越普适，规律本身的价值越大。

第三，这些规律可以被普遍证实，也就是它们的验证环境可以被其他人复现且结果也可以被其他人观察和解释。更重要的是，这些规律也因此可以被比较和证伪。这跟“信则灵”的唯心主义思维有着非常大的区别，实证主义认定的不能证伪的学说都不是科学理论。

自然科学、实验科学和工程一般都属于这类范畴。不过，软件工程受到人类行为和社会心理学的影响，在可预测性上不如自然科学那么严谨。例如，康威定律其实符合上面的实证主义对科学规律的定义。但在实践中，很难把康威定律所描述的组织沟通力和软件架构量化到可以把康威定律绝对证伪。同样，在软件架构领域，多数输入、行为和产出非常难以量化描述，所以在可预测性上就没有那么严谨了，但这并不妨碍架构师利用康威定律来提升自己在软件架构过程中的决策能力。

图 2.1 是从科学方法借鉴来的，我对用词稍做了修改，它比较好地表述了架构探索的过程。我试图通过这张图表明科学方法也适用于架构活动：先从一个架构设计（科学假设）开始，再根据线上实验和观察得到一个商业价值的准确度量（客观的结论）。如果结论是正向的，就说明架构师的设计非常有效，也创造了价值；如果结论是负向的，架构师就需要复盘并寻找根因，做设计修正，再开始新的循环。

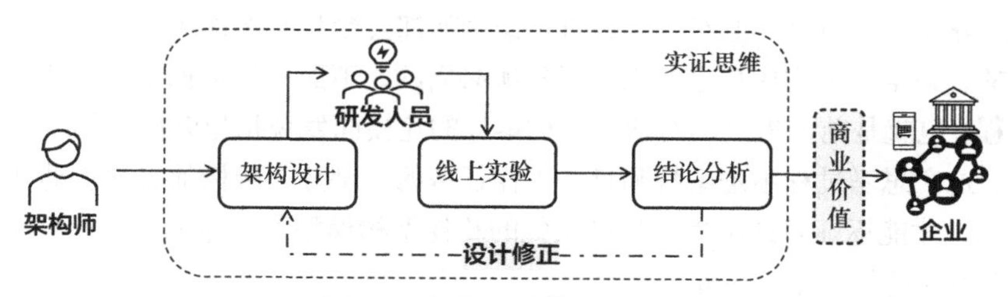

图 2.1 架构设计的实证思维

对架构师而言，**实证思维**是一种通过对软件架构方法论的建模来发现指导软件架构的宏观规律，从而形成可被独立验证且有实用价值的软件架构方法论的思维方式。这里特别强调，这个建模过程不是具体针对一个特定架构活动面临的具体领域问题建立模型，而是对软件架构这件事情做最接近现实的抽象。一个好的模型可以帮助架构师更透彻地理解影响架构活动的不同因素，发现并确认其中的本质规律，从这些规律推导出的结论最终对某个具体的架构活动起指导作用。

从架构师的定位来看，一个真正的架构师必然是实证主义者。为什么这么说呢？因为他要从内心相信架构活动是有一些规律可循的。如果软件架构没有任何规律可循，那么经验积累对架构师也就没什么用处了，他不会从过去的成功和失败中提升自己的能力，也不会比别人得出更高质量的架构决策，他的长期职业前途会非常暗淡。

本书的第二部分“架构师的生存法则”就试图把互联网时代的软件架构法则表述出来。虽然这些生存法则在完备性、自洽性和可预测性上都还缺乏严谨的论证，但是这么做是践行实证主义的第一步。

软件架构的规律的实证过程就是基于实证思维的建模过程，如图 2.2 所示。

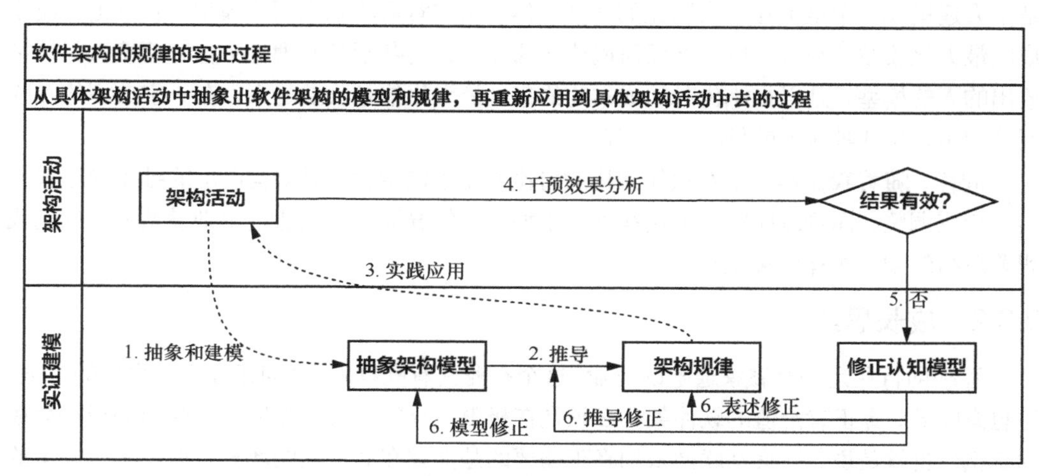

图 2.2 把架构师的思考分成两个不同的过程

图 2.2 分成上下两层。上面一层是所有架构师都会参与的架构活动过程，这个思考过程是被动的，是架构师完成自己的工作任务所必需的。下面一层是抽象思维的过程，即实证建模过程，也就是前面提到的对软件架构本身的建模而发现指导软件架构的宏观规律的思考过程，这个思考过程不是架构师日常工作任务的一部分，架构师必须主动开启这个抽象思考过程，才能逐渐总结出提升自己认知的软件架构模型和规律来。

图 2.2 中的过程具体描述如下。

（1）架构师同时参与两个过程，一个过程是具体的“架构活动”，另一个过程是架构师对软件架构本身的抽象思考，也就是图中的“实证建模”过程。

（2）通过理解具体的架构活动，可以对架构活动进行抽象和建模，形成一组“抽象架构模型”。

（3）从抽象的模型中，可以推导出一些“架构规律”来指引未来的架构决策和行为。

（4）这些架构规律用于指导和干预具体的架构活动，也就是图中的“实践应用”过程。架构师希望当一个架构规律应用到具体的架构活动中的时候，这个架构活动比缺乏规律指导的成功概率更高。

（5）如果这些规律应用到具体的架构活动中没有达到预期的效果，甚至会导致失败的时候，架构师审视失败的根因，对自己的认知模型做出修正。这个修正过程作用在模型、推导过程和对规律的表述上。

（6）架构师不断重复上面的实证建模和实践活动中修正的过程，逐步提升自己对软件架构这个领域的认知，也就是提升抽象模型和架构规律。

抽象模型是为使用它的上下文服务的。模型的粒度和实体间的关系在不同理论和不同场景下会有差异。例如，同样是关于人的抽象模型，不同的场景有不同的抽象。经济学就是把人建模成一个最大化个人收益的理性个体；风控背后的恶意用户模型，就是把人建模成以最大化收益为目标，但缺乏任何道德和法律约束的甚至是非理性个体；而搜索引擎抽象出的人的模型，是以最小化时间成本为约束、最大化信息收益的人。在一家典型的互联网公司中，这 3 种对人的抽象同时存在。

同样，随着我在本书中对软件架构的讨论侧重点的变化，对架构活动的抽象模型我也会做相应调整。你可以比较一下这些抽象模型之间的异同，甚至通过识别模型来感知到我想要总结的架构规律的侧重点。

2.3.2　成长思维

互联网行业是一个赢家通吃的行业。这个行业具有高投入、高回报和高死亡率的特征。这也意味着，真正有价值的软件架构必须是在极限生存的压力下帮助企业胜出的极少数成功案例。也就是说，一家互联网公司真正需要的是能够在高风险的场景下做出正确决策的架构师。

那么，你如何才能成长为这样的一名架构师呢？答案是你要有成长思维。**成长思维**是以最大化能力成长为目标而进行职业选择的思维方式。更直接地说，你要把自己放在你能够承受的风险极限中，这样才能获得足够多的高风险决策机会。通过足够多的高风险决策机会，你才能通过实证思维来提升自己对高风险商业环境的理解，发现架构规律，最终提升你高风险决策的质量。

关于为什么高决策风险是架构师成长的必需，我特别建议你在网上看一下乔布斯给一些咨询师的讲话。他的话可以总结成：如果你没有从头到尾真正做过一件事，为这件事受伤，从失败中学习，那你的认知就是纸面上的，是二维的，永远到不了三维。乔布斯认为咨询师虽然日常给出很多决策建议，但不把自己置于风险之下，不为自己的决策承担真正的风险，这就相当于他们根本没做过高风险决策，他们只是在纸上或者在 PPT 上画了一些图而已。架构师只有把自己置于真正极限的生存压力之下，才能做出艰难的取舍，最终找到超越竞争对手的解决方案。

互联网架构师就像探险家，他无法在一个舒适的环境下想象怎么去探险，去应对各种生存挑战，他要在真实的探险过程中不断挑战自己的能力边界。

我有时候会看到求职者的简历上写着：几年之间，把某个系统的每秒事务数（transactions per second，TPS）从几百提升到几万。事实上，这种简历的含金量极低。做过系统压力测试的人都知道，系统容量从几百 TPS 到几万 TPS，甚至是几十万 TPS，其中的方法论几乎没有任何变化。可能他第一次尝试在几个月的时间内把规模从几百 TPS 提升几千 TPS 的过程中获得了巨大的成长，但是在此之后都是在重复走相同的路。我一般碰到这种情形，都会问候选人一个问题："在此之后的 3 年时间里，你收获的最大的经验是什么？"很遗憾，很多人都回答不上来。

所以，在我看来，只有具备**持续冒险精神**的架构师，才能不断发现最大化自己能力成长的高质量的训练环境。即使到了一个具有高度压力和挑战的互联网企业中，也要敢于在适应了一个部门的挑战之后选择离开，换到一个更具有挑战的环境中。只有在新的环境下，才会有新的未知因素、新的不确定性和新的生存压力，之前积累的架构模型就不再适用了，需要在新的环境下对模型和架构规律进行修正。这样，原有的架构模型的适配范围就扩大到了新的环境中。这个过程其实就是在不断完善实证思维能力。

有了对模型的抽象，还必须有实际落地的场景，否则科学方法永远是抽象的哲学理论，不会变成牛顿第二定律、质能公式和薛定谔方程。对架构师而言，这种落地的场景就是能够提供足够多高风险决策机会的互联网企业。本书的第二部分会把这些思维方式应用到具体的软件架构场景中去，通过具体场景解释架构师的思维定式。我把在架构师思维定式下，也就是在最大化架构师生存的思维方式下，架构师必须遵循的一组架构原则定义为**架构师的生存法则**。

2.4 成长思维、实证思维和价值思维的关系

架构师的成长思维、实证思维和价值思维之间的闭环关系如图 2.3 所示。

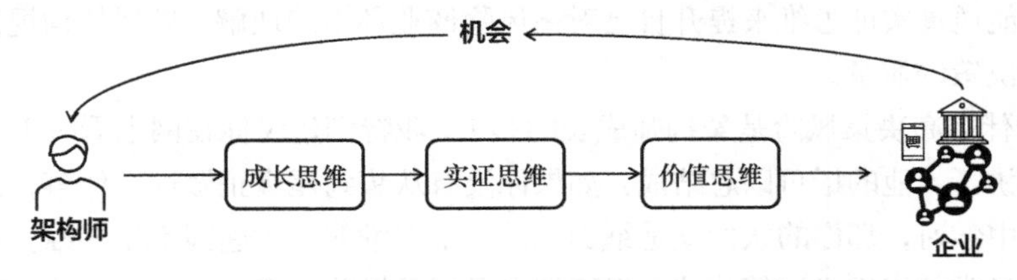

图 2.3　架构师的成长思维、实证思维和价值思维之间的闭环关系

由图 2.3 可见，从架构师的视角来看，架构师要以成长思维来指导自己的职业选择，最大化个人的认知成长；从企业的视角来看，架构师必须持续以价值思维的方式为企业创造价值，企业才会给架构师提供更多的成长机会。以架构师为中心的成长思维和以企业为中心的价值思维之间的桥梁就是实证思维。架构师持续成长的关键在于不断从新的和更大的机会中总结显性规律，而这些显性规律可以帮助架构师驱动新的架构决策，让他为企业带来更多的价值。而实现过程来自市场的客观反馈，又帮助企业进一步提升现有规律的准确性，从而帮助企业在未来的业务探索中在更高的起点上迭代认知。

这是一个增强的闭环关系，这个反馈闭环适用于企业内其他任何的专业决策者的角色。这种反馈闭环最终会使专业决策者和企业形成共生关系。图 2.4 中描述了这种共生关系的细节。

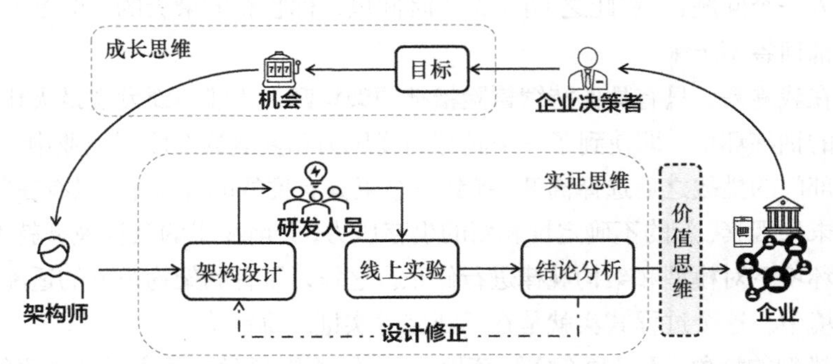

图 2.4　架构师的实证思维、成长思维和价值思维之间的共生关系

最开始，架构师获得一个机会，他的架构设计经过研发人员实现之后上线，上线之后的结论帮助架构师对架构设计做出快速修正。在几轮迭代之后，新的架构为企业创造了经济价值，并且成为稳定的软件系统的一部分。企业继续追求更好的用户体验和更大的市场渗透率，这时候企业决策者发起新的架构活动。架构师因为之前的价值创造自然地获取了一个新的、更具有挑战性的机会，由此再开始新的一轮架构探索。

这种增加的闭环关系就是架构师持续成长的保障，你可以自行推导一下。如果一名架构师没有价值思维去持续为企业创造价值，没有成长思维去持续追逐高质量的决策机会，或者没有实证思维在过程中不断总结提升，那么这个成长闭环就会被破坏掉。

2.5 小结

我在本章中介绍了架构师的思维定式。**思维定式**是与架构师的角色绑定的，是为了最大化架构师的生存而必须采取的一组长期思维方式；而思维模式是架构师可以随时采用的思考工具，随场景而异。为了准确地描述架构师的思维定式，我先从架构师服务的对象，也就是一家企业开始，讨论一家企业最大化其生存的路径，也就是以最大化社会价值为目标的王道。

从企业的视角来看，我认为架构师最大化他在一家企业的生存需要他为企业提供高质量的决策。这种决策最终应该以最大化企业的长期利益为决策目标，同时架构师要以过程正义的方式达到这一个目标。这种思维模式就是**过程正义的价值思维**。

从架构师个人的视角来看，架构师必须持续提升自己的决策能力才能保持自己的市场竞争力。这种能力需要架构师采用成长思维模式，要在自己的承受范围内寻找最高风险决策机会。这是架构师个人视角上最大化个人成长的思维模式。

而实证思维模式就是连接最大化企业利益的价值思维和最大化架构师个人利益的成长思维之间的桥梁。架构师靠实证思维不断总结规律，在持续的冒险过程中不断提升自己的决策能力，最终通过对软件架构的规律积累而使自己获取更多、更好的决策场景。

2.6 思维拓展：以去中心化的工作方式践行实证思维

一般来说，专业决策者往往是独立的思考者。在大型的互联网企业里，架构师还必须学习如何以去中心化的工作方式践行实证思维。

一个大型的架构活动同时具备中心化和去中心化两个性质，如图 2.5 所示。

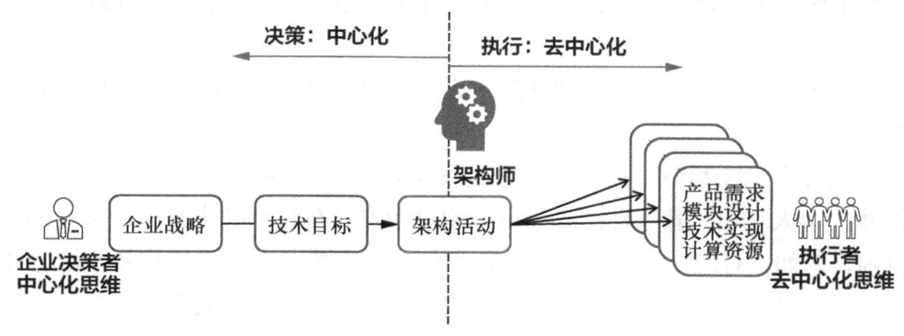

图 2.5 一个大型的架构活动同时具备中心化和去中心化两个性质

图 2.5 分左右两部分。图 2.5 的左半部分属于企业的决策过程。企业战略和技术目标都是由企业高层决策者共同制定的长期战略。这些战略在整个企业内部统一，决策者通过一种中心化方式工作。图 2.5 的右半部分是企业日常的执行。在一家大型互联网企业里，执行过程是一个典型的去中心化过程，产品需求、模块设计、技术实现和计算资源的运维等都是由相应团队各自独立完成，也就是一个中心化的战略最终分解为日常的去中心化的工作任务。

架构师正好处在中心化和去中心化的边界之上。架构师一般不参与左侧的企业战略的制定过程，但又需要设计承接这些企业战略的软件，也就是说，架构师是中心化决策的设计承接者。

不过，因为我在第 1 章中提到的互联网软件企业内普遍存在的认知割裂等现象，具体执行的团队，是以一种与决策过程相反的去中心化方式工作的。这会导致架构师习惯性地采取独立的中心化的工作方式，也就是在缺乏执行方深度参与的情况下独立完成架构设计的工作方式。这种工作方式在大公司的全职架构师团队中比较普遍。大家经常会观察到这样一个现象：有些架构师画出来的架构图很漂亮，但是相应的执行团队无法描述图里的内容具体代表什么样的执行动作。这很显然是行不通的。

如果回到图 2.4 中描述的场景，架构师完成实证思维需要同时保证高质量的架构设计和去中心化的研发团队高质量的实施，这样才能保障线上实验是最初的架构设计的真实反映。也就是说，一个成功的实证尝试必须是一个从目标到设计最后到技术实现的无损的思想传递过程，这是一个中心化决策到去中心化实施的完美映射过程。

因此，架构师要能准确感知并且有效引导多个执行团队的去中心化的思维活动，使其最接近中心化目标的无损分解。可以想象，在图 2.5 所示的从一个目标到多个执行模块的分解过程中，会有丢失、重叠、冲突等分解异常的情况，架构师的作用就是发现异常，最大程度地减少损失。

要实现目标通常需要架构师做到以下 3 点。

（1）频繁地在中心化和多个去中心化的视角上做思考，尽早看清楚分解过程中的潜在问题。

（2）协调多个执行团队进行周期性的中心化的思考过程，让执行团队也能够理解中心化的决策。

（3）架构师个人要相信“去中心化主义”，不能让自己成为思考的单点。

根据我的个人观察，避免自己成为单点的思考方式在架构师中是比较稀缺的。这里有外在的原因，例如，有的公司没有给架构师足够的安全感，以至于架构师要被迫证明自己的不可或缺性；也有内在的原因，例如，有的架构师比较自负、缺乏沟通能力、缺少领导力，或者迫于交付和时间压力没能很好地激发其他人的参与。

我在职业生涯初期，曾经有意想扩大自己的不可或缺性，想让自己成为单点。但是，在我逐渐成为一个成熟的管理者之后，我意识到了这种做法并不明智。

如果一名架构师成为单点，即使他个人会更有安全感，实际上他也被剥夺了追逐更大机会的可能。因为任何管理者都不希望架构师成为一个更大的单点，所以管理者通常会屏蔽架构师的更高层次的机会。这种情形是任何一个有成长思维的架构师都应该避免的。

我不止一次观察到那些相信去中心化主义的架构师，他们更擅长通过团队的集体思考力来解决问题和总结规律，由他们组织的架构活动的成功概率会更大，成长也更快，而这些架构师自己也从思考架构活动中的细节问题成长到思考影响整个架构活动成败的关键问题。

所以，即使你目前不在一家大型互联网企业工作，我也建议你从现在起就有意识地培养自己以去中心化的方式工作。

2.7　思考题

1. 分析一下不同的社会角色，如大学教授、艺术家、创业者、职业经理、小商贩、快递员等，你觉得他们的生存条件是如何决定他们的思维定式的？
2. 仔细分析一下你身边的架构师或者其他的专业决策者，你认为他们具备价值思维、实证思维和成长思维吗？如果不具备，你认为这种欠缺影响了他们的职业成功吗？为什么？
3. 我在正文中描述了实证主义对规律的要求门槛很高。你认为软件架构领域有哪些复杂性会导致这些规律的表述很难满足实证主义的要求？有哪些规律虽然不能完全满足实证主义的要求，但可以指导决策？

第3章

架构活动中的思维模式

在本章中我会介绍架构师在一个架构活动的不同生命周期应该采取的思维模式。

在架构活动的不同阶段，架构师面临的挑战和风险有所不同，架构师所要关注的内容和创造的价值也在不断变化。相应地，每个阶段架构师应该采取的思维模式也要不断调整才能让架构师在相应场景中创造最大价值。

3.1 架构活动的生命周期

对于架构活动的生命周期划分，业内没有统一的标准。本书依照架构师在架构活动不同阶段的工作内容把架构活动划分成为以下7个阶段。

（1）**环境搭建**：架构师为整个架构活动设定规则和沟通环境。

（2）**目标确认**：架构师确认目标和企业战略一致。

（3）**可行性探索**：架构师探索整个架构规划的可行性，避免大规模浪费。

（4）**规划确认**：架构师排除主要的风险，确认最终的架构规划和交付计划。

（5）**项目启动**：架构师锁定资源投入和交付计划，所有团队确认后项目启动。

（6）**价值交付**：架构师在交付过程中确保最重要的价值点能够先上线。

（7）**总结复盘**：架构师引导整个团队完成上线后深度复盘，确保企业得到认知提升。

我会在本书的第三部分详细描述架构师以上每个阶段的关注点和相应动作。

这种划分方式是一种流程驱动的划分方式。架构师在整个架构活动中同时扮演几种完全不同的角色，除了之前提到的为团队注入关键决策的专业决策者的角色之外，架构师还要充当项目管理者、虚拟组织的人员领导者、资深的研发工程师和实证主义的文化推动者等。因此，以任务驱动的架构活动划分方式虽然能够很好地反映出架构师的综合贡献和工作重点，但不能突出架构师作为专业决策者为整个架构活动中注入的特定价值。

如果从架构师作为专业决策者这个单一角色来重新审视架构活动，就会发现：架构师为架构活动的不同生命周期带来不同维度的思考贡献。在这个独特的视角下，可以把架构活动重新划分成以下4个主要阶段。

（1）**想法形成**：架构活动从一组模糊概念开始，收敛为一个与企业长期战略相契合的成功目标，主要对应前面提到的**目标确认**和**可行性探索**的前期阶段。

（2）**架构规划**：从尚未成形的架构建议开始，逐渐细化为有明确执行计划和任务安排的架构规划，主要对应**可行性探索**的后期和**规划确认**阶段。

（3）**实施**：实现架构规划的过程，对应前面提到的**价值交付**阶段。

（4）**复盘**：对应前面提到的**总结复盘**阶段。

一个专业决策者在以上 4 个阶段中面临不同的决策挑战。

（1）在想法形成阶段，由于参与者的片面视角导致整个架构活动的目标设置错误。

（2）在架构规划阶段，由于参与者缺乏高质量的论证导致架构规划存在严重缺陷。

（3）在实施阶段，由于架构师不能坚决取舍导致项目严重超出预算而最终流产。

（4）在复盘阶段，由于参与者缺乏深度的分析和反思无法发现问题的根因。

本章中介绍的 4 种思维模式就是以克服以上 4 种挑战为目标的。具体来说，针对上面这 4 种挑战，架构师应该采取以下 4 种思维模式。

（1）通过全方位思维来克服视角的片面性，最大化解决方案的搜索范围。

（2）通过批判思维来提升论证质量，确保架构规划没有严重缺陷。

（3）通过实用主义思维来最大化项目交付的成功率，确保整个项目能够最终上线。

（4）通过分析思维来发现最大的提升点，最大化认知提升和未来架构活动的成功概率。

接下来我就依次介绍这 4 种思维模式。

3.2　想法形成阶段——全方位思维

架构活动的成功是一个所有强依赖要素之间的逻辑与关系，只要任何一个架构活动的强依赖要素失败了，整个架构活动也就失败了。例如，设错目标会导致失败，技术选型错误会导致失败，上线之后外部环境发生巨大变化也会导致失败，等等。

这就意味着架构师必须具备全方位的思维模式。**全方位思维**（holistic thinking）认为不能将事情割裂开思考，而是要从整体来思考。与全方位思维相对的是**分析思维**（analytic thinking），也就是把整体分解成多个要素，对每个要素进行深度的思考。

架构师的全方位思维模式有以下 3 个特性。

（1）**关注整体**。一个架构活动有多个参与者，多数参与者都从自己的视角去思考架构活动给自己领域带来的变化和自己的职责。架构师的视角不同于参与者，他的注意力必须放在全局上，从全局的角度思考机会和发现问题。架构师追求的是跨所有领域的结构性，而不是单个领域内部的结构性。

（2）**关注平衡**。某些技术驱动的架构活动往往有一个单一维度的诱因，如可扩展性、稳定性、可维护性和安全性等。当某个特定维度的问题累积到超出研发团队可以承受的极限时，就会触发一次大规模的重构。即使是在这种单一诱因的架构活动中，架构师依然要在想法形成阶段思考整个目标的在所有不同维度上的平衡性。举个例子。假设我们为了提升一个系统的稳定性而把可观测性做到极致，那么我们解决了稳定性问题的同时会引入新的性能或成本问题，我们只是把一个维度的问题置换成另一个维度的问题。

（3）**关注连接**。一个架构活动有多个不同职能或者不同领域的参与者，一个架构活动也会涉及多个复杂系统和多个外部接口，如果把整个架构领域画成一张图，图中的节点就是独立的子域，边就是连接两个子域之间的协议。关注连接意味着架构师要关注这张图的拓扑和边，整体的拓扑不合理性（例如，多个系统对同一个系统的强依赖而形成单一故障节点）是架构师要考虑提前解决或布局的重点。

从上面的描述可以得出一个结论：架构师的全方位思维不是独自一个人完成的，而是通过协调和引导团队的关注点，让架构活动参与者共同完成的。在这个过程中架构师在整体性、平衡性和连接角度上重点投入个人精力。

我将这种思维模式叫作**协同的全方位思维模式**。在这种情况下，架构师的角色跟交响乐团的指挥是类似的——他的价值在于确保所有演奏家能将一首交响乐以他的理解最大程度地表达出来，而不是代替某个演奏家去演奏。在这种决策模式下，架构师的最大价值在于对关键补位点的识别能力和团队整体思考方向的引导能力，架构师只有具备这种协同整个团队全方位思考的能力，才能给架构活动带来更高的成功概率。

3.3　架构规划阶段——批判思维

接下来，架构师和团队要把想法具象化为一个完整的架构规划。在这个过程中架构师需要切换到批判思维模式。

在互联网时代，商业环境、监管环境、技术环境和企业经营环境都存在巨大的不确定性，在诸多不确定性的影响下，架构活动的成功概率很低。所以，架构师要在制订架构规划阶段最大程度地以批判的视角审视架构规划，以极致的思想实验在这个环节中找出规划漏洞来避免后期的重大失败，因为后者的成本损失更大，更难以挽回。

批判思维这个词来自西方哲学，直到今天，它的定义都还在不断演变中。批判思维可以大致解释为拒绝那些以信仰驱动的、不加任何怀疑的思维模式，它是一种基于逻辑思维的、理性的、怀疑的、公正的思维模式。

不过，具体到架构活动的上下文，批判思维的定义要更窄一些。这里引用笛卡儿的怀疑论：先拒绝一切可以被怀疑的结论，从**可以依赖的知识**中推导出可以依赖的决策。

对架构师而言，批判思维具备以下3个特征。

（1）**怀疑**，即拒绝通过接受那些尚未被证实正确的论断来获取真正可信赖的知识。这一条对国内的互联网公司来说尤其重要。因为深受儒家思想的影响，且面临着等级分明的管理和激励制度，所以多数人不愿意对上级和他人表达反对意见。在这种环境下，我观察到很多技术人会不自觉地形成一种“自我怀疑”的态度，因为不能百分之百确认自己观点的正确性而不敢去挑战他人的观点，而批判思维要求先选择怀疑而不是先选择相信。

（2）**理性思维**。有了可信赖的知识，架构师必须通过严密的逻辑来验证设计的正确性。

（3）**价值导向**，即批判之后带来的理性结论最终会提升整个架构活动的成功概率。互联网企业注重速度，架构规划整体时间有限，架构师必须合理分配自己的思考带宽，选择最有价值的怀疑对象。架构师利用批判思维不是为了证明自己比别人更高明，而是要证明自己能给架构活动带来更高的成功概率。

在创新理论中，批判思维被认为是一个创新组织所必需的，原因就是批判思维会否定那些低质量的决策，帮助企业提升思想实验的质量，从而找到更高质量的创新。

批判思维的价值在于提升一个架构活动的思想实验的质量。在进入实施环节之前，架构师一直在引导团队做思想实验，架构规划就是这个思想实验的最终产品。

批判思维与国内外互联网企业的文化价值观并不冲突，无论是亚马逊“行动优先”（Bias for Action）的企业文化，还是国内企业经常提到的“勇于担当”的文化，都是**决策后**的行为准则，而我强调的批判思维，是**决策前**的思维模式。之所以强调不冲突，原因在于虽然批判思维是有成本的，但是相比典型的互联网企业的研发成本、运营成本和线上营销和市场成本而言，思想实验的成本远远低于实施成本。

有了全方位思维和批判思维，架构师一方面能保证决策整体的正确性、可行性和合理性，另一方面能在有限时间内做出最高质量的决策，找到一个接近最优的架构规划。

3.4 实施阶段——实用主义思维

一旦进入实施阶段，架构师就要进入一种新的思维模式了。架构师要通过实用主义思维来保障最大程度的用户价值的交付，也就是不惜一切代价保障核心需求上线，必要时舍弃价值不大的部分。这是一个常见的互联网决策模式，我相信不少读者都亲身经历过。

实用主义思维和我在第 2 章中提到的实证思维从某种程度上是对立的。这里我有必要解释一下两者的差异。

实用主义思维（pragmatism）是近代美国最重要的哲学思想，可以说，它影响了整个美国发展和壮大的过程，时至今日依然是美国社会主流的思维模式。不过，实用主义思维并不是美国人独有的，它是一种比较朴素的思想，即使是最具理想主义的庄子也表达过实用主义思想，“屠龙之技”就是最直接的例子。

实用主义与第 2 章里提到的实证主义不同。实用主义认为理论是实践的工具，一切理论都通过它带来的**实际增量价值**来评判，没有产生价值和实际影响的理论就是虚无的，没有任何意义。与实证主义相比，实用主义思维在一定程度上是轻理论、重实践的。相比之下，实证主义的核心是先从理论出发，实践是对理论的检验。

以架构规划为例，一个信奉实用主义的架构师会认为，商业上的成功就意味着架构设计的正确性，反之亦然。一个信奉实证主义的架构师则认为成败不能反映正确性，尤其是指导架构规划背后的架构理论的正确性，要通过分析成败的根因来审视因果关系。

在第2章中我强调了实证思维是贯穿架构师职业生涯的思维模式。但是，到了架构活动的实施阶段，架构师为什么要切换到实用主义思维模式呢？首先，在实施阶段，架构师面临的最大风险就是整个架构活动能否顺利完成。在价值思维的大前提下，架构师必须保障最终通过项目上线为企业创造价值。其次，在交付前架构理论仅在理想世界中完成了思想实验，在交付后架构理论才在现实世界中完成了从思想到实践的完整闭环。

如图3.1所示，架构理论和架构规划属于实证主义的架构理论部分，项目实施以及由此带来的实际结果和最终的价值创造则属于架构实践部分，实践可以检验理论的正确性。因此，实用主义思维在最大化实现过程的完整性的同时最大化保障了实证主义闭环。

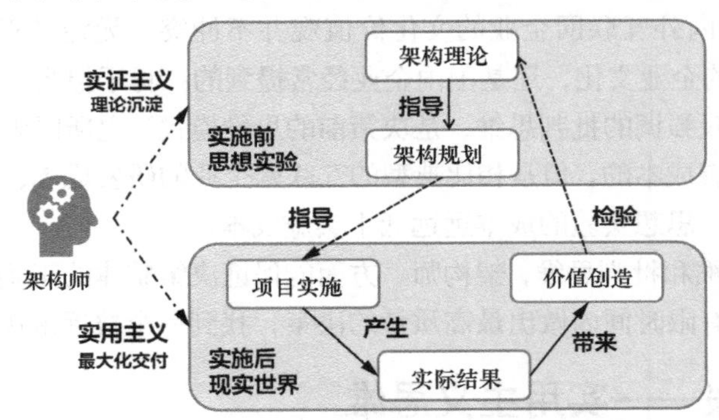

图3.1 以实用主义思维最大化保障架构理论的验证

架构规划哪怕实施得不完美，也保留了对架构理论的部分验证能力，也是有价值的。

如果架构师完全放弃了实用主义，事实上他也就放弃了架构理论的验证部分。一个架构理论在现实世界中得以传播依赖于这个理论指导的架构实践可以创造足够的经济价值。实施阶段的实用主义思维保障架构师可以长期践行实证主义的思维方式。

架构师在实施过程中践行实用主义的关键点有两个。

（1）**以长期经济价值为导向**。这是实用主义最重要的出发点，但是经验不足的架构师往往把实施过程中架构的合理性放在取舍决策的第一位。

（2）**坚决取舍**。经验不足的架构师往往前期不做取舍，过度追求微观层面的结构性，后期则很难摆脱项目全部或者部分烂尾的命运，导致宏观结构性更差。

实用主义属于互联网企业默认的思维方式，在这里我就不再做更多分析了。

3.5 复盘阶段——分析思维

交付后最重要的阶段就是复盘了，这个阶段架构师需要采用分析思维模式。

分析思维（analytic thinking）和前面提到的全方位思维正好是相对的。相比于全方位思维，分析思维把一个复杂问题不断拆解为更小的更容易理解和建模的问题，最终在最细的粒度上思考现象和现象背后的因子，思考该因子对整体影响，最终得出从该因子到整体的因果关系。

架构师通过分析思维找到导致项目没有达成预期目标的最关键因子，即**根因**。

一提到复盘，我马上会联想到**反思**（thinking reflectively），但这两种思维方式有细微的差异，下面我通过界定架构师在复盘过程中的反思展示这种差异。

（1）反思是批判思维的一个具体应用，是基于理性的、怀疑的、公正的思维模式。

（2）反思的目标是个人的提升。

（3）反思的作用对象是架构师自己。反思首先是一个自我批判的过程。我在前面提到的批判思维虽然也包含反思，但它的作用对象更多的是一个客观的对象，也就是对架构规划，进行批判，而架构师反思更关注的是自己，把自己作为首要的怀疑对象。

（4）反思的内容是架构师的决策过程。架构师问自己："作为架构活动中的专业决策者，我的决策过程本身有什么需要提升的地方？"目标是发现思考缺陷。

虽然反思对架构师个人能力提升很重要，但是复盘过程中架构师更重要的职责是为整个架构活动找到最关键的失败根因。因此，反思并非架构师在复盘过程中最重要的思维模式。反思是一个客观的分析过程，并非以自我批判为主的过程。反思思维可以帮助架构师在寻找最主要根因的过程中不把个人的失误排除在外，是一个很重要的分析维度，但不是唯一的也不一定是最主要的分析维度。

架构师的分析思维模式有以下 5 个特点。

（1）**基于事实思考**。分析问题的第一步就是基于事实做思考。架构师必须记录决策当时的假设和具备的知识，不能坐着时光机，把后来的知识带入当时的决策中去。

（2）**追求因果关系**。复盘者很容易发现有相关性的因子，但是发现有因果关系的因子很难。

（3）**寻找最小可控因子**。通过复盘，最终要把一个复杂问题通过因果分析归结于一个最小因子上。这个因子越小未来就越容易控制。例如，要求整个架构活动有高质量的端到端的测试，就是一个非常难以控制的因子；但是，要求每个有变更的服务都有超过 80%的单元测试，就是一个相对容易控制的因子。当然，粒度越小越难得出因果关系的结论。

（4）**以解决问题为目标**。这也是价值思维的做事方式，把分析精力放在对未来产生最大价值的因子上。

（5）**追求通用性**。在分析问题本质的过程中抽象出跨领域的、在更长周期中有效的结论。例如，提前测试并验证编排服务（orchestration service）就是一个具体的改进点，但没有什么通用性，但是"在一个大型架构活动中必须提前测试并验收一个编排服务，以避免接口不一致性带来的延期”更容易在未来的架构活动中被用到。

图3.2表明架构师在复盘过程中有一个最终目标，即提升未来架构活动的成功概率。为了从当前的架构活动中发现真正有价值的知识点，架构师必须从架构活动的事实出发，然后围绕最核心的问题做逐层分解。架构师在这个过程中把参与者的精力引导到那些最有价值的因子上。在每个重点关注的因子上，架构师要确保从因子到具体问题的逻辑必然性，再把这个因子抽象为更加普适的因子，以追求这个结论的长期有效性和未来更广泛的适用性。

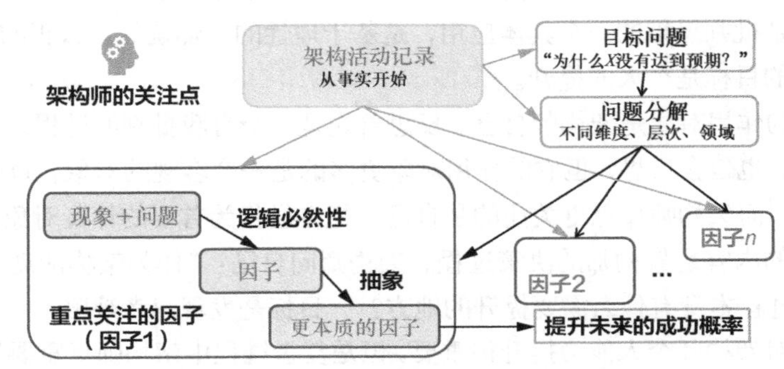

图3.2　架构师以分析思维指导架构活动的复盘过程

架构师的分析思维能力的提升同时会带来全方位思维能力的提升。一名架构师养成分析思维的习惯之后，他会在每次的深度分析思维过程中与其他参与者的分析做比较，如果他发现某个领域有高质量的深度分析者，他就会把这个领域的分析委托给这个人，而把自己的思考精力分配在那些同样重要但是缺乏深度分析者的领域。

3.6　架构活动不同阶段的思维模式组合

架构活动的生命周期有很明显的特征，需要不同的思维模式，如图3.3所示。

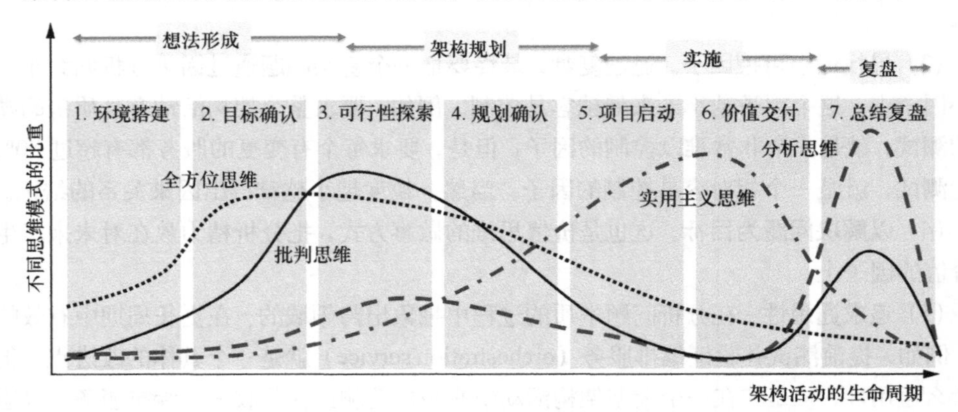

图3.3　架构活动不同阶段中架构师的思维模式调整

图 3.3 中横轴代表时间轴，这个时间轴被分割为本章开始描述的 7 个独立的阶段，这 7 个阶段从架构师的思考贡献的维度来看又大致分为 4 个不同的思考阶段，分别是想法形成、架构规划、实施和复盘。

图 3.3 表明，在想法形成阶段，架构师需要在最大程度上使用全方位思维。这个使用的峰值发生在目标确认的环节上。代表批判思维的使用程度的曲线有两个峰值，第一个是较大的峰值，处在可行性探索的过程中，架构师需要通过批判思维来保证风险和预案的评估足够客观，而不是让可行性探索沦为形式；第二个峰值是在总结复盘的过程，架构师需要通过批判思维来否定错误的因果判断。在实施阶段，架构师主要采用实用主义思维。到了复盘阶段，架构师主要采用分析思维。

图 3.3 也表明，每种思维模式在架构活动的不同阶段都可以创造价值。这些思维模式不是零或一的状态，而是在每个阶段都占有一定的比重。举个例子，通常在架构规划的确认环节，架构师除了需要使用批判思维，还要采用全方位思维在整体层面上考虑不同的任务分配方案的综合风险，如果这个过程中某个研发任务有多个可以分配的执行团队，那么架构师还要采用实用主义思维把任务分配给成功概率最高的团队。

3.7 小结

对专业决策者而言，在一个项目的不同生命周期，他面临的挑战和他能够贡献的价值也不同。因为不同生命周期中的决策挑战不同，所以一个专业决策者有可能通过优化自己的思维模式在每个生命周期阶段都最大化地创造自己的价值。

在本章中我从分析架构师在一个架构活动中的决策阶段开始，把架构活动分解成为想法形成、架构规划、实施和复盘 4 个阶段。接下来我根据每个阶段架构师面临的不同的决策挑战引出 4 种对应的思维方式，即全方位思维、批判思维、实用主义思维和分析思维。针对每种思维方式，本章特别增加了架构师在采用这些思维方式时应该关注的内容。

在想法形成阶段，架构采取全方位思维模式，旨在控制风险。在架构规划阶段，架构师采取批判思维模式，旨在提升思想实验的质量。在实施阶段，架构师采用实用主义思维模式，旨在保障交付。在复盘阶段，架构师采用分析思维模式，旨在排除干扰，发现本质，最大化未来架构活动的成功概率。不过，这些思维模式只是架构活动不同阶段的主导的思维模式，并非唯一的思维模式。

3.8 思维拓展：学习切换思维模式

每个人都会在不同的场景下充当一个专业决策者的角色，但是仅有少数人能够成为成功的专业决策者。我自己观察那些被认为是比较成功的专业决策者，我发现他们都非常善于切换思维模式，尤其是擅于在关键时刻找到那些被他人忽视的思维模式。

架构师经常会面临这样一个场景：在一个会议室里，与会者都是尊重事实和逻辑的思考者，大家都在讨论同一个问题，长时间得不到突破，直到某个思考者给出一个全新的思考角度。

我仔细研究过这种情形，我发现这类思考者并不是仅在一种模式上去思考。因为架构师都在同一个线性的会议流程中面临相同的目标、背景输入和讨论流程，所以他们通常会陷入同一种思维模式。但是这时候，一个有突破性的思考者能够首先放弃在现有的思维模式下搜索解决方案，而是开始搜索新的思维模式，试图在新模式下解决问题。

遗憾的是，我往往是深陷在讨论中的，同样缺乏这方面的能力，至今我也没能找到让自己从一个激烈的讨论中跳出到另一种思维模式中去的办法。

我发现我在写作的时候会停下来从多个维度和多种模式上思考，我不知道这是不是一种最好训练多种思维模式切换的方法。我也试图问过具备这种能力的人，他们的答案是没有做任何的刻意训练，似乎是一种与生俱来的能力。

虽然我不能熟练地把多种思维模式作为思考工具来使用，但是我坚信学习并且实践思维模式对思考力的提升会有很大的帮助。如果你还没有认真学习和实践过一种思维模式，那么你现在就开始学习并实践吧。我希望你能找到让自己能够随时切换不同思维模式的办法。

3.9 思考题

1. 本章中提到了不同的思维模式可以应对不同的挑战。你可以尝试把本章中提到的挑战替换成另一种思维模式，看看是否适用，为什么？
2. 关于批判思维，有这样一个悖论：一个持有批判思维的架构师在一个信仰驱动或者等级森严的企业文化中很难生存，企业中的人都认为他是一个自以为是的“杠精”，但事实上，正是因为这种文化中缺乏理性思维，他才能最大程度地创造价值，反倒是在人人都是理性主义者的学院型企业中批判思维才没那么大的用途。你是怎么看待这个悖论的？你见过这样的案例吗？
3. 一个信奉实用主义的架构师会认为应该以实际的价值和最终的商业成败去判断模型和架构设计的正确性。换句话说，商业的成功就意味着架构设计的正确性。你认为这种判断标准有什么优缺点？
4. 任何思维模式都需要一个能够被接受的交流环境，否则一个思考者就会像被关在疯人院里的智者。你认为什么样的环境才能让一种思维模式得到应有的实践？

第二部分　架构师的生存法则

在本部分中，我将介绍架构师的生存法则。所谓“生存法则”，就是架构师在工作中应该遵循的一套做事方式，违背其中任何一项架构师都会很难制订出正确的架构规划，或者保证架构活动满足预期目标。换句话说，这些生存法则是架构师这个职能创造价值的前提条件。一个以价值思维方式做事情的架构师应该遵循这些生存法则，只有这样才能保障自己的价值创造。

本部分内容是我从二十多年互联网软件架构生涯中亲身经历或者近距离观察到的惨痛失败中得出的抽象总结。这些法则并不是一些单纯适用于软件领域的原则，因为如果这些法则只是单纯的软件领域的基本原则，那么大家在学软件工程的时候就应该在书本里学过并且在项目中实践过了。

不过，真正的大规模架构活动受到很多软件领域之外要素的影响，这些要素的影响甚至远大于软件的实现方法本身。由于软件本身的快速迭代已经有了相对成熟的解决方案，而软件领域之外的挑战并不是计算机相关专业学生的日常思考重点，因此也就成了导致整个架构活动彻底失败的常见根因。

本部分的内容遵循实证思维。第 4 章会定义互联网架构活动的模型和这个模型下的 6 个核心要素；第 5 章到第 10 章会分别介绍每个核心要素常见的失败案例和应对方式，以及从这些案例中最终总结出来的生存法则。

第 4 章

互联网架构活动的抽象模型

在本章中，我会重点介绍互联网架构活动的领域模型，并通过领域建模抽象出影响架构活动成败的 6 个要素，由此引出架构师的 6 条生存法则。

4.1 架构活动领域模型

讨论架构师的生存法则要从架构师生存的互联网企业开始。

图 4.1 所示的互联网企业的领域模型表明，一个互联网企业是部分或者全部通过软件产品服务它的用户的，这家企业服务什么样的用户和大致多少这样的用户是由企业的战略目标决定的，而这些战略目标是由一个或多个软件产品承载并且传递给用户的。这些软件产品由软件产品团队定义，由多种研发职能，如前端、后端、算法和测试等，组成的研发团队开发完成。企业多个决策者为一家企业制定一个或多个战略目标。

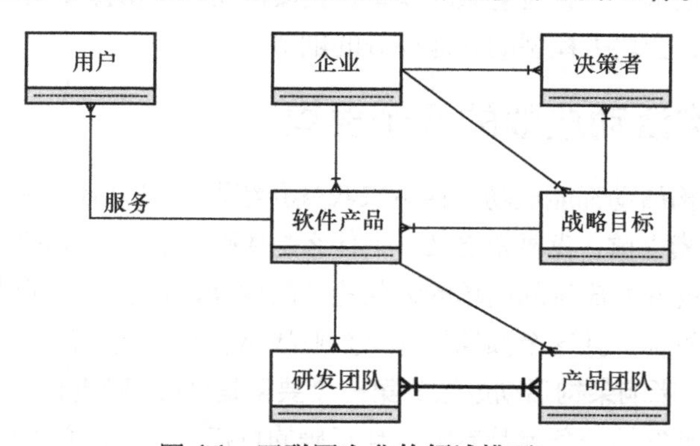

图 4.1　互联网企业的领域模型

在图 4.1 中，用户其实是广义的软件产品使用者的角色，包括付费客户、内部用户和第三方合作商用户；研发团队是广义的软件产品建设者，包括研发团队、运维团队、IT 团队和第三方软件服务提供商等角色；产品团队是广义的制定整体产品和运营策略的角色。因此，在这个抽象模型中，研发团队和产品团队的关系永远是比较复杂的多对多关系，在图 4.1 中特别用加粗的线来强调这种复杂关系。

事实上，研发团队并不是直接改变软件产品的，而是通过一个个独立的研发任务（如Jira故事）来逐渐改变软件产品的。前面提到的架构活动也是研发任务的一种，只不过它比较大型并且流程相对正式而已。

图4.2表明，研发团队可以通过架构活动改变软件产品。一名或者多名架构师通过架构规划来保障架构活动整体的结构性。这个架构规划有一个或多个预期产出，这些产出要满足企业的战略目标。

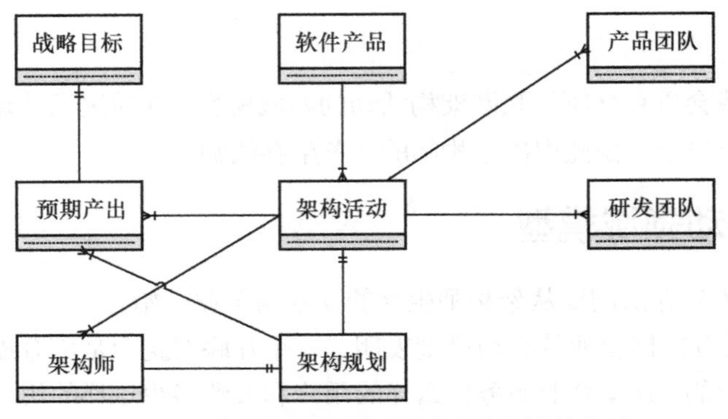

图4.2　研发团队通过架构活动改变软件产品

图4.2中略去了图4.1中的企业和决策者这两个实体，这是描述抽象模型的常用手法。为了让大家更好地理解一个相对复杂的模型，我像移动一个摄像镜头一样，在描述一个模型的某部分的时候，会略去模型的其他部分的细节。

4.2　影响架构活动成败的6个要素

并非所有的架构活动都能成功，接下来我就介绍影响架构活动成败的要素。

在介绍这些要素之前，我要先定义一下什么是成败。本书中强调的成功不是互联网企业常见的上线之后就开始庆祝的简单的未经验证的成功，而是架构师保障一个大型的架构活动达到它的预期目标，且这个预期目标与企业战略相符，能够保障企业长期生存。

在这种定义下，**影响架构活动成败的第一个要素是目标**。确定目标是架构规划的起点，因此架构师生存法则的第一条就是有唯一且正确的目标。架构师必须理解和干预目标，确保最终的架构活动能够为团队或企业带来最大的价值。如果目标设得过高或过低，架构活动将没办法完成或者价值太小。

在人工智能对软件研发形成彻底革命之前，软件研发工作主要由人来承担。因此，架构活动首先是人的活动，**影响架构活动成败的第二个要素就是人**。在输入端，架构师需要与多个产品团队和研发团队协作。架构师要理解研发人员的核心诉求，在架构规划中尽量激发而不是抑制研发人员的创造力和投入度。在输出端，架构规划最终要通过产品来服务用户，因此深度洞察用户的需求才能真正为企业创造长期价值。不论是在输入端，还是在输出端，架构活动都需要靠撬动人性来实现价值最大化。

对软件企业而言，架构活动也是商业活动，这个活动要消耗各种资源，除了消耗人力资源，还消耗时间和企业的机会，在活动上线之后还要占用营销资源和运营资源等。消耗资源的最终目的是带来商业回报，除了直接的经济回报，还有用户增长、效率提升、运营成本降低、用户体验提升、品牌影响扩大等。这些资源消耗和商业回报都可以归结为**影响架构活动成败的第三个要素——经济价值**。

架构活动的作用对象是软件产品，软件产品有对应的生产环境、运行环境、竞争环境和监管环境，其中生产环境和运行环境是由当前的技术环境决定的，而竞争环境和监管环境是由整个市场环境决定的。在互联网时代，不论是技术环境还是市场环境，都在高速发生变化，架构不仅要关注当下的环境，还要关心环境的变化趋势和未来的环境。架构规划只有顺应环境变化才能保障长期价值，所以**架构活动成败的第四个要素就是环境**。

架构活动都不具有常规性，架构师要为每次架构活动重新制订全新的规划，并且需要监控整个过程，及时干预，确保架构活动沿着预期的方向发展。这种监控就像运维一个互联网软件时设置监控报警并及时响应一样。最初的架构规划只是过去某个时间的判断，随着进度的推进、环境的变化，架构师要不断地根据实际情况来调整规划的实施。这就是**架构活动成败的第五个要素——过程控制**。

整个架构活动和所有参与者都运行在整个企业的大环境中，架构师的最核心的价值就是发现问题和影响他人的决策，但架构师是否能够影响整个架构活动是由企业文化决定的。如果一家企业的文化是一味执行，不能理智地对待负面消息，也不允许任何人挑战高层的决策，甚至是打击发声者，那么包括架构师在内的所有专业决策者都很难在这种环境下创造价值。因此，**架构活动成败的第六个要素就是文化**。

图4.3展示了这6个要素之间的关系。

图4.3中每个实体前面的数字代表要素，其中1表示第一个要素——目标；2表示第二个要素——人，包括用户、产品团队和研发团队；3表示第三个要素——经济价值，包括资源和预期产出；4表示第四个要素——环境，包括技术环境和商业环境；5表示第五个要素——过程控制，包括架构师、软件产品、架构活动和架构规划；6表示第六个要素——文化。

在整个架构活动中，架构师真正能够主动决策并且干预的是过程控制这一个要素，环境、文化这两个要素架构师根本不可能影响，只能想办法顺应，而目标、人和经济价值这三个要素架构师仅能部分干预但不能完全掌控。

总结一下，架构师在一家企业中，根据企业的战略目标和架构活动的具体目标来制订架构规划。这个规划要与当前的技术环境和商业环境相匹配，还要满足各种资源的约束条件。架构师要从候选方案中找出能够最小化资源和成本，最大化经济价值，以及最大化目标满足度的设计方案。最终，架构师还要保障研发团队能够交付这个设计方案，为目标用户创造价值。

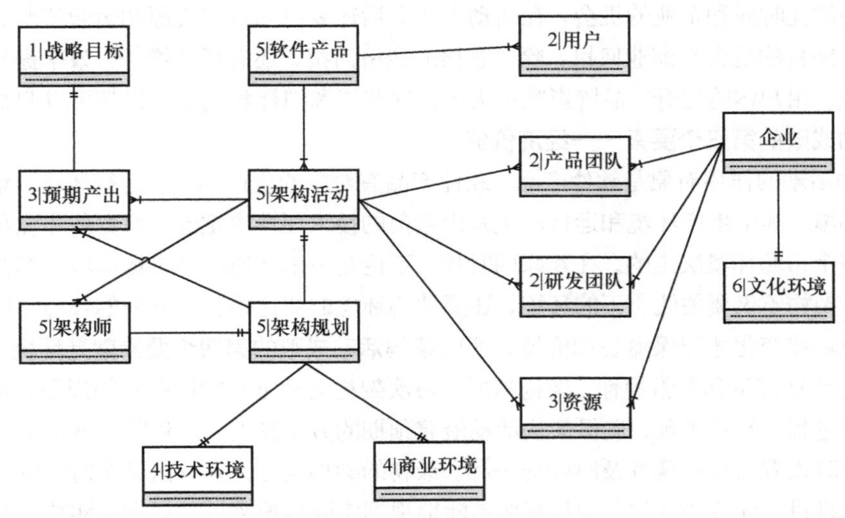

图4.3　架构师生存的6个要素

4.3　架构师的6条生存法则

先介绍一下这些生存法则的来源。按照实证主义的思维，这些生存法则其实不是定理，因为它们缺乏严格的推导逻辑，它们更多的是一些假设，这些假设基于多次失败之后总结和抽象出根因，即过去的失败分类后都与这6个要素有关，如果想最大程度避免失败，就要遵守6个架构师生存假设。不过，直到观察到明确的反例之前，这些生存假设都是成立的，因此可以将其称为生存法则。

我之所以总结提炼这些原则，是因为在二十多年的架构师生涯中，我一次又一次地看到我身边的架构师，包括我自己，在违反这些规则后付出了惨重的代价。我希望这6条生存法则能够帮助更多架构师成长，也希望他们能发现反例或者对生存法则做出重要补充，大家共同维护这组生存法则。从实证思维来看，它们将成为一组不断经历“假设-实证-修正”循环的科学理论。

接下来，简单介绍一下这6条生存法则的核心内容。

（1）**目标**：架构师必须保障整个架构活动有且仅有一个正确的目标。这是架构活动的起点，也是甄别架构方案优劣的主要输入，所以架构师有义务影响和干预这个目标，以确保目标本身的正确性。

（2）**人**：架构设计需要顺应人性。架构活动既要服务用户，也要组织研发人员协同工作。这就意味着，架构师必须洞察研发人员和目标用户的人性，从人性的角度出发做决策，这样才能保障最终面向用户的方案具有长期正确性，以及面向研发团队的实施过程具有可行性。

（3）**经济价值**：架构师永远需要在有限资源下最大化经济价值。架构师通过对架构活动进行干预来为企业带来额外的经济价值增量。

（4）**环境**：架构选型必须顺应技术趋势。在架构设计的过程中，架构师面对一个相对确定的商业环境和技术环境，在这个选择空间内，理解、顺应且利用好商业和技术周期至关重要。一般情况下，要选择已经有规模优势或即将有规模优势的技术，而不是选择那些接近衰老期的技术。

（5）**过程控制**：架构师要通过架构手段为企业注入外部适应性。这种在不确定环境下以价值思维驱动的应变能力也是架构师职业成长的必备能力。这样最终实现的软件架构将会因其很强的外部适应性而长期存在，并为架构师建立长期的口碑。

（6）**文化**：架构师需要在一个友善的企业中成长，才有希望找到正确的架构方案。架构师要尽量创造一个过程正义的架构活动的内部文化。同时，架构师要尽量影响整个企业的文化。

至此，你可能会认为这6条生存法则是平淡无奇的。这很正常，因为软件架构必须符合人类活动的各种规律，如经济学、社会学、管理学、心理学、系统科学等，你应该或多或少在其他科学领域听过类似的规律总结。

事实上，在当前的信息化时代，获取各种规律并不难，**难的是怎么将这些规律准确地应用到架构活动的各种异常场景中**。

当在架构活动中真正碰到某个规律适用的场景时，我们很难识别这个场景，也就是不知道应该应用哪一个规律，就像每个具体的算法都需要在特定的细分数据场景下才能最大化效果一样，如果算法工程师以暴力搜索去发现正解，那么他在找到方案之前恐怕就被淘汰了。

举个例子。几乎每个研发人员都了解康威定律，但是康威定律到底影响架构活动的哪些要素，必须在哪个节点关注它，却很少有人能够阐述明白。

第5章到第10章将详细说明每条生存法则的背景和上下文，以达到一个目标：当遭遇某个场景时，你脑海里面立即闪过这是不是与架构师的6条生存法则中的某个场景极其相似，然后去查找与架构师的生存法则相关的内容；在场景发生之后，你知道应该如何干预它才能确保最终相关的架构要素不遭受无法挽回的破坏。

或许未来的技术环境和竞争环境会发生巨大的变化，可能某条生存法则将不再适用。即便如此，如果想要忽略一条生存法则去冒险，也需要先完全理解相关生存法则的背景、发现场景和推导逻辑才能让自己有准备地去冒险。

4.4 小结

软件架构方法论之所以到现在还依然被不少从业者当作一门艺术而不是科学，有主观和客观两方面的原因。主观原因是很多从业者因为担心它们会影响自己的声誉、收入或工作关系，不愿意分享自己不成熟的想法或失败的案例。客观原因是多数架构活动属于企业内部的重要活动，架构师无权对外分享。正因如此，软件架构的理论发展明显落后于软件应用的发展。在本书中，我试图通过科学的方式，即实证思维，来提升你对软件架构的认知，这是将软件架构方法论从艺术转为科学的唯一路径。

本章内容也是使用实证思维的一个案例。首先，我为架构活动建立了一个模型，这个模型抽象出影响架构活动的6个要素，即目标、人、经济价值、环境、过程控制和文化，这些要素对应一组架构师的生存法则。本书传递这些生存法则，是为了让你可以独立迭代这些生存法则。

4.5 思维拓展：永远不能犯同样的错误

互联网是一个高风险、高回报的行业，高回报体现在收入远高于社会平均水平。因为有高收入，就有持续的人员涌入，有持续的人员涌入，就有大量的人员被淘汰出局，这就使互联网成了一个高风险的行业。

过去二十多年来，我看到了很多不幸的出局者，也发现了一些成功者。如果说成功者有一个共同特质的话，那这个特质就是他们特别大胆且特别小心。大胆和小心是相对的，一个人怎么可能会同时既大胆又小心呢？因为这些互联网企业的成功者决策都非常大胆，但是执行起来又都非常小心。

所谓决策大胆，一方面是强调成长思维，大胆地寻找职业机会；另一方面是在日常行动中放大解决问题搜索范围，类似于优化算法中最开始以大尺度搜索最优解的过程。所谓执行小心，就是在具体行动过程中把思想实验做彻底，消灭一切失败的可能，而后者需要每一天都迅速从失败中学习和总结。这个总结过程就是本章中提到的从失败案例中抽象出生存法则的过程，而抽象的目的是防止自己重复类似的失败。

你可能没有机会近距离观察和分析很多人的成败，我特别建议你研读一下20世纪初的著名极地探险家罗阿尔德·阿蒙森（Roald Amundsen）的几本传记。阿蒙森的探险生涯都不能说开始于大胆，而是开始于鲁莽，他的第一次探险经历险些让他自己和同伴同时丧命，但是阿蒙森就是从一个几乎没有任何经验开始的莽撞的行为，最终成为人类历史上最伟大的探险家之一。

阿蒙森的一生可以说是做到了极致的大胆和极致的小心，我认为他之所以能同时做到这一点，是因为他具有冒险精神以及从失败中学习和总结的能力。我认为阿蒙森这种品质在互联网时代尤为重要。互联网企业的最高决策层希望员工能够大胆地接受更大的挑战，以极致的冒险来换取最大的成功。决策者也明白这种冒险不可避免地会因为未知环境和市场的不确定性而导致失败。成功企业家的标志是他们能够容忍下属的失败，但不能容忍重复的失败。那些既大胆又小心的人最终会成为这个市场的宠儿。

4.6 思考题

1. 在一个缺乏价值思维的工作环境中，你能观察到这样一种现象：研发人员或团队主管和提出需求的产品团队形成博弈，他们像商人一样讨价还价，两边对目标的定义（交付内容、时间和质量）很难达成一致。你认为这种现象会影响架构活动的哪一个或哪几个要素？为什么？
2. 生存法则的反例是指虽然违反了生存法则中一条或者多条，但是架构活动最终为企业创造了预期的长期价值的案例。你有这种反例吗？请分享一下这种反例的背景和细节。
3. 你肯定听过摩尔定律、康威定律和墨菲定律，这些定律都与架构活动的哪些要素相关？架构师在架构活动的过程中应该如何应用这些定律？

第 5 章

生存法则一：有唯一且正确的目标

对于互联网软件架构，有两种对立的观点，一种观点是互联网行业有巨大的不确定性，因此互联网软件架构永远是靠不断地事后打补丁而螺旋式提升的，没有也不需要目标的指引；另一种观点是正因为普遍存在这种不确定性，互联网软件架构更需要长期确定的目标。

在本章中我将从分析目标开始来理解目标对于架构活动的作用，然后分析为什么架构活动中会经常发生没有正确目标的场景，并针对这些场景提出解决建议。

5.1 架构活动中的目标

本节从业务目标和技术目标对一个软件系统的价值开始分析架构活动需要目标的原因。

5.1.1 业务目标和技术目标对一个软件系统的价值

架构活动的成功是相对于目标而言的一个是或否的逻辑结论。关于架构活动的目标存在两种不同的理解：一种是狭义的技术视角的目标，即**技术目标**，也就是架构活动的执行者在指定时间内交付高质量的线上代码和产品功能；另一种是更广义的业务视角的目标，即**业务目标**，也就是架构活动在代码上线之后为企业带来的预期的商业回报。一般情况下，架构活动的执行者更关注前者，而企业的高层决策者更关注后者。

关于目标的这两种视角的差异，就是问题域视角和执行域视角的差异。在接下来的讨论中，我先假设技术目标和业务目标是等价的，即技术视角的目标是业务视角的目标的无损映射。也就是说，一旦技术目标完成，企业就会获得相应的商业回报。本书的第三部分将会讨论技术目标和业务目标不等价的情况。

互联网行业的高度不确定性是否意味着互联网企业的架构活动无法定义明确的目标呢？答案是否定的。下面解释一下其背后的逻辑。

（1）**互联网行业中头部企业的长期存在是必然的**。互联网行业的不确定性是指一家互联网企业面临的某个具体商业尝试的结果的不确定性，而不是整个行业的存在的不确定性。整个行业的存在是由互联网驱动的新生产力的优势决定的，这种优势是由客观的社会需求驱动的，因为社会需求具有确定性，所以行业的存在也是确定的，而需求的确定性就隐含地证明了整个行业长期目标的确定性。最终结果就是行业内必然会有一两家企业胜出且长期存在，它们将最大程度地利用互联网的规模优势。事实上，几乎所有的头部互联网企业的客户价值定位在5年甚至是10年间都是恒定不变的。

（2）**头部企业的胜出可以分解为一系列架构活动的成功。**一家互联网企业是通过软件来服务用户的，而互联网软件的迭代最终可以分解为一系列不同粒度的架构活动。一家企业之所以能在竞争中胜出，是因为构成这个软件的每个架构活动为用户带来了更低的价格、更好的服务或体验，使企业得以增长。

（3）**单个架构活动的成功源于正确的目标。**前面提到的每个架构活动的需求都是可被度量的商业指标。一个架构活动选择了正确的目标，就意味着在这个架构活动达到预期目标后，它能够给目标用户带来增值，同时维持企业的价值定位，因此这个架构活动对这个软件系统所做的相应改变可以被长期保存。

（4）**架构活动的复制者其实也被迫抄袭了架构目标。**一个有效的架构活动会被同行以各种手段复制。当一家企业复制了另一家企业的架构活动时，它其实不可避免地复制了这个架构活动背后的目标。

如果一个架构规划面对的业务目标是长期稳定的，那么这个软件系统的结构性就可以被长期维持。反之，软件的结构性会因为目标不断变化而被破坏，而软件的结构性是企业维持高速响应能力的前提，所以稳定且长期正确的目标是一家公司建设长期技术壁垒的前提。

一个软件系统的子模块被一系列架构活动的目标所影响，这个过程如图5.1所示。

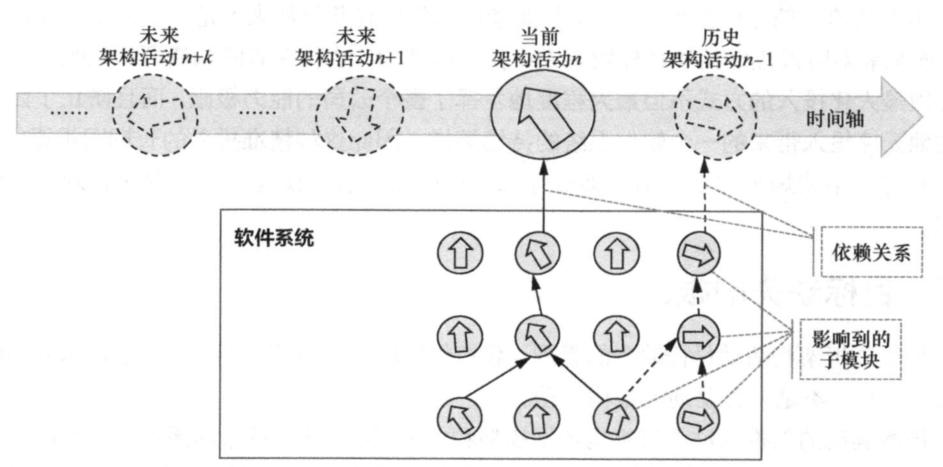

图5.1　一个软件系统的子模块被一系列架构活动的目标所影响

图5.1的上半部分是一个时间轴，下半部分是一个软件系统。时间轴上显示了一系列的架构活动的目标，用圆圈内的箭头表示。一个软件系统有多个子模块，用圆圈表示，每

个子模块都有自己的设计和优化目标，也用圆圈内的箭头表示。如图 5.1 所示，如果一家企业的架构活动目标不稳定，经常改变方向，那么它的每个架构活动的目标也在随时发生变化。每个架构活动都会影响这个软件系统的一部分子模块。例如，一个历史架构活动 n-1 影响 4 个子模块（虚线箭头），而当前的架构活动 n 也影响了 4 个子模块（实线箭头），它们影响的子模块中有 1 个子模块同时被 2 个架构活动影响。

每个架构活动都会改变这个软件系统的子模块的设计和优化目标，所以每经历一次架构活动，部分子模块的目标就会随着架构活动的目标发生一定程度的改变。这个改变将永远变成这个软件系统的一部分。如果企业架构活动的目标不稳定，那么最终导致这个软件系统的内部模块的目标将不一致。整体结构性被破坏会引起系统熵增。

5.1.2　研发资源充足的环境更需要精准的目标

确定一个长期正确的目标对国内的互联网企业更为重要，原因是国内的互联网企业有着比全球任何国家更多的人才供给，甚至是供大于需的。过去，国内互联网行业的“千团大战”“共享经济大战”“新零售大战”“社区团购大战”，几乎每个热词背后都是不惜一切代价的资金和人才投入。大量的人力资源投入导致很多互联网企业在定义目标上缺乏严谨性，企业习惯于选择全程饱和攻击去追逐一个市场机会。

这种决策层面的饱和攻击行为往往会向下传递，导致相应的架构活动过量投入产研资源。这种频繁的、人员过剩的、目标摇摆的架构活动最终会导致一个软件系统的结构性被快速破坏，企业失速，失去了最终赢得竞争的可能。

本书的第一部分中提到过，一个行业最后的胜出者几乎从来不是靠全程饱和攻击取胜的，而是靠对阶段性的精确目标做最大化投入取胜的。**这种在时间和资源的限制下对精准目标做最大化投入的方式不但最大程度地发挥了整个公司的能力极限，而且防止了因为习惯性地无序投入带来的一个软件系统的持续熵增，因此这种精准投入的长期回报更大。**

在每个架构规划启动之前，架构师都应该确保它有且仅有一个短期和长期都正确的目标。

5.2　目标缺失的根因

为了分析架构活动目标缺失的根因，我把架构活动分成两大类：一类是技术驱动的架构活动，另一类是业务驱动的架构活动。

技术驱动的架构活动是指重构数据模型和技术系统、升级技术体系或者升级底层技术架构等从技术团队发起的架构活动，例如微服务化就是一个典型的技术驱动的架构活动。

业务驱动的架构活动是以某个商业活动为目标由业务方发起的架构活动，例如“双 11”和直播电商就是典型的业务驱动的架构活动。

不论是技术驱动的架构活动还是业务驱动的架构活动，都可能出现目标缺失的情况，接下来就来分析这两类架构活动中目标缺失的根因。

5.2.1　技术场景之一：单纯由好奇心驱动的技术探索

由技术原因导致某个架构活动的目标缺失的情况往往有非常积极、正面的出发点：**技术人员对先进技术的强烈好奇心**。很多技术人员经常在社区内讨论新技术、新趋势，当好奇心转变成行动时，他们就从新技术的关注者转变成实践者，这种技术人员内在的驱动力推动着公司、行业乃至整个社会的技术发展。因为探索新技术是一种积极、正面的力量，所以我非常鼓励团队中的技术人员这么做，我自己也是一个由好奇心驱动的人。

不过，个人的技术探索和企业层面的架构活动是完全不同的两件事情。企业可以鼓励甚至留出专门的时间让技术人员去探索，但是当个人出于兴趣的探索变成企业层面的有组织的架构活动时，仅是基于兴趣而没有任何明确目标的探索是不能被接受的。

这里最重要的差异就是价值思维。架构活动作为企业活动的一部分，必须以价值思维为指导原则。事实上，技术尝试同业务尝试和产品尝试一样，每次尝试都会耗费企业的机会成本，也会耗费相关人员对企业的信心。除此之外，每次技术尝试都会给现有的软件注入新的复杂性，导致整个软件系统变得更加复杂和无序，即前面提到的熵增的过程。

我曾看到过一个千人的研发团队在两年多的时间里开发出 8 套自动化商业智能（business intelligence，BI）报表工具、5 套用户界面（user interface，UI）组件和 10 多套工作流引擎，这种局面对日常运维、软件升级、安全、合规审计等任务而言简直就是灾难。我相信这些技术在引进之初或多或少有各自的理由，但我也可以断定引入这些技术时很少有人思考过长期的软件复杂性和企业的整体投入产出比。这导致这家企业的软件系统在两年多的时间里从一个相对整洁的结构化系统衰变成一个混乱无章的大杂烩。

避免这种退化过程的关键在于，企业要有一个明确的目标来引导并且约束新技术尝试，确保最终的技术演进沿着企业的长期需求发展。这就是我强调的唯一且正确的目标所起到的作用。

5.2.2　技术场景之二：出于个人原因发起架构活动

在互联网企业里有一种情形是，架构改造的提出者其实很了解该架构改造给企业带来的价值不大，但是仍出于个人利益而推动一个架构活动的发生。这背后的原因在于，不论是在国内还是在国外，大公司里的招聘、晋升、加薪和升职往往有一些硬性的技术影响力要求，而获取这种硬性的技术影响力往往需要技术人员发起和完成一个大规模的技术尝试。我曾经遇到过团队里某个做大数据领域的负责人，匆忙引入开源领域的一个新框架，并在会议上做了不符合事实的演讲，之后没多久他就跳槽到一家互联网大企业，给团队留下了一个烂尾项目。这是出于个人利益发起架构活动的一种情形。

还有一种架构师出于个人偏好而设定了错误的架构目标的情形。我的极客时间专栏的读者分享了这样一个案例：一家企业目前开发的是一款 Windows 软件，2015 年引进了插件分发的机制，让版本发布实现了“版本+插件”的发布模式，提升了试错和迭代的速度。在这种背景下，当时的一位技术负责人比较钟情 Ruby 的元编程而引进了 Ruby 作为胶水语言，但是因为学习和招聘的问题最终这门语言部门内只有一个人用。由于团队整体缺乏专业性，Ruby 修复问题成本极高，整个插件技术也被企业慢慢废弃了。如果在当时 Ruby 与 Python 不相上下的情况下引入更多人熟知的 Python，现在情形就大不一样了。

第三种情形在大公司里也很常见：团队或个人之间的紧张关系导致架构师在缺乏正确目标的情况下启动一个架构活动。例如，某个基础服务的维护者能力不够，口碑不好，甚至是过往有过冲突，都可能是另一个团队的架构师引入一个新框架的隐性理由。这里特别强调一下“隐性”。这种架构活动的发起者一般不太愿意指责企业内部另一个团队或者个人，因此给出的理由往往是某个业务和技术需求导致自己做出这样的决策，而架构活动一旦被立项通过，真正的驱动原因将会永远尘封在历史里。

这 3 种情形不论是出于个人利益、个人偏好，还是团队或个人之间的紧张关系，最终结果都是架构活动在启动前缺乏一个长期正确的目标。

5.2.3　技术场景之三：个人决策失误导致设错目标

技术驱动的架构活动目标缺失或者设错还有一个常见的原因：技术人员能力有限导致的决策失误。这类决策失误通常可以归结为以下 3 种情形。

（1）因为技术人员的个人知识储备和设计能力不足导致错误设计。

（2）在极端的交付压力下做出错误的过简设计。

（3）在缺乏业务理解的情况下不敢做取舍导致过度设计。

过度设计很常见，究其原因是技术人员喜欢用维度来抽象问题，对随便一个场景，选 3 个维度，每个维度 2 个选择，就能构造出 8 个场景。但事实上，一家企业的业务尝试几乎很少靠暴力搜索，多数业务尝试出于成本考虑仅探索期望回报最高的一个分支，只有看到明显的回报机会之后才会探索其他分支，这个过程与策略搜索算法的剪枝过程类似，能够基于业务理解对架构设计进行大胆而正确的“剪枝”，是架构师避免过度设计的一种重要手段。架构师的多维度思考能力对设计的全面性很重要，但是用在业务初期的探索上会引起过度设计。

总结来说，技术驱动的架构活动目标缺失或者设错的根因主要有 3 个：技术人员对先进技术的强烈好奇心，架构活动的提出者贪图个人利益，以及技术人员的个人决策失误。

5.2.4　业务场景之一：决策者远见不足导致目标太多

相比之下，由业务原因导致目标缺失或者不正确的场景在企业内更为频繁，因为多数公司的大规模架构活动是由业务方发起的。业务方发起的架构活动目标缺失的主要表现为业务目标太多、目标摇摆不定和目标缺失。

在一个互联网企业，不论是初创企业、领跑者，还是追赶者，都时刻面临着大量的不确定性。应对这些不确定性的常见办法是以部门能够承受的最快速度探索市场，以求尽快发现最大化增长的路径。初创企业的决策者看不清终局，所以会尽量扩大搜索范围来迅速提升认知。领跑者时刻面临增长的压力，不断地寻求维持或突破现有增速的路径。追赶者则在想办法缩小和领跑者之间差距的同时，竭力探索弯道超车的路径。这些行为的共同表现就是影响一个架构活动的目标太多，且经常不一致。

我曾经在一家大公司内见到一个没有任何相关经验的人接手一个国际化电商部门，这名新 CEO 为了在短时间内建立自己的威信，在上任后一个季度里同时启动了 10 个大型的业务项目，试图让买家、商家、广告、供应链、风控、平台治理等电商的各个方面都有大突破，3 个月内把整个部门分成 10 家子公司，全面出击。

业务方大规模启动业务项目一瞬间就变成了产品团队和技术团队的大规模架构活动，但很不幸的是，这些缺乏整体规划的业务项目映射到同一个产品或者技术领域之后目标并不一致。举个例子。商家和流量增长团队要求风控团队放松规则，扩大上架商品集合，甚至引入部分有产权争议的商品，以扩大平台对流量和商家的吸引力，而平台治理和用户体验团队的要求正好相反，要求风控团队收紧规则，杜绝假货和劣质商品带来的投诉，减少这类商品的上架量。面对这种完全冲突的多个业务目标，技术团队无所适从，最后做了一个技术大改造，把风控规则和优先级改成全面配置化，取消了本来应该由平台风控逻辑层统一定义和维护的整体逻辑，改成全部交给业务方自行配置，动态执行。执行过程中也不保证这些配置的自洽性。一边由商家团队放开规则上架商品，一边由平台治理团队收紧规则下架商品。至于最终哪个说了算，要到 CEO 那里争吵才行。

在巨大的交付压力和缺乏全局目标指引的情况下，产品团队也无法取舍，每个项目各自为战，全员连续 3 个月周末无休，每天从上午 10 点加班到第二天凌晨。项目完工，CEO 挑出个别数据指标上有亮点的项目做了表彰。整个过程就草草了事了，但漫无目的地启动多个业务项目的玩法被完美保留下来，各种集团项目、业务部门项目、必保项目层出不穷，但在完全没有整体一致目标的情况下，商品交易总额（gross merchandise volume，GMV）增长从 30%一路下滑为负数。没有了 GMV 增长，这位 CEO 开始修改业务目标，依次改成考核订单数、买家数，甚至活跃用户数。整个部门离一个平台电商 GMV 增长的战略目标越来越远，团队的考核目标从业务产出变成了加班时长，但人员越是卖力，整个软件系统越加速背离电商目标。一年后，营收由正转为亏损数亿美元，多数核心人员选择离职。

上面的这个案例比较极端，但这种缺乏准确目标的业务尝试在企业里其实十分常见。这些业务尝试的短期回报具体有多大很难通过市场调研得出量化结论，多数时候靠 A/B 测试来学习和理解。在这种环境下，业务需求目标发散，这些需求对底层依赖的要求也不兼容，如果此时技术团队不惜一切代价加速迭代，而不去思考每次迭代对一个软件系统长期结构性的冲击，那么最终结果就是，系统持续熵增，业务失速。

5.2.5　业务场景之二：企业内部斗争导致目标摇摆不定

还有一种情形不太常见但致命，也值得重视，就是一家公司有两个明确但对立的目标，这两个目标背后的用户心智、业务运营方法、产品方案和技术体系完全不相同。也就是说，这两个目标在技术上完全不兼容，会把公司带到两个完全不同的方向上。如果这家公司不在两个方向上做战略选择，公司在一个方向上遇到挫折后，就转到相反的方向上去加大投入，而转型的过程中公司又不坚决，一旦在新方向上遇到挫折，又会迅速折返，过去遇到的障碍也不会自动解除，于是过不了多久又会再次折返，那么结果就是公司在这两种方向上都变得更不专业，因而在竞争中落伍。

这个过程有点像金庸小说《笑傲江湖》中华山派的“剑宗”和“气宗”之争，这种纷争最终让一个强大的门派四分五裂。

我曾经在一个做电商的公司中近距离观察到过“剑气之争”，“剑宗”会认为做业务要像自营一样对整个平台的供应链做强管控，这样会有更好的用户体验，以获取更多的高满意度的成交，并由此能获取更大的市场份额。“气宗”则认为做业务要走开放自由的平台模式，最大化平台的商家丰富度，由用户选择来淘汰落后的商家，用户想要的就是最好的。这样一来，一派要强管控，另一派要弱管控，而这两种需求背后的流量、导购、内容、品类、商家、供应链、风控和服务技术体系完全不兼容。两派之间没有对错之分，自然是互不服气。如果“剑宗”上位，公司就大兴“剑宗”玩法，一切设计都走强管控的路线，但是如果“剑宗”一段时间内折戟，那么“气宗”上位，之前的一切设计都推倒重来，全按弱管控的纯平台模式。在公司内部中，如果目标从来都不统一，那么在商业竞争中就只能是接连败北。

5.2.6　业务场景之三：企业缺乏立项流程而导致目标缺失

互联网企业中一个常见的现象是业务方抱着试试看的心态复制竞争对手的功能或者商业活动。这种架构活动的发起者也不清楚竞争对手的新功能背后的真正目的是什么。

这种用行动代替思考的行为对一个软件系统的结构性破坏很大。造成这种现象的根因是企业没有任何流程去约束这种随机的尝试。为了避免这种行为，多数成熟企业会在立项前对业务方案的数据证据、预期产出和推导逻辑做评测。但是，如果架构师所在的企业缺乏这种机制，架构师就要在技术上思考如何最小化这种迭代的技术成本和长期熵增。

5.3　架构师如何帮助团队逼近正确目标

至此，我已经把目标缺失的常见根因介绍完了，接下来讨论一下架构师应该如何应对

5.2 节中提到的 6 种情形。

5.3.1 价值思维：对目标正确性的判断

我虽然提过一个架构活动需要有正确的目标，但是互联网行业的不确定性挑战长期存在，架构师也没办法预测未来，那么架构师为什么能为一个架构活动找到正确的目标呢？事实上，在无法预见未来的假设下，任何人都不可能找到一个绝对正确的目标。因此，架构师的职责不是发现正确的目标，而是在某个决策者宣称他已经发现了一个正确的目标之后，去迅速证伪这个目标。这个证伪过程其实就是验证一个目标是否满足以下 3 个必要条件的过程。

（1）目标唯一且被明确描述。

（2）目标由价值驱动且这个价值可以在短期内被准确度量。

（3）目标与企业战略意图相匹配并且能够形成直接的因果关系。

下面依次阐述一下这 3 个必要条件。

第一个必要条件比较容易验证，架构师只要确保架构活动的决策者给出了一个明确描述的目标，并且这个目标被公开给所有的架构活动参与者。不过，关于目标唯一有一个误区。有人误认为目标唯一就是指该目标只能涉及一个商业指标或者商业要素，例如一个电商大促的目标只能是 GMV 或买家数。其实不然，一个目标可以涉及多于一个商业要素，例如，电商大促的目标可以同时设置成满意成交 GMV，它表示所有订单中最终令用户满意的那部分订单的 GMV 减去不能令用户满意的那部分订单的 GMV。这个目标同时涉及了 GMV 和用户满意度，但是它在这两个指标之间取了一个折中。

第二个必要条件是目标是由可度量的价值驱动的，这个价值可以是直接的经济价值，如更多的 GMV、更多的注册用户、更高的用户留存率等，也可以是间接的价值，如提升了客户端的性能、减少了手机流量消耗或者降低了服务器端计算的开销等。如果一个目标的预期增值几乎无法在短时间内被准确度量，团队必须选择其他指标来度量这个架构活动。例如，商家忠诚度往往需要长期培育，在架构活动上线前后的一两个月内很难观察到明显的变化，那么更直接的商家行为指标，如上架商品数或商家的营销投入金额，就可以作为商家忠诚度的替代指标。

第三个必要条件是说目标的达成必然会直接加速企业逼近它的战略意图。这里面的关键是必然性和直接性，就是这个目标与企业的战略意图的达成有直接的因果关系。比较常见的是技术驱动项目缺乏与企业的战略意图的直接因果关系。

我接下来分析一下是否满足这 3 个条件就能够保障一个软件系统的结构性。也就是说，从软件架构的角度来看，这 3 个条件是否也是充分的。

第一个必要条件直接避免了 5.2 节中提到的好奇心驱动、决策者远见不足和企业缺乏立项流程而导致目标缺失的情况。从软件结构性来看，这种目标的唯一性保证了该目标不会在当次架构活动引起软件架构的发散。

第二个必要条件的作用在于它确保了目标的短期稳定性。如果目标增值可被度量，那么这个架构活动就会为企业带来明确的短期价值，因此目标在未来的一段时间内不会因为目标错误而破坏软件结构性。

第三个必要条件确保了目标的长期稳定性。原因是目标与企业的战略意图明显契合且有因果关系。因此，一旦目标达成，由这个架构活动引入的对整个软件系统变化在上线之后是长期稳定的，目标在企业战略意图相对稳定的阶段都不会改变这个软件系统的结构性。

确认目标与企业战略意图相匹配的过程做起来相对简单，但是意义重大。也就是说，**这个动作的性价比极高**。但是，据我个人观察，多数架构师没有执行这个动作，很少有架构师在架构文稿中提到为什么当前的架构活动和企业的战略意图相匹配，而忽略这个问题恰恰就是架构设计的万恶之源。

上面这段话里有一个隐含的假设，就是对企业而言一个稳定的战略意图意味着一个稳定的软件架构。虽然我没有严格地证明这一点，但是从软件发展的历史来看，可以观察到这样一个现象：在外部的硬件环境、市场环境和监管环境相对稳定的周期下，不论是开源软件还是企业软件，最终的软件架构都会趋同，这也就在暗示最终形成的软件架构对所在环境效率最高。

总结一下，这 3 个必要条件保障了目标唯一且短期和长期都正确，因此这样的目标不会破坏一个软件系统的结构性。有了这 3 个证伪条件，架构师在接手一个架构活动后的第一步就是要验证这个架构活动的目标是否满足这 3 个条件。

除了对目标证伪，这 3 个条件还有另一个重要作用就是给架构师一个量化架构活动的价值的办法。第二个必要条件里要求的明确可以度量的预期增值，就是量化短期的直接回报的办法。第三个必要条件里要求的与企业战略的匹配度，就是量化长期回报的办法。这种量化方法虽然在单个架构项目中很难判断优先级，但是如果把多个架构活动放在一起比较，不同架构活动带来的价值差异就变得非常明显了。我个人的经验是同一时期的不同架构活动之间的增值差异可以相差一个数量级。有经验的架构师都能够从比较中发现项目的预期价值。

5.3.2　架构师如何影响技术项目的目标

我在前面提到了多数架构活动缺乏一个正确的目标，架构师会频繁碰到架构活动缺乏正确的目标的情形，但架构师不能直接拒绝参与这样的架构活动。接下来我就介绍一下架构师在不同情况下如何引导团队逼近正确的架构目标。

针对 5.2 节中技术场景下目标缺失或者错误的根因，建议架构师采取以下应对动作。

（1）针对单纯因为好奇心驱动而导致目标缺失的情形，架构师应该协助团队发现一个正确的技术目标或业务目标，或者放弃一个缺乏经济价值的目标。

（2）针对提出者出于个人利益的情形，架构师应该通过价值思维用严密的逻辑验证来验证目标和架构活动内容的相关性以及架构设计的正确性，从而准确发现并且筛除那些错误的活动。确保设计正确性的最好办法是严格地论证，从业务定位到用户痛点到目标定义到架构活动的内容的推导必须有完整且严密的逻辑来确认必要性（抵抗过度设计）和充分性（抵抗过简设计）。

(3) 针对技术决策者的个人决策失误的情形，架构师应该尽量引导技术决策者在决策过程中回归理性，充分验证架构设计的正确性。

这个过程其实是把团队从一个冲动的感性行为引导到理性和科学决策的过程中去。这个理性决策的过程在互联网高速发展的时代非常重要，因为这个时期多数决策者都误以为决策速度是获取竞争优势的一个必要条件，甚至有决策者认为放弃理性思考而加速决策是一个必要的取舍。

我个人亲身经历的大大小小数以百计的决策中，几乎没有见到过一个逻辑不严密甚至存在明显缺陷的架构活动决策能够带来商业成功。我认为我观察到的不是一个偶然现象。原因在于互联网企业的成功依赖于规模效应。这种规模效应源于稳定的业务模式下数据和算法的积累。如果日常的架构活动决策缺乏逻辑严密性，那么这家企业的技术体系也是发散的。在一个发散的技术体系下很难积累数据规模和持续提升算法效率。

我接下来解释一下架构师如何引导技术人员的热情来保障目标的正确性，而不是和技术人员形成对立。架构师在处理这类目标缺失或者错误的技术方案时，应该持有的态度是通过价值思维来帮助方案提出者发现可能的正确目标。这个过程可以系统性地通过以下一组问题来引导。

(1) **价值视角**：新技术方案的验证成本有多大？上线后立即带来的短期价值有多大？

(2) **全局视角**：这个新方案是否可以全面替代现有方案？

(3) **价值视角**：如果全面替代现有方案，这个新方案带来的长期价值是什么？有多大？

(4) **全局视角**：新技术方案全面替代旧技术方案的总的实施成本有多大？

(5) **长期视角**：如果不能全面替代现有方案，而是两套方案并存，那么增量的维护成本有多大？

事实上，大多数人在看一个新方案时只是思考了第一个问题，对全局和长期的成本和影响的思考几乎没有。所以，这一组问题会自然地把架构师和技术方案提出者的视角转移到价值视角、全局视角和长期视角上去。通常多数方案根本不具备全面替代性。

但是反过来，如果一个技术方案提出者完全是兴趣驱动，但在认真研究上面这 5 个方面的问题之后，结论是这个技术方案的短期和长期价值都很大，是符合技术规律的优秀建议，那么这个评估过程反倒会提升所有参与者对技术方案的信心。这种技术场景往往发生在明显的技术更新换代的时间，如 Spring Boot、Spark、Kubernetes 等。这种大的升级换代不但可以提升整个公司的技术竞争力，而且可以提升技术人员的能力和凝聚力。

当然，也有方案提出者不能和架构师达成一致的场景。这时候，架构师应该鼓励方案建议者去主动调研验证、升级、替代和维护成本，甚至可以和方案提出者一同寻找这些问题的最优答案，这样双方都能够最大程度地理解各自的决策出发点，最终能够更快地达成一致。这个过程是架构师和方案提出者共同协作寻找最大化项目投入产出比的办法，最终也用客观的价值度量而不是个人的喜好来决定技术方案是否应该被立项。

基于以上5个视角的判断方法其实就是架构师在确认、优化和排序多个技术驱动项目时客观的思考方法，这种思考方法甚至可以通过评分卡的方式由一组专家共同判断，从而最大化目标的正确性。利用这种思考方法，架构师不但能够获取团队更多的支持和信任，而且能够更加快速地提升所有参与者的判断能力。

5.3.3　架构师如何影响业务项目的目标

业务场景的目标不是架构师制定的，架构师和研发团队属于任务的承接方，所以多数时候架构师没有权力改变目标，架构师要尽量帮助团队逼近正确的目标。

针对5.2节中业务场景下目标缺失或者错误的根因，建议架构师采取以下应对动作。

（1）针对决策者远见不足导致目标太多的情形，架构师要用价值思维区分那些有明确短期回报和长期价值的目标，要在有潜力的项目上重点投入。那些有明确目标冲突的场景，架构师应该迅速发现冲突点，确保决策者知情，并且用合理的架构来维持系统的结构性。

（2）针对内部斗争导致目标摇摆不定的情形。这种场景架构师几乎没办法改变目标。架构师能做的就是要尽量隔离设计，避免不断重构系统。

（3）针对缺乏流程导致目标缺失的情形。架构师要试图发现目标，并且通过文档和线下确认的方式尽量把目标明确表述出来。

在进一步解释之前，需要引入两个概念：决策权和取舍权。**决策权**是为一个架构活动设定目标集合的权力，**取舍权**是决定这个目标集合中最终被保留的子集的权力。也就是说，决策权和取舍权是两个完全不同的权力，决策权是决定要什么的权力，而取舍权是决定留什么的权力。一个决策者必须行使自己的决策权和取舍权，在自己的决策领域内做取舍。

不过，资深的管理者也可能没有意识到决策权和取舍权的差异。在我的职业生涯中，我与十几位部门CEO和公司CEO合作过，他们管理的业务年营业额从几亿元到超过百亿元。我发现，他们中多数都只是行使自己的决策权，哪怕是很资深的CEO也是如此，有的CEO甚至没有行使过自己的取舍权。

为什么会这样呢？因为CEO或部门经理往往是那种“既要……也要……还要……”的人，他们对团队的需求就是什么都要，什么都不能舍弃。也就是说，他们给出的目标集合是一个最大的集合。例如，做电商业务的CEO可能会要求团队同时追逐GMV、订单数和用户满意度增长最大化，甚至有的人会要求供应链成本最小化。他们行使了自己的决策权，做了什么都要的决定，但把这些目标压给团队，期望团队创造奇迹。他们这么做的同时，也就放弃了自己的取舍权。

事实上，取舍权本来是一个决策者最重要的权力，这个权力决定了别人要求的那些“既要……也要……还要……”的目标到底哪个在此时此刻会被保留下来，哪个会被暂时舍弃。但是，这个权力被莫名其妙地下放了，决策者不是在目标上做取舍，这就导致取舍权被分散给了执行者，甚至被一层层地下放，直到一线的研发人员。

我前面提到的某位CEO在一个季度内同时启动10个架构活动的情形就属于取舍权下放的情形。这 10 个架构活动最终变成了不可能任务，分配给了一线的产品经理和研发人员。结果每个人都无法完成手上的需求，自行做了取舍，结果就是没有一个项目能够从头到尾地高质量完成。

5

关于每个人的取舍决策，我在我的极客时间专栏第 4 讲的思考题里问了读者两个问题：“当你面临多个项目的时候，你是怎么判断一个项目的重要性的？你自己的注意力分配算法是什么？”有几十位读者回答了这两个问题。你会发现，每个人都有自己的注意力分配算法，没有任何两个答案是完全相同的。也就是说，**一个决策者把自己的取舍权下放之后，最终在各个层级和职能中完成的取舍是碎片化的，是不可能在全局上形成合理的取舍结果的。**

事实上，这种碎片化取舍几乎必然会导致全局上的取舍不合理，原因如下：每个执行者所处的位置不同，他们在所在领域承接的战略意图也不一致。例如，一个电商部门的风控团队承接的战略意图是最大限度地阻止恶意用户的欺骗行为，而一个客服部门承接的战略意图是最大化用户的满意度，这两个战略意图是冲突的。每个执行者只能在自己所在的团队承接的战略意图的视角上分解一个目标且决定取舍，而且取舍在不同的领域范围下的含义都不可能相同，因此在**没有任何全局协调之下的分布式取舍决策是无法保障全局合理性的。**

取舍权的碎片化是业务目标过多而导致的最常见的失败。业务决策者误以为自己想要的所有目标都能达到，而且会在最短时间内高质量完成，但真实发生的事情是这些目标被不同一线程序员做了各种裁剪后交付了一个面目全非的结果。

我还要特别强调一下，这里提到的决策者不一定是企业的顶层管理者，而是任何一个层级上做决策的人。这意味着，如果他在他的决策范围内不做取舍，就只能让任务的承接者来替他做相应的取舍。

遗憾的是，放弃取舍权的情况在一家企业内可以说是每时每刻都在发生。架构师发现这种情况应该如何干预呢？建议依次尝试以下 4 种手段。

（1）**想办法反馈这种情况，耐心给决策者解释，请他来做取舍**。这个本来应该是第一步也应该是唯一的一步。

（2）**自己做一个取舍优先级建议，想办法通知到决策者**。架构师可以用评分卡模型对项目的优先级做个判断。如果架构师自己不确定，也可以邀请资深的同事给项目打分，但是注意要排除掉与他利益密切相关的项目。通过这种方式，架构师就应该能做出相对正确的取舍了。另外，我想强调一下，和决策者沟通是一件非常有挑战性的事情，我就见到过坚决不接受任何取舍的 CEO。即使是这样的 CEO，一般也会接受架构师给出的上线排序，也就是他会向架构师暗示他的优先级。

（3）**尝试自己拿下取舍权**。架构师需要清晰地表达自己的取舍背后的思考逻辑，并邀请利益相关方参与辩论。如果他们的输入合理，架构师可以调整取舍；如果输入不合理，架构师可以选择拒绝他们的要求。当然，这么做有一个前提条件，那就是架构师与真正的决策者之间有足够信任，并且架构师自己也足够资深。如果不是这样的话，架构师这么做就可能会受到严厉的惩罚，尤其是在最终业务结果不理想的情况下。

（4）**试图通过技术手段来做延迟或者隔离决策**。前面的努力都失败后，这是唯一剩下来的选项。我在本章前面提到的风控配置化就属于这种情形。技术上，架构师可以采用隔离型设计。这种设计采用类似设计模式中的策略（Strategy）模式来封装业务逻辑，把一个或多个业务尝试隔离在单独的策略实现中，每次业务尝试对主流程不产生影响。这样一来，业务尝试失败后，架构师可以迅速下线策略，而主流程的架构则可以保持整洁。这是一个最小化影响范围的方案。

这是一个逐层依照优先级切换的过程，如果第一步成功，流程就此结束，否则尝试第二步，依次类推。

第四种手段可以运用于所有目标缺失、摇摆或者过多的情形，只不过，如果一家企业长期在两个不兼容的目标之间摇摆，那么团队实质上相当于在维护两套不兼容的软件系统，即使能做到隔离，日常的研发成本和维护成本也非常高，人员的选择也不是最优。这种骑墙的架构很难帮助企业摆脱困境。

关于目标的发现有一种特殊情形，那就是架构师在反复的讨论中可能发现了正确的目标，这时架构师可以直接向决策者确认这个目标：“我理解的目标是这样的（架构师对目标的描述），您认为这个理解正确吗？”如果这个正确的目标能够得到决策者的认可，架构师就可以把它传播给整个团队了。

5.4　如果有一个正确但太过超前的目标该怎么办

最后还想讲一个比较极端的情形：企业有一个正确的目标，并且与这家企业的长期战略意图相匹配，但这个目标对企业当下的发展状况而言太过超前，这也意味着企业的尝试大概率会面临失败，但如果这个目标能够实现，必然会给企业带来巨大的生存优势。

先看一个例子。2010 年，我在微软美国公司参与了一个医疗领域的大数据智能产品的研发工作，这个产品方案的提出是基于这样一个想法：大量语义化的、实时的、来自不同部门的医疗图像和文本数据，在同一个计算空间实时聚合之后，将帮助科研人员和医生发现新的治疗机会和减少医疗事故。事实上，这个论断是成立的，而且团队后来也发现了一些成功案例，但当时的技术架构和计算环境很难高效地完成这个价值创造，这里面有很多技术，如数据集成、特征工程平台、大数据计算、实时流批一体处理能力、深度学习、自然语言理解等，都是在 5～10 年之后才逐渐成熟的，而团队当时的数据集成时间、软件实现成本和实时计算的成本都太高，导致具体应用在医疗机构时的投入太高且回报周期太长，企业能获得的商业收入没办法支撑这个产品所需的大规模的基础技术研发成本。

当架构师和团队遇到这种情况时是否应该选择放弃呢？正如我在前言中提到过的哈梅尔和普拉哈拉德在“战略意图”这篇文章中的研究结论，那些伟大的企业就是在这种战略意图和自身能力极不匹配的情形下一点点成长起来的。

这种案例属于典型的高风险、高回报的场景，架构师所在的企业有可能改变世界，也有可能一败涂地。在这种需要较长时间和大量机会来培养一家企业能力的情况下，架构师需要尽量为企业采用**节能型设计**（energy conserving design），使企业在业务尝试的过程中最大程度复用现有能力和借用外部能力，最小化探索和失败而造成的浪费，在日常的营运过程中使用尽量少的人力资源和资金。就像这个医疗领域大数据智能的案例，公司的战略路径是正确的，假设这家公司能够坚持 10 年或者更久，等到它用到的关键技术趋于成熟，有了超过 10 年的行业积累，这家公司肯定能在技术成熟期获得大量的商业机会，但这家公司烧钱太快，在技术架构上也没有采用节能型设计，过度的资源消耗导致公司多次裁员和重组，结果公司在 2018 年被另一家医疗大数据公司收购，没能够走到最后。

5.5 小结

我在本章中介绍了第一个架构生存法则：**有且仅有一个正确的目标**。这是架构活动的起点，也是甄别架构方案的主要输入，所以架构师有义务影响和干预这个目标，以确保目标本身的正确性以及未来架构设计的结构性；否则，一个软件系统就会变得复杂和无序，缺少结构性。从这一点来说，目标是一个非常典型的“少即是多”的案例。

遗憾的是，多数的研发需求和架构规划在发起前都没有明确的目标，不论是业务目标还是技术目标，除了耗费大家的心力，还会给原有的系统注入新的复杂性，导致整个系统的无序。因此，架构师能为一家企业做的最重要的工作就是帮助企业找到一个正确的架构目标，最大限度地剔除无序的元素，让系统尽量维持在结构化的状态。

我在本章中介绍了架构目标正确性判断的 3 个必要条件，它们分别保障了目标的唯一性、短期价值和长期价值，架构师可以通过这 3 个必要条件来检验一个架构活动是否存在正确的目标。如果正确的目标不存在，架构师可以根据目标缺失的原因做针对性的干预。对技术项目目标缺失的干预方式主要是引导技术人员通过价值思维来发现可能的正确的目标，对业务项目目标缺失的干预方式主要是把取舍权交给正确的人从而做出全局合理的取舍。具体干预的办法可以在尝试中不断地调优，但最终目的只有一个：**把企业引导到正**

确的架构目标上去。

有些企业会拥抱一个和自己当前能力极不相称的伟大目标，这时架构师要做的就是尽量保障企业以最小能耗方式运作。

5.6 思维拓展：从反抗权威中获取决策自信心

至此，我介绍了如何判断一个目标的正确性，以及如何把团队引导到一个正确的目标上。但是，如果架构师已经非常肯定地知道一个架构活动的目标是错误的，那么他应该如何应对呢？这时架构师有两种截然相反的行为：一种行为就是保留不同意见，但是坚决执行，另一种行为就是站出来反抗权威，试图把企业引导到正确的目标上去。多数架构师出于以下 3 个原因不会采取第二种行为。

（1）多数架构师被教育为坚决的执行者，他们从内心里相信企业需要的就是那些哪怕有不同意见也坚决执行的人。

（2）架构师需要在架构活动中更多扮演执行者的角色，应该服从项目决策者的意见。

（3）架构需要架构机会，一家企业里面执行角色很多，一个大的架构活动对架构师而言是非常难得的锻炼机会，因此哪怕是方向错了多数架构师也期望能得到主导这个架构活动的机会，因为任何一个大型项目都是非常稀缺的提升架构师能力的机会。

关于架构师是否要坚决执行哪怕是他认为绝对错误的决策，我想分享一下我的个人经历，期望能够影响你的看法。

本章中我提到在微软公司参加的大数据医疗项目，它对我的架构决策还产生了另一个重要的影响，那就是让我意识到无论在什么时候都要有勇气去做正确的架构决策。这个项目让我第一次意识到了架构设计和技术选型也可能是一件人命关天的事情。

下面分析一下具体原因。美国的医疗行业比较喜欢拥抱新技术，但美国医疗行业又是各个科室完全独立，采购任何软件完全由医生说了算，所以一个大医院的 CIO 根本没什么话语权。一个相当于国内三甲医院大小的地方，有近百套不同的系统，这么多完全封闭的系统把病人的档案信息都碎片化了，这样一来就连发现病人药物反应这么简单的应用，都需要投入大量资金和人力才能保证上线和维持运作。从某种角度来说，这些部门到处都是局部最优的医疗软件选型决策，但从整体上来看，得到的却是适得其反的效果，这些局部最优但全局割裂的软件，使本来技术上实现相对容易的药物反应报警成了一个几乎不可逾越的技术障碍。直至 2018 年，美国统计直接因为药物反应的致死率占所有死亡病人的 0.34%，而在急救场景下更是高达 10%。

这个案例让我坚信：有时候软件架构决策关系重大，它甚至要比领导对你的看法、团队间和谐的关系和个人的发展机会更重要。因此，我个人认为架构师要有良知和勇气去阻止企业犯错。

我自己曾经因为3次试图去阻止一家企业错误的国际化架构改造项目而在职业发展上受到了不小的伤害，但也正因为我这样做了，才让我能够从容地面对自己的良心。事实上，在这个过程中我收获的不仅是内心的平静。这家企业连续 3 次大规模国际化改造后经历了商业上的惨败，最终回到了我最初建议的架构方案上去。也就是说，事实证明我的架构判断是对的，这让我自己的决策自信心得到了大幅提升。

如果一名架构师在多个比他资深并且比他权力更大的人面前坚持了不同的判断，而且随着时间证明他的判断是可以为企业带来长期增值的正确判断，那么架构师从这个过程中收获一种稀缺且最具价值的架构设计能力：决策自信心。

5.7 思考题

1．请用本章中提到的 3 个必要条件来检验一下你最近参与的架构活动，看看它们的目标是否唯一且正确？是什么原因导致它们不满足必要条件但依然被执行？最终的结果如何？
2．请回想一下你参与过的一个目标非常发散的架构活动，在排除了彼时信息不对称的情况下，你认为有什么发散的目标可以在当时被裁剪掉？是什么原因导致这些发散的目标没有被裁剪掉？
3．你觉得在你参与过的所有架构活动中目标最聚焦的一个是什么？最终这个项目为企业带来了什么样的短期和长期价值？
4．你可能观察到过一名架构师认为架构目标是错误的却没有站出来反对它的情形，最终的结果是什么样的？你认为这名架构师在这个过程中有什么得失？

第 6 章

生存法则二：架构设计要顺应人性

程序员自学习计算机基础知识的那天起，似乎就走入了一个简单直接的机器世界，这个世界完全由逻辑和数字主宰，这让程序员不自觉地认为凭借计算机就可以解决所有的问题。或许正是计算机的作用被过分夸大，才让我们在软件研发过程中走进了思维盲区，忽略了软件研发归根结底是一项人类活动且最终还是为人类服务的这个事实。

在本章中，我来研究一下关于人类活动最根本的理论，也就是人类行为的动机是如何决定人类的行为的；分析一下在架构设计中应该如何考虑人性这个要素的；最终通过一系列案例，帮助架构师认识人性对架构活动成败的重大影响，让架构师意识到架构设计中如果能尊重和顺应人性，也就是人的基本感受和合理需求，就会拥有另一种解决问题的视角，能在更大的空间中发现最优的架构设计。

6.1 理解人性，从马斯洛的动机跃迁理论讲起

提起人性，马斯洛的动机跃迁（以下简称马斯洛的理论）理论是最广为人知的基础理论，但由于信息传播的扭曲，导致多数人对马斯洛的理论的理解有偏差，甚至是错误的。因此，在解释人性对架构设计的作用之前，我先认真剖析一下马斯洛的动机跃迁理论，然后结合具体的案例阐明在架构设计中应该如何理解和顺应人性。

马斯洛的理论最早成型于 20 世纪 40 年代，它被认为是心理学上的一个巨大突破，原因在于马斯洛的理论很好地概括了人性。一般的网络文章会把马斯洛的理论解释为需求层次模型，认为高层次需求建立在低层次需求之上，低层次需求的满足是高层次需求出现的前提，并且把这些需求图形化地表达成一个层层堆叠的金字塔模型。

如果我们认真阅读马斯洛的论文，就会发现这种表述不完全正确，而这种错误的理解会导致我们无法很好地利用这个理论来指导实际工作。

6.1.1 不是需求有层次，而是动机有优先级

我先解释一下马斯洛研究的背景。马斯洛是在研究动机（motivation）时提出需求层次的。所谓动机，就是人类的行为到底是由什么驱动的，是人类行为的当下原动力，区别于过去、未来的有可能起作用的动力。马斯洛用需求（need）这个词特指发自个人主体的

内在需求。

马斯洛的理论在国内常常被翻译成需求层次理论，这是一个非常糟糕的翻译，因为它并没有完全表达出马斯洛的理论的实质。

马斯洛认为，人类的动机以抢占顺序依次排列，马斯洛用**抢占**（prepotency）这个词特指人类的动机是依次独占人类的全部意识的。也就是说，一旦一个动机进入了这个状态，那么这个动机会召唤一个人的全部意识、行为去满足这个动机。他把这个动机称作**主导动机**（prepotent motivation）。

举个例子来解释一下。马斯洛的动机层次的最底层是生理需求动机，如果一个人在生理上长期处于饥饿状态，那么以填饱肚子这一生理需求为目的的动机就是他的主导动机。这里需要特别强调一下，这种饥饿与没吃早饭那种饥饿完全不同，这是一种由自然灾难带来的可能导致死亡的长期的食物匮乏。当一个人处在这种状态下的时候，他整个人，包括他的视觉、听觉、嗅觉、思考、记忆、行为等，都只有一个目的，那就是满足他填饱肚子这个生理需求，这个生理动机是他所有感官、意识、行为的组织者和决策源头，这时候其他动机都不重要，他甚至都感受不到其他动机的存在。只有这个动机背后的需求被满足了，而且是长期被满足了，由更高层次需求诱发的动机才会被解锁。当这种新的更高层次的动机开始起作用的时候，它又像生理动机一样，抢占一个人所有的意识和行为，并且压制其他更高层次的动机，直到它背后的需求完全得到满足。动机抢占意识的整个过程如图 6.1 所示。

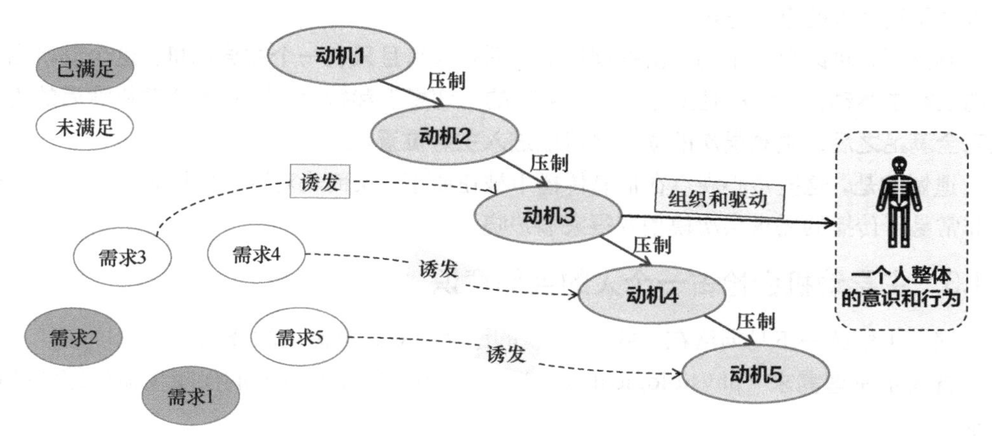

图 6.1 马斯洛的理论：人类的需求会诱发不同优先级的动机

如图 6.1 所示，假设一个人同时有 5 个需求，需求 1 和需求 2 已经被满足了，那么这 2 个需求就不会再诱发动机，而需求 3、需求 4 和需求 5 没有被满足，因此它们会同时诱发各自的动机，但由于需求 4 和需求 5 诱发的动机被需求 3 所压制，因此最终是需求 3 诱发的动机主导了这个人整体的意识和行为。

马斯洛的理论本意是人可能同时有多个需求，这些需求之间并不存在依赖或层次关系，如果这些需求得不到满足，那么它们各自会诱发动机，但人的动机有优先级，且具备抢占性质，在任何时候，只有一个动机可以主导人的意识和行为。

由此可见，马斯洛强调的不是需求有层次，而是动机有优先级。从某种程度上来说，诱发这些动机的需求也被反向传递了同样的优先级，所以把马斯洛的理论翻译为需求层次理论，虽然不能说完全错误，但没有完整传递马斯洛的理论的核心观点，甚至是部分曲解了马斯洛的理论。

6.1.2　一个人任何时候只有一个主导动机

接下来解释一下马斯洛的理论中的动机跃迁模型。

学计算机的应该很容易理解动机跃迁这个概念，因为它跟硬件中断的机制类似，一台计算机的各种外围设备并行工作，当某个外围设备需要抢占 CPU 的时候，它就会发出中断请求，而人类的各种需求就相当于并行运作的外围设备。

人类对不同动机的处理就像计算机中断请求处理一样，各自有自己的优先级，高优先级的中断请求会抢占低优先级的中断请求，这个抢占过程相当于完成了一次动机的状态跃迁。这两个状态之间不需要彼此相邻，只要一个更高优先级的动机被触发，它就会立即抢占低优先级的动机而成为一个人的主导动机。也就是说，马斯洛认为人类的行为在单一时刻不是面向多目标做优化，而是面向单一目标做优化，一旦某个动机抢占了人的意识，它就抢占了这个人的全部意识。

到这里，可以总结出马斯洛的理论的实质：**人有且只有一个主导动机，这个动机由人的内在需求驱动，它独占且主导这个人当前的一切意识和行为，直到这个动机背后的需求被完全满足之后，更高层次的动机才可能进入主导位置。**

遗憾的是，这些核心观点在信息传播中被扭曲了，反倒是对这个理论表达不怎么准确但非常易于传播的需求层次模型变得家喻户晓。

6.1.3　主导动机会抢占一个人的全部意识

接下来解读一下马斯洛在 1943 年发表的论文中对人类需求的分类。

首先是**生理需求**（physiological need）。这是由人体器官触发的保障生命延续的基础需求。

其次是**安全需求**（safety need）。在最底层的生理需求得到满足之后，安全需求诱发的动机就会成为主导人的意识的主要动机。这里有必要区分一下安全和安全感。这里说的安全是心理上的诉求，它不等于人身安全，人身安全是生理上的，属于生理需求的一部分。心理安全感广义上指的是人试图寻找的生活中的安全和稳定性，它表现为人类更倾向于选择熟悉的、常规的、有结构的、可控的、已知的、可预测的和安全的事物。

再次是**爱的需求**（love need），马斯洛指的是一个人认为自己归属于一个群体，他能够感知到自己在爱这个群体和自己被这个群体所爱。

接下来是**尊重的需求**（esteem need）。这个需求有时候被翻译成自尊。不过，很多人没有意识到马斯洛强调的是**有底气的自尊**（firmly based self-esteem）。这种自尊是指一个人的内在能力、自信和发自内心的优越感使其能够不需要外界的确认就有自信。

最后是**自我实现的需求**（self-actualization need）。马斯洛所指的自我实现的需求指的是自己真正想要的而不是别人眼里的成功。自我实现不是来自他人的某种认可，而是一个人发自内心的诉求，这种诉求同样来自自己的意识而不是外在的评价。

马斯洛后来还增加了其他需求，如**审美需求**（aesthetic need）和**超越需求**（transcendence need）。不过，这些需求在软件行业中不怎么出现，这里就不展开了。

认真分析马斯洛提到的这些需求就会发现，它们有一个共性：这些需求都是内在的，是个人自身感受到的需求，与他人的看法无关。

如果某个需求没有被满足，就会刺激出人的动机去满足相应的需求，但这些动机并非同时生效，因为任何时候都只有一个主导动机在支配着整个人的感官、意识和行为。这些动机依次出现，如图 6.2 所示。

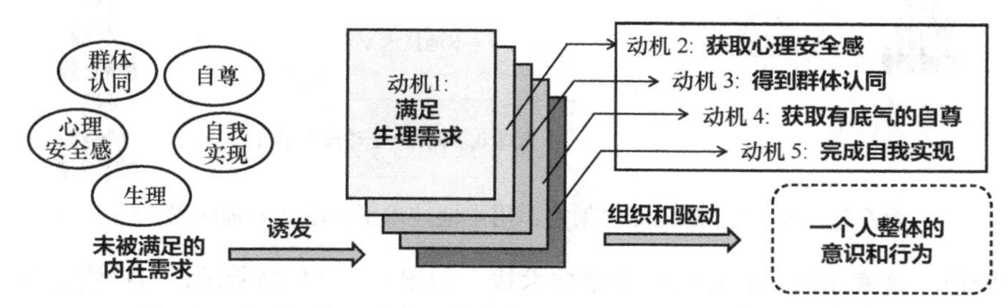

图 6.2 马斯洛的理论中人的内在需求和由此而触发的动机跃迁

如图 6.2 所示，当生理需求得不到满足的时候，源于生理需求的动机 1 就会处于主导地位，并且会屏蔽其他动机。只有生理需求得到满足了，处于生理需求之下的未满足的安全需求，才能诱发以获取心理安全感为目标的动机成为主导动机，依次类推。

6.2 架构设计中对人性因素的考虑

我花这么大篇幅解释马斯洛的理论，是认为它对软件研发和架构活动具有实际的指导作用。接下来我就利用这个理论来指导架构实践。

为什么一个关于人性的理论会对架构活动有帮助呢？原因很简单：软件是由人构造的一个虚拟的存在，这个构造过程是靠一组研发人员共同协作完成的，既然马斯洛的理论适用于一切人类活动，那么这个模型当然也适用于人的架构活动。

事实上，忽略人性可能给软件架构带来致命的失误。到目前为止，我见到过最昂贵的一个架构失误的总经济损失超过几十亿美元，其失败就是由设计者对人性的忽略造成的。接下来我就分析一下这个案例。

6.2.1　案例一：没有人性的技术架构就没有生存空间

2015 年，我受邀给一家国内处于垄断地位的大企业做架构评审，这家企业要在自己的领域内领先全球，再加上资金雄厚，所以开始做海外布局，投资了一家同领域的国外的初创公司。本来这家国外小公司有自己的研发人员且初步建设了自己的技术体系，基本可以支持其在本国的业务，但在这家大企业看来，这家小公司的技术落后自己几年，而且研发人员的能力也有限。在这个背景下，这家大企业的国际化团队提出了一个新的架构设计，如图 6.3 所示。

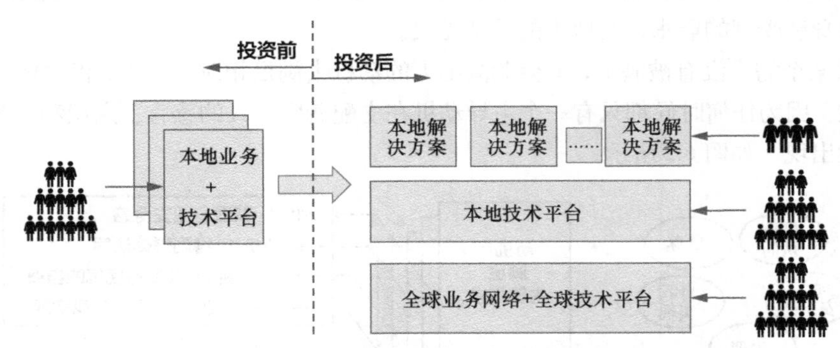

图 6.3　一家企业的国际化架构：用本地技术平台取代本地研发人员

投资前，这家小公司有自己的完整技术栈，如图 6.3 中左侧所示；但投资之后，这家大企业期望小公司能把他们的技术迁移到一个由大企业自己开发的技术平台上去，这样大企业的部分技术就可以通过这个平台输出给这家小公司。

这个技术平台主要包含两部分：一部分是全球业务网络和支持这个业务网络运作的全球技术平台，也就是图中右侧最底层的部分；另一部分是一个通用的本地技术平台，由大企业开发，全球通用，也就是图中右侧的中间部分。

如果将小公司的技术迁移到这个通用的本地技术平台，他们的研发团队就可以集中精力在这个本地技术平台上开发本国的解决方案。这样一来，之前做本地平台功能的研发人员可以减少很多，而且这个平台对本地解决方案开发者的技能要求相对更低，因此这种研发人员更容易招聘，用人成本也更低，开发也更快。

这样做还有几个附加的好处。首先，这家大企业开发的本地技术平台基于全球最先进、业务体量最大的中国市场的技术建设，这个平台不但技术先进，而且附带了很多海外同行还没有开发出来的业务能力。其次，本地技术平台和大企业的全球业务网络是打通的，小公司一旦接入本地技术平台，就和全球业务网络完全打通了。额外的生意滚滚而来，成本又少了很多，何乐而不为呢？

但结果呢？一年后，这家大企业投入近两千人建成了这个庞大的系统，也通过更多的海外投资而大幅扩展了自己的投资版图，但是能接受这个方案的小公司寥寥无几。第二年，这家大企业又做了一次全面的技术升级，放宽了合作条件，增加对这些小公司的投资占比，甚至是完全控股，但技术方案的推进和被投资业务的增长都不尽如人意。又过了一年，这个方案最终被取消了。

这家企业在全球蓬勃发展，但原本在自己国家领先行业的小公司虽然有了丰厚的资金和最先进的技术支持最终却纷纷夭折了。即使不计算这家小公司侧的研发损失，仅大企业损失的研发投入就超过了 1.5 万人年，再加上直接投资，总共损失高达几十亿美元，这还不算浪费掉的机会成本。

是什么原因导致如此惨重的失败呢？答案是这个架构设计完全忽略了人性！具体来说，这个架构方案完全忽视了小公司里研发团队的心理安全感需求。试想一下，假设你在这家小公司里任职，你辛辛苦苦地研发了第一代软件，然后公司被一个资金雄厚的外企看中，但随之而来的就是你辛苦开发的代码全部下线，紧接着你的日常工作就变成了跟第三方供应商做系统对接，一夜之间公司上下每个技术人员都变成了随时可以被扫地出门的外包人员。这个时候你会安心地留在公司做系统迁移吗？

读到这里，你可能会产生疑问："如果小公司被大企业收购，大企业难道不会签约保留老员工，用股权机制拴住他们吗？这样一来，他们肯定可以完成技术迁移，最终帮助企业进化到一个更先进的系统上，不是吗？"

正如我在 6.1 节中提到的：依照马斯洛的理论，心理安全感是一个人的内在需求，只有在这个内在需求被完全满足了，它所诱发的动机才会消失，否则这种动机将持续被诱发。所以，虽然外部激励的确会诱导员工的行为，事实上这家大企业也的确反复尝试了很多手段，但是这些外部激励不能从本质上满足已经被剥夺了的心理安全感。在这个软件开发人员相对能够保障自己衣食无忧的年代，没有比获取心理安全感更高的动机了。

可以设想一下：假设你在这家小公司工作，在听说这样一个技术方案后你的第一优先级会是去完成技术迁移吗？哪怕有股权和激励诱导你这么做，你会全身心地投入其中，保障迁移迅速完成吗？至少马斯洛不这么认为。

虽然大企业的架构看似是一个非常有价值的方案，但它是一个完全没有人性的架构。这个架构设计完全破坏了小公司最核心的研发人员的心理安全感，因此搭建在这个践踏人性的技术架构上的海外业务屡战屡败的结果就是无法避免的了。

这个例子告诉我们：架构设计必须尊重研发人员的人性，一个完全忽略人性的架构是没有任何生存空间的。

再回到这家国内的垄断大企业，你可能会产生疑问："为什么这种没有人性的架构竟然能够横空出世？为什么这种方案在屡战屡败的情况下竟然还被整整实施了两年多？"

6.2.2 为什么会有人设计和坚持没有人性的架构

马斯洛的理论这时候又起作用了。这家大企业在邀请我去做架构评审的时候，这个国际化技术平台的项目已经有好几百名研发人员参与建设了。在架构评审会上，我曾经极力劝阻这个项目的总架构师和研发经理，期望他们能放弃这个设计，但最终没能说服他们。

为什么他们没有被说服呢？因为马斯洛的理论也在这个时候起作用了！所有已经在这个项目里的人，他们的团队招聘、个人晋升、年终奖、股票都已经和这个项目牢牢绑定，对他们而言，任何动摇这个项目稳定性或者削弱这个项目价值的言论，必然会损害他们的自身利益和心理安全感。

在这个时候，他们获取心理安全感的动机也会主导他们所有的感官、意识和行为。项目的所有参与者都会拼命维护自己的立场，就像小公司里的研发人员一样，他们都在为获取自己的心理安全感投入全身心的努力！

结果就是项目评审会并没有对项目的状态产生任何的本质影响，项目启动后在国外的接连挫败也没能让项目的参与者从根本上改变这个架构，因为**这些参与者就是这个技术平台下的一个衍生物种**，让他们去破坏自己的生存空间是完全不可能的。更可悲的是，越到项目后期失败越明显。但项目持续越久，这些人的利益和平台绑定得就越紧，这些生存在平台上的人越难以放弃它。

这时候，我们不得不赞叹马斯洛的理论是多么对称！这个理论不但解释了受迫害一方的行为，也完美解释了施虐方的行为。这是多么奇妙的场景啊！

我们能从这个案例中得到的额外认知就是：**越是大型的架构方案，越要在早期去讨论它的方案可行性**，而且在讨论的过程中要尽量以批判和否定的眼光去审视这个架构方案。这种讨论发生得越早，涉及的利益方就越少，才可能避免越大的损失。

读到这里，你可能还会有疑问："为什么需要这么长的时间高层决策者才意识到这个方案是不可行的呢？难道公司高层决策者不能及早终止这个方案来减少损失吗？"

事实上，如果一个架构方案有几百人参与且持续半年之久，那么这个方案已经逐渐演变成了一场"运动"，这场运动自身产生的惯性已经不是一两个高层决策者所能控制的。大量的参与者已经为这个运动注入了持续的生命力。虽然有个别像我这样的人会表达异议，但是高层决策者听到的却是一个又一个成功案例和一些小小的意外。

这种惯性是令人生畏的。这也是我认为人类历史上有一个又一个从悲惨的开局一直上演到悲惨的结尾的长剧的原因。

6.2.3　案例二：从研发人员心理安全感的角度来思考微服务的粒度

马斯洛的理论不仅能够帮助避免前面的设计悲剧，还能为架构师提供一个新的解决问题的思考角度。下面来看一个日常的设计案例。当前国内的研发人员对安全感的需求很强烈，“内卷”“35 岁危机”“996”等各种流行关键词似乎都指向了安全感的缺失。而当下的全球经济衰退正在放大互联网从业人员的不安全感。这么一来，寻找心理安全感需求就成了一个程序员的主导动机。那么，架构师如何通过日常的架构设计为程序员注入更多的心理安全感呢？

接下来我就用微服务粒度这个最普遍的话题来展示一下架构师应该如何在日常的架构设计中考虑心理安全感这个设计因素。

微服务的粒度是一个永恒的讨论话题：“到底一个人应该维护几个微服务呢？”网上的各种架构专家、咨询师、CTO 可能各自有各的答案。我见过有人建议三个人维护一个微服务，也有人说应该两个人维护一个微服务，还有说一个人维护一个微服务的。

我们以马斯洛的理论做指导，可以判断互联网企业中多数研发人员的生理需求是被满足的。所以，心理安全感应该是能影响微服务粒度的最基本的人类需求了。在这种情形下，每个研发人员都分配到至少一个核心微服务，他才能有最大的心理安全感。

因为每个研发都不担心自己被轻易取代。而且，因为每个研发人员都有对自己的微服务的决策自由，从而最大程度地提升了他的自尊和被需要感。

下面我用现实的案例来验证一下上面的讨论。我在一家企业做某个部门 CTO 的时候，做了非常极致的微服务拆分。我的部门人均微服务数从 0.4 个提升到了 1.5 个左右，而同时期该企业的另一个大部门的人均微服务数是不到 0.3 个。微服务拆分前我们团队的各项指标和这个大部门持平，拆分后我们团队的人均代码产出是该部门的 3 倍，代码质量指标千行代码的缺陷率是该部门的一半，人均日发布次数是该部门的 7 倍多，发布成功率和该部门持平。我的部门连续 4 年多可用性维持在了 4 个 9 以上。

有趣的是这个工作最终竟然还被回滚了。在我离开这个部门之后，接替我的 CTO 就来自那个大部门，他极力推崇基于那个大部门的粗粒度的中台服务，于是他反其道而行，大规模地合并微服务。在这位 CTO 强行合并服务之后，团队的发布次数和发布成功率都降到了之前的一半，可用性也掉到了 99.95%以下。离职率从之前的 5%提升到超过 30%。

这个案例表明：**单从人性角度思考，如果能够让每个研发人员独立负责一个核心微服务的话，那么他的安全感、自尊，甚至产出都是最大化的。**

上面的讨论是从研发投资回报率（return-on-investment，ROI）的角度来思考微服务粒度的问题，还可以从微服务本身的设计出发来再次验证上面的结论。微服务的核心价值在于以下 6 点。

（1）粒度小，单个服务可以紧贴业务快速迭代。

（2）去中心化组织和部署结构，减少不必要的协同。

（3）数据和商业逻辑受同一个服务控制，在商业逻辑快速变更的同时，保障数据模型的一致性。

（4）数据和状态独立封装，保障一个业务快速演变的同时，还不污染其他业务。

（5）服务本身的独立部署能力使容错和容量弹性最大化。

（6）细粒度服务发布回滚和故障响应能够有效隔离，出了问题可以迅速降级或回滚。

我们可以看到，前3项是人越少越高效的，这3项最高效的状态就是最多一个人维护一个微服务。想想看，维护这个微服务的研发人员对业务有深度理解，能够与业务同频率迭代，他什么时候想改代码就改代码，不需要和他人协同，他修改自己的商业逻辑和数据模型根本不需要担心和其他人的变更冲突。在这种状态下，协同最小，他能产出代码的冲突最低，系统稳定性最高。

从这个角度来说，微服务本身的“微”就是暗含的一个微服务最多仅由一个人来开发和维护才是最大化人均产出的。当然，在现实场景的架构决策中，划分微服务的粒度不仅要考虑研发的人性，还要考虑服务本身的原子性、维护成本、团队人员的稳定性、服务的高可靠性要求等。

我认为能够支持多名研发人员共同维护一个微服务的理由只有两个：第一，服务本身承载的业务量对稳定性和服务连续性的要求大到可以忽略研发资源的成本；第二，从性能或者原子性角度导致服务无法轻易拆分，而它的复杂度大到需要多个研发人员维护，例如数据库引擎这样的服务。

在企业资金充沛的情况下，多名研发人员维护一个微服务无可厚非。但是，对任何一个有现金流压力和生存压力的中小企业而言，微服务粒度设置到每人维护一个以上微服务才更加合理。

当然，有些人认为一个服务只有一名研发人员会有人员稳定性风险。我觉得这个理由不成立。微服务的隔离性和由分布式架构带来的稳定性是能抗住个别研发人员离职的压力的，而且微服务粒度越小，这种承受能力越大。

我曾经经历过一家公司一个月内有15%的研发人员离职的情况，而且当时这家公司的人均服务数超过的3.5。即使是在这种极端情况下，最终也没有发生稳定性大崩盘的情况。所以，我不认为单独以稳定性为由扩充研发人员是一种好的微服务粒度策略。事实上，提升稳定性的办法有很多，远远比扩充人员更有效且成本更低。

6.3 从用户心智开始架构设计

我们都知道，软件最终要服务于人，所以架构师在用户软件架构设计过程中也要考虑人性。接下来，我先通过剖析拼多多对用户心智洞察的案例来分析洞察人性对架构设计的重要影响。

6.3.1 案例三：从人性角度来分析拼多多是怎么赶超阿里的

拼多多的出现，可以说颠覆了互联网人的认知。

2015年前后，阿里巴巴占据了整个互联网电商几乎全部的流量优势。在万能的淘宝，有 20 亿商品，覆盖人们生活方方面面的需求。在品质生活的天猫，聚集了世界几乎所有的品牌。可以说，阿里巴巴不断提升电商全品类渗透率，也几乎把电商多快好省的心智做到了极致，在当时，似乎阿里巴巴拿下电商的天下就是指日可待的事情。然而，就是在这种形势下，拼多多一步步完成了不可能的颠覆。

拼多多究竟是怎么做到这一点的呢？这里有很多因素，如线上支付、微信流量等，但其中至少有一个关键因素与马斯洛的理论有关：拼多多对用户人性的理解远远超越了其他同时期的电商。拼多多创始人黄峥在《财经》杂志的采访中解释了这个洞察："我们的核心不是便宜，而是满足用户占便宜的感觉。"

读到这里，你可能会有疑问："阿里巴巴这时候难道不是已经把省钱的心智做到极致了吗？占便宜不就是省钱吗？"其实，省钱和占便宜是两种截然不同的心智。

我先举一个极致的占便宜的例子，帮助你感受一下。假设你关注一款 499 元的索尼耳机很久了，有一天，你在搜索结果中突然发现一个 4.99 元的，还是正品，你是什么感觉？你的心跳是不是加速了？你是不是试图毫不犹豫地去完成下一步操作？点击支付确认的时候你的手是不是都在颤抖？

这里我重复一下 6.1 节中提到的马斯洛关于主导动机的描述，帮助你识别这个主导动机：欲望会迅速独占人的全部意识，一旦一个动机进入了这种状态，那么这个动机会召唤一个人的全部意识、行为去满足这个动机。

也就是说，在拼多多这个例子中，占便宜的心智会诱发抢占性的主导动机，但省钱是不会的，省钱是一个非常理性的心智。在省钱的心智下，人会在单价、物流、服务、质量、功能等诸多维度上进行比较，是一个理智的决策。如果这时邻居叫我们去打麻将，出于群体认同的动机，我们还可以放下这个省钱动作。但我相信，任何人都绝对不会在看到那款 4.99 元的索尼耳机后还去想着要照顾同伴的情绪。

在我看来，占便宜应该是动物生存的一个根本欲望，在一定条件下这个欲望会诱发我们的动机，并占据主导地位，这时候我们已经不是单纯地在购物了，而是通过薅互联网投机者的羊毛来为自己获取不对称生存优势。我认为这就是拼多多在人性上的一个本质洞察，它洞察到了其目标人群及用户的心智。

6.3.2 从用户心智角度理解增长飞轮

架构师理解这个人性有什么价值呢？从我的观察来看，很多创业公司从初创到倒闭都没搞清楚自己的目标人群及其心智。**如果一家公司能锁定目标人群及其心智，那么这家公**

司的软件研发人员就有了一个稳定的研究方向。这是架构师梦寐以求的工作环境。

先看一下拼多多的基于占便宜心智的增长飞轮，如图6.4所示。

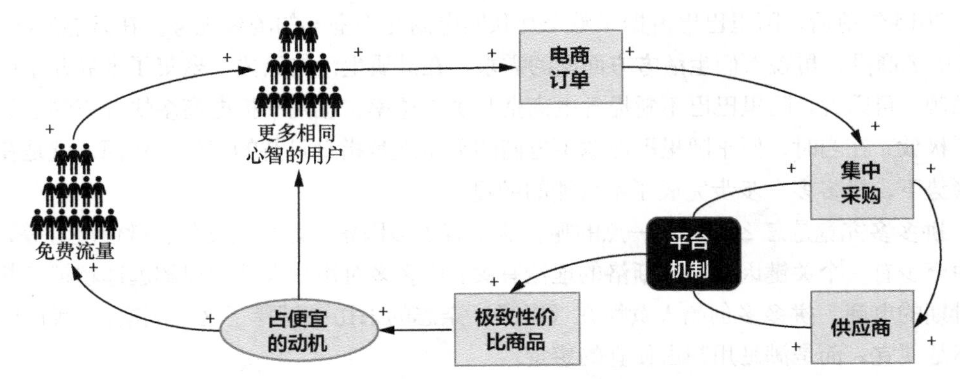

图6.4 拼多多的基于占便宜心智的增长飞轮

图6.4中的每条连线上都有一个角标，“+”表示一个前项因素的增长，箭头指向后项因素。如果前项因素的增长会带来后项因素的增长，那么箭头上也用“+”表示。可以看到整张图上都只有“+”，这就代表整个平台机制形成正循环，也就是增长在随着时间不断放大。这就是我们经常听到的“飞轮效应”，其实就是系统论的正反馈循环。下面是这个循环的具体流程。

（1）通过放大占便宜的心智，拼多多省下了巨大的营销成本，获得了大量的免费流量。

（2）这些免费的流量加入已有的具备相同心智的用户中。

（3）这些用户的需求变成了订单。

（4）大量的订单变成了供给端的集中采购优势。

（5）这个采购优势也吸引了大量能提供更高性价比的供应商。

（6）这些供应商和现有供应商在平台不断提升性价比的机制下，为用户提供了大量极致性价比的商品。

（7）这些商品能够更好地满足用户占便宜的心智，因此也会持续帮助平台获取更多的免费流量。

图6.4中的黑色平台机制模块有点儿复杂，我来着重解释一下。它有两个输入和一个输出，其中一个输入是集中采购，也就是拼多多在逐渐培养放大的从消费者到生产者（consumer to manufacturer，C2M）模式，是有规模效应的新商家的代表；另一个是普通的平台商家，是平台老商家的代表。平台机制模块决定什么样的商家将被激励和选择性地放大，最终会输出什么样的商品。也就是说，**平台机制模块的设计决定了整个平台是否能够维持增长。**一般来说，一个平台现有商户和新加入商户形成竞争，两者是互相抑制的关系，而不是互相促进增长的关系。

但是，拼多多的平台心智非常清晰，所以他们的平台机制模块能够以放大用户占便宜的动机作为商家被激励的唯一目标。有时候具有规模效应的 C2M 商家会被激励，有时候老商家会被激励，一切以用户占便宜的行为为准绳。在这种机制下，更多的新老商家只会带来更多极致性价比的商品。所以，在两个输入都为“+”的情况下，最终输出的效果只会是“+”。

我认为这就是拼多多的飞轮效应。简单来说就是：拼多多平台的定位是满足用户占便宜的心智，这种心智反向选择了用户人群，然后在这些人群的共性需求中建立了自己的供应链，从而形成正反馈闭环。这就是拼多多的日活跃用户数（daily active user，DAU）和订单量能够同时飞速增长的原因。

淘宝就不具备这种飞轮效应。淘宝无所不能的心智带来了大量的猎奇和浏览者，平台靠天猫的品牌获取了大量利润、金融收入和资本市场的认可。聚划算和拼多多的心智相同，也是以占便宜心智为主导，但想占便宜的用户是不愿意花更多的钱在品牌溢价上的。事实上，这几种心智是互不兼容的。聚划算要追逐极致性价比的商户，其产品的稀缺性就会降低，就不会帮到淘宝，而且追求极致性价比，在某些质量维度上就必须打折，平台也就不能维持天猫“品质生活”的保障了。

通过分析我们会发现：平台机制模块是不可能对这 3 种不同的“心智+商家组合”同时产生“+”的正向刺激的。也就是说，它们之间没办法形成飞轮效应。

拼多多这种心智的定位完全不同于淘宝和天猫的定位。虽然拼多多与聚划算的定位类似，但是因为聚划算的用户心智与淘宝、天猫这两种主流业务的心智不匹配，所以心智的冲突必然会导致平台机制的冲突，也就是说这个问题对阿里巴巴是无解的。

阿里巴巴也不会为了打拼多多而放弃有更大利润空间的品质天猫和有更多流量效应的万能淘宝，所以最终阿里巴巴没能完全抑制拼多多，现在没做到，未来也很难做到。我认为这就是黄铮在采访中提到的错位竞争的本质。所谓错位是用户心智的错位，这个错位是淘宝和天猫都没办法放弃自己现有的用户心智去拼抢的。因为与淘宝和天猫相比，拼多多有着更清晰、准确的平台心智。这就意味着，拼多多的所有职能都集中在把一个心智达到极致。例如，技术的投入就会集中在加速飞轮效应的算法上，这种心智要求精准拉新、流量聚合、放大头部商品的马太效应、供应链 C2M 加速、头部商家激励等。

我不为拼多多工作，也不了解拼多多的技术，但通过这个案例我想传递的观点是：**一名架构师如果能尽早看懂看透公司的用户心智，那么他就可以在技术上提前布局。**

事实上，拼多多的心智也不仅是单纯的占便宜，拼多多实际上还利用了群体认同的心智，一起砍价和一起占便宜就是这种群体认同的心智，限于篇幅我就不在这里分析了。

6.3.3 案例四：心智定位是长期战略，不是靠直接的统计

很遗憾，我自己没有像黄峥那样看透用户心智。这是一种非常了不起的能力，我现在

还在学习。

黄峥接受采访的时候我已经在 AliExpress 做了快 3 年的 CTO 了。AliExpress 是一个将商品从中国卖向全球的跨境网站，增长非常快。成立的最初 7 年每年都有超过 100%的 GMV 同比增长。虽然增长快，但是 AliExpress 的核心管理团队一直没找到准确的用户心智定位。

在我担任 CTO 的 3 年间，我们的核心团队曾经多次讨论过心智定位，当时我们意识到 AliExpress 有一批商品一直对用户的吸引力非常大，如手机壳，AliExpress 当时能做到 99 美分包邮，而且这个品类的复购和传播都非常好，原因也很简单，在国外很多地方，一个手机壳要卖到 10 美元甚至 20 美元。

正因如此，虽然 AliExpress 很长时间都没有任何的品牌营销投入，但是到 2017 年全球已经有超过一亿买家在 AliExpress 购买过商品。但是，这些商品和我们平台的心智定位是什么关系我们一直想不出来，我们有一段时间把这些商品总结成为“新奇特”，过段时间又把这些商品总结成“高性价比”，后来我们不再执着在商品画像上，而是把平台的心智总结成“好货不贵”，但还是觉得不准确，最后一段时间我们又回到抽象商品画像上去，总结成了“跨境长尾轻小件”。

在我注意到拼多多的高速发展之后，我也试图去逆向理解拼多多成功的原因。我下载了拼多多 App，买了一些商品。当时拼多多上很多东西的质量的确不怎么好，没办法用，客服体验也不好，有些商品几乎近乎欺诈用户。我本来就是为了研究拼多多才购买它的商品的，所以我也不太在乎这些。不过，我后来惊讶地发现，在这个研究的过程中我竟然上瘾了，开始复购某些品类，但是依然没有琢磨清楚拼多多的心智定位。

直到黄峥的访谈发表，我才意识到拼多多在满足用户“占便宜”的心智，而这种心智其实也是手机壳这类商品在 AliExpress 上大卖的原因。也就是说，海外大多数人能够在一个来自中国的不知名的跨境网站上直接下单，内心都有一个欲望：万一我占到了这个便宜呢?

回头再看我们的定位词“新奇特”“高性价比”“好货不贵”“跨境长尾轻小件”，这些都不是心智，只是由一个心智带来的商品属性。经营者搞不清用户心智，那么 AliExpress 的心智必然来回变动，肯定会影响 AliExpress 的发展。事实也的确如此。这就是认知的差距啊!

6.4　远离邪恶的心智

分析用户心智还不可避免地需要提到过程正义这个话题。

有一些企业用户心智定位也非常精准，但他们利用人性的弱点去发财。例如，有些公司专门散布流言蜚语，有些公司专门引诱肮脏的交易，甚至有些公司诱导未成年人犯错。如果你误入这样一家公司工作，我强烈建议你尽早离开。因为一家公司的心智定位一旦成型是很难更改的，它会不断深入且放大这个心智。在这个环境中工作的人也会被马斯洛的理论所约束，他会通过一切手段最大化他在这个环境中生存。对架构师或任何一个专业决策者，这个工作过程其实也是对他的能力集不断强化训练的过程。

所谓“人在江湖，身不由己”，一个人在暗黑生意中练就的生存技能，在光明生意下就不具备同样的价值了，想要洗白，能力还是要从头建起。因此，我强烈建议远离邪恶的心智。

6.5 小结

我在本章中剖析并应用了马斯洛的动机跃迁理论，并借由这个理论讲解了为什么在架构设计中要尊重和顺应研发人员的人性，以及如何从用户思维出发扩大技术搜索空间，最终为公司创造更大的价值。

在本章中我借用的是马斯洛的理论。事实上，关于人类行为的理论在马斯洛之后有很多的进展，我之所以选择马斯洛的理论是因为这个理论已经被多数人熟知，而且也经历了时间的考验。在研究人性的过程中，你不是必须采用马斯洛的理论，我只是用马斯洛的理论作为可以用来指导决策的一个理论示例。我相信，人性随着时代的变化也会发生变化，架构师可以学习最新的心理学和社会学理论来指导自己的具体架构决策，但不论关于人性理论如何变化，本章中传递的架构师生存法则是不变的：**架构要顺应人性！**

6.6 思维拓展：从源头学习，缩短认知差距

我在本章中展示了一个学习和应用他人理论的方法，这也是我这些年来一直保持的一个习惯，就是从源头学习。

国内许多图书和互联网文章把马斯洛的理论翻译成“需求层次理论”，这个翻译虽然没有错，但没有完整传递马斯洛的理论。马斯洛的理论中比较核心的动机独占和跃迁都在信息的传播中被遗失了，反倒是不怎么准确但易于传播的需求层次模型变得广为人知。

我们生活在一个信息唾手可得的时代，大多数人，包括我自己在内，会满足于在一个信息聚合类网站浅度寻源来获取知识。遗憾的是，很多网站、图书对信息源的抽象都不够准确，导致我们往往被一个曲解过的理论和它的衍生品所蒙蔽，马斯洛的理论并不是特例。我们会发现，大量被传播的内容往往是被极度简化过的，是以传播最大化为目的而修剪过的。我们要认清楚一点，网站的目的是增长和盈利，不是最大化读者的知识获取，因而在这个信息失控的时代，我们有必要重新回到信息源头，来获取真实的一手数据和理论，这是我们从源头深度探索一个理论时能得到的别人得不到的东西。不信的话，你可以去网上搜索康威定律并且与康威的论文对比一下，每个架构师都引用的朗朗上口的康威定律，看看有几个翻译是和康威本来的表达是一致的？

通过本章中分享的这 4 个案例，我想你不仅知道该如何理解马斯洛的理论，而且知道

该如何应用这一理论。正如我反复强调的那样，或许你学完这些生存法则会觉得内容太过简单，但就是这些最基本的原理对结果的影响和对效率的撬动才是大的，用对了这样基本的理论就可以带来成倍效果提升，用错了或者忽略了则会带来灾难性的损失。

我在 AliExpress 意识到自己在用户心智上的认知能力有欠缺之后，就下决心去寻找突破口，因此我认真研究了心理学，也学习了马斯洛的理论，当我逐步把马斯洛的理论应用到实际中时，我这才意识到这个理论的强大之处。

我回头再看网上关于阿里巴巴与拼多多竞争分析的文章，感觉它们都没有找到一个第一性的出发点，解释的逻辑非常复杂，也不能完整解释这些年来两家企业之间竞争态势的变化。这也是我用一整节的内容来介绍马斯洛的理论，然后再用拼多多的案例来讲解这一理论的价值的原因。

关于拼多多和阿里巴巴的竞争分析结论，其实我早在 2017 年初前就得出了，5 年过去了，两家企业依然在进行残酷的竞争。在我看来，这个结论依然有效，因为分析过程中引用的因素都还没有改变。这个分析过程让我也意识到，我对用户心智的洞察，与黄铮这样的顶尖高手相比是有差距的。但是，有认知差距不可怕，可怕的是不去通过系统性的学习主动缩短这个认知差距。在努力缩短差距的过程中，我也通过学习心理学知识在管理和商业判断上有了非常大的提升。所以，我期望你能在日常的工作学习中不断寻找自己的认知差距，并不断弥补它，这是自我提升的不二法门。

6.7　思考题

1. 在马斯洛的理论中，自我实现是人类每个个体内在的目标，是由个人决定的，但这个内在目标会影响整个社会的产出。如果社会存在某种有效的手段可以干预这个内在目标，你认为社会应该干预吗？举个例子，假设达·芬奇不花那么多时间作画，他有可能成为一个更伟大的科学家，或者他不花那么多时间去研究科学，他有可能成为一个更伟大的艺术家。如果社会能干预达·芬奇的选择，你认为社会应该干预吗？为什么？
2. 大胆假设一下，在后人工智能时代，如果人类（被）进化成了机器与人的混合体，其中机器也有它的需求（例如没电了，要充电），那么想象一下，这种混合体会有什么样的需求？该怎么设置这些需求的优先级呢？
3. 我在本章中讲到了人性，并且以尊重人性为架构师的思考起点。但是，如果你是一个动物保护主义者，你可能会觉得这条生存法则也是片面的，动物的需求也很重要。你认为在人性之外，是否有一个更高、更普遍且必须尊重的“自然意志”？
4. 你能否举一个在身边发生的违反了马斯洛的理论的例子？它为什么会发生？最终的结果又如何？
5. 站在马斯洛的理论的角度上看，许多企业经常挂在嘴上的“拥抱变化”的价值观，其实是反人性的，这个价值观要求员工去接受一个他们本来认为是不连续、不安全、不一致甚至有可能是不公平的处境。有些企业认为文化宣讲频繁了员工就会接受了，但是根据马斯洛的理论，只有这种内在的需求被长期满足了，才不再会成为主导动机，靠外在宣传是没有用的。你怎么看待这个问题？这个观点正确的部分在哪里，错误的地方又在哪里？在什么情况下，拥抱变化是能够成为员工发自内心认同的价值观？

6. 我在本章中提到了人性作为判断微服务粒度的一个因素，影响微服务粒度的因素还有很多，你能够找到另一个让你得出完全不同结论的因素吗？
7. 设计思维其实无处不在，我认为 Hive 其实也是一个设计思维的好案例，你同意吗？为什么呢？除了 Hive，你还能举出一些软件设计领域的设计思维应用案例吗？

第7章

生存法则三：最大化经济价值

在本章中我将阐述架构师的第三条生存法则——**架构师必须在有限的资源下最大化架构活动带来的经济价值。**

对于任何一个架构活动，架构师的可用资源（包括商业成本、研发成本、时间成本、迁移成本等）都是非常有限的，架构活动就是要在这些限制条件下，将经济价值最大化。

我在职业生涯的初期不太关注经济价值。很少有人能够清晰地知道自己的工作最终能为企业带来什么样的经济收入，但随着在职业上的不断成长，每个人都必须越来越清晰地了解自己为企业创造出的增量价值是什么，并且要时刻思考如何最大程度地放大这个增量价值，因为这是每个人获得高质量的长期收入的前提。

7.1 关于商业模式和经济价值

我们几乎每天都会听到别人讲商业模式和经济价值。我曾经对我团队的产品人员和研发人员做过调研，我发现很少有人能够真正解释清楚这两个概念。所以，在正式讲解第三条生存法则之前，我先来介绍一下商业模式和经济价值。

所谓**商业模式**（business model），就是一家企业是以什么样的方式获取利润的。例如，我在第3章中介绍的电商行业的例子，就有自营和平台两种常见的商业模式，在**自营模式**下，电商企业通过提升上游供给的效率来创造价值，以更低的成本获得更高质量的商品，然后再把这些商品销售给终端消费者，而自营企业获得的利润就是消费者付出的价格和自己消耗的总成本之间的差值。在**平台模式**下，电商平台服务很多商家，电商平台从商家的销售额中抽取一定比例作为交易佣金，从而获得固定的收入，而商家通过电商平台获取了更多的客户和订单，节省了自己的经营成本，因此商家也愿意把自己的利润的一部分以佣金或者广告费用的形式交给电商平台，电商平台的利润就是总的广告收入和佣金收入减去整体的运营成本。

所谓**经济价值**（economic value），就是从现金收入的视角量化出经济价值创造。例如，我们每天忙碌地工作，写代码、发表论文、提交专利和发表演讲等，这些活动都或多或少地为企业带来了增量价值，而其中可以量化为现金的部分就是这些活动的经济价值。举个例子，一名架构师领导团队做系统性能优化，在提升相关人员的技术能力的同时，也为企业节省了一定数量的服务器。前者很难量化成现金，但是后者可以由财务团队给出相当准确的现金收益。

这里我要提出一个有争议的观点：**一名技术人员能为企业创造的价值就是经济价值，其他的价值在决策的过程中可以忽略不计。**

我之所以提出这么一个观点，是我见到有些企业的技术部门的部分员工把大量精力放在了很难度量经济价值的研发活动上。例如，经常有互联网企业的研发人员在研究可用性如何到达 5 个 9 或者 6 个 9，投入大量的精力和金钱维护过度设计的灾备架构。但是，迄今为止，我们没有看到过任何的企业的内部数据和公开发表的数据能够从经济角度（如新用户获取、用户流失、订单损失、数据丢失、对客户赔偿等角度）证明一家企业在保障 4 个 9 之外的可用性是合理的。企业在经历严重经济危机时的行为就可以证明这一点，这类项目和人员往往最早进入被优化名单，且优化之后对企业的冲击几乎是可以忽略不计的。

那么，研发人员是如何为企业创造经济价值的呢？在营利性企业的环境下，我认为代码和架构设计有以下 3 个作用。

（1）实现一种商业模式。

（2）提升一种商业模式的效率。

（3）加速一种商业模式的收敛速度。

上面 3 个作用也可以应用在非营利性组织上。非营利性组织也有广义的收入，如维基百科的捐赠用户数、水滴筹为用户筹集的善款等。

以电商行业为例，一个电商平台行业的技术人员创造价值也可以归结到以上 3 类。

（1）以实现一种商业模式为例：

- 实现买家端的注册登录，搜索发现、商品详情、交易营销等功能，保障需求增长；
- 实现商家端的生命周期管理功能和不良商家的治理管控功能，保障平台供给；
- 实现物流、逆向、资金、账户、服务、纠纷、仲裁等功能，保障平台正常运转。

（2）以提升一种商业模式的效率为例：

- 提升目标用户的发现和决策效率以及决策质量，提升转化和用户满意度；
- 优化商家定位、提升商家的经营效率、降低商家经营成本；
- 通过最大化从用户需求到商家和商品的匹配提升平台经营效率。

（3）以加速一种商业模式的收敛速度为例：

- 通过 A/B 实验平台加速用户体验和商家体验的迭代效率；
- 通过平台和商家端的营销和大促活动帮助商家快速落地和加速商家增长；
- 通过数据化运营和平台运营产品和工具加速平台自身的运营能力进化。

处于商业应用层的技术人员创造的经济价值相对比较容易衡量。例如，交易和支付领域的研发人员优化电商平台的收银台提升了买家的支付成功率，从而提升了这种商业模式的效率；算法团队通过优化曝光和排序提升了买家的转化率和满意度，这些结果都可以换算成企业的经济价值。

如果某个技术人员在这家电商平台企业里做软件基础设施，如开发云平台、财务系统或者大数据计算平台，那么他创造的价值就要通过企业内部用户的效率提升来间接换算。如果某个开发云平台的研发人员提升的持续集成/持续交付（continuous integration/continuous delivery，CI/CD）的效率能够把每次代码提交的时间缩短1分钟，那么一个300人的前端业务团队每人每天提交2次，这名云平台研发人员就通过这次改造创造了每天600分钟的回报。假设这种效率在一年内持续有效，那么这名云平台研发人员的这次项目产出就可以换算成一个前端业务团队一年的产出。其他角色（如负责开发A/B实验的平台或者自动化测试平台人员）的经济价值，也可以用同样方法进行估算。这是相对比较可靠的人员配比和价值度量的方式。

7.2　每个人都要有自己的商业模式

理解了一家企业的商业模式和企业中个人创造经济价值的度量办法，我就可以引入这样一个理念了：**每个人都要有自己的商业模式**。我的意思是说，每个人都必须在自己的工作环境中找到持续创造经济价值的方式，才能保障自己一直被需要，也能保障自己未来的收入。

具体怎么做才能做到这一点呢？**架构师要持续为企业、部门或团队创造足够的增量价值**。这里有两个关键元素。

（1）**架构师要创造超过竞争选项的增量价值**。例如，2010年之前，一名为企业做微服务框架的架构师的增量价值非常大，因为那时候开源的微服务框架还不够成熟，企业定制框架可以为企业节省大量人工。但到了2020年，开源方案的高度成熟，企业定制开发的微服务框架的经济价值就是负数了。这时候定制框架几乎不能为企业解决额外的问题，却需要大量的维护成本。开发定制微服务框架的架构师就不再提供任何增量价值了。

（2）**架构师要持续度量自己创造的经济价值**。个别做技术的人认为自己在做研究和创新，不屑于度量经济回报，我认为这个态度无异于自毁前程。互联网从业者的价值创造持续衰减，知识会在信息扩散中迅速贬值，如果不度量自己的增量价值就无法确保自己处在价值创造的前沿。

这里要特别强调一下，有些职能（如运维、IT、安全和质量保障）团队虽然准确度量经济价值不太容易，但是他们在一家企业里都有非常明确的价值定位。例如，提升系统的可用性和简化系统变更操作的复杂性就是运维团队可以创造的核心价值，加速系统漏洞发现和修补就是技术安全人员的核心价值，这些量化的价值也是可以用来不断提升个人增量价值的。不过，我虽然没有针对每种职能的案例，但是我过去经常能够看到这些研发职能团队发现非常漂亮的创造经济价值的案例。这里我援引一个我的极客时间专栏读者做信息生命周期管理的案例来启发你思考[1]：

“去年做预算的时候，发现一个系统存储费用特别高，后面分析业务的存储特点，发现近半年的使用率远远高于之前的使用率。于是，将存储做了分级管理，半年前的数据逐步迁移到了慢速存储，在只读情况下慢速存储表现还不错，到现在为止业务方都不知道换了存储。这个系统体量比较小，今年也能省出一个人的成本，而且随着数据量逐年上升，后面能省更多成本。”

这个案例表明，不论是架构师还是运维人员，都要持续度量自己创造的经济价值，并保障自己创造的增量价值大于市场能够提供的竞争选项。如果能做到这一点，对一家企业的决策者而言，他们在企业的存在就是一件合理的事情。

随着时间的推移，那些选择最大化经济价值创造的员工不仅能得到马斯洛所讲的有底气的自尊，还能通过度量自己的增量价值得到从目标到手段最后到结果的完整反馈闭环。这种反馈闭环最终有助于培养发现价值和创造价值的能力，这是一个人的内在能力，而且可以迁移到新工作场景，这种能力是职场人士生存必需的。

7.3　理解一家企业或一个团队的商业模式

不论是实现、提效还是加速一种商业模式，架构师必须先彻底理解一种商业模式。因此，我先来解释一下如何深度理解一种商业模式。

7.3.1　深度理解一家企业的商业模式

有些研发人员在一家企业工作多年依然不清楚整个企业的商业模式和自己团队在其中的定位。这种处境很危险，因为这样的研发只能被动接受需求，没办法主动思考价值创造，而走出这种困境的唯一办法就是从技术角度深度理解企业的商业模式。

7.3.2　一种商业模式公式化表达

多数人对商业模式的理解停留在定性层次上。例如，阿里巴巴是一家为商家提供零售平台，连接商家和用户，从而通过服务商家获取利润的企业。这么理解虽然正确，但是对需要指导企业技术取舍的架构师，这样的理解显然是不够的。

从技术角度深度理解一家企业的商业模式意味着架构师可以把整个企业的商业模式用公式精确且无歧义地分解到细分领域里。这一套完整公式其实就是架构师对领域的商业模式的数学表达，也就是常说的**关键绩效指标**（key performance indicator，KPI）的拆解逻

[1] Neohope 在我的极客时间专栏“郭东白的架构课”第 8 讲中分享的案例。

辑。这种拆解体现出架构师对企业经营情况准确的量化感知。

例如，免佣金的电商平台（如淘宝）的主要收入来自商家的广告投放：

$$\text{总收入} \approx \text{广告收入} \tag{7.1}$$

$$\text{广告收入} = \text{商家数} \times \text{广告渗透率} \times \text{平均广告投入} \tag{7.2}$$

电商平台（如天猫）往往会对头部商户抽取佣金：

$$\text{总收入} \approx \text{广告收入} + \text{佣金收入} \tag{7.3}$$

$$\text{佣金收入} = \text{GMV} \times \text{平均抽成率} \tag{7.4}$$

事实上，平台的收入远远要比上面的公式复杂。例如，平台对商家收取年费和技术服务费，当商家的销售收入超过一定数额的时候，会退回部分或者全部的技术服务费。但是，这些费用远远低于广告和佣金收入，所以出于“二八原则”考虑，架构师可以不对这部分收入建模。同样，架构师在对商业模式建模的时候可以把未来发展的重点方向包含在模型里。假设这个平台大力投入供应链金融，那么架构师可以把商业模式表述为：

$$\text{总收入} \approx \text{广告收入} + \text{佣金收入} + \text{供应链金融收入} \tag{7.5}$$

$$\text{供应链金融收入} = \text{GMV} \times \text{供应链金融渗透率} \times \text{金融收益率} \tag{7.6}$$

式（7.5）还可以继续拆分到不同的商业领域，因为每个领域的商业模式定位和变现手段不同，导致这个公式的形态会不一样。例如，一个由算法驱动的购物频道的商业模式可能是：

$$\text{频道 GMV} \approx \text{频道入口流量} \times \text{点击转化率} \times \text{平均订单金额} \tag{7.7}$$

也就是说，这个过程是从一个宏观的指标（总收入）开始层层分解的过程，最终分解到一名研发人员为企业提供经济价值的准确途径。式（7.7）表明，一名算法工程师可以通过优化算法来提升频道入口流量、提升点击转化率和提升平均订单金额来扩大该频道的频道 GMV：

$$\text{频道入口流量} \approx \text{老用户回访} + \text{新用户转化} + \text{沉睡用户激活} \tag{7.8}$$

$$\text{沉睡用户激活} \approx \text{推送触达率} \times \text{推送激活率} + \text{券触达率} \times \text{唤醒率} \tag{7.9}$$

式（7.9）代表算法工程师认为激活沉睡用户的手段有两种，一种靠消息推送，另一种靠发券。这样个性化推送工作带来的经济价值和整个企业的 GMV 目标就关联起来了。

架构师可以用同样的方式分解电商平台的成本。可以想象，通过消息推送和通过发券去激活老用户的成本结构大不相同。前一个是短信的发送成本，以分计算；而后一个是平台或者商家券，以 10 元计算。因此，这两项优化工作的总投入产出差异很大。

商业模式的完整表达会映射多组公式。一家电商平台由需求和供给两端组成。式（7.1）到式（7.9）是需求侧视角的商业模式，仅当这个平台的供给能够满足用户需求的时候，需求侧的转化才能按照上面一组公式预测的方式进行，否则需求侧的转化率将受到供给不足的限制。例如，热门手机开售时因为产能有限，多数商家处于缺货状态，式（7.7）对这个商品就不再适用了。从供给逻辑来看，一个平台的 GMV 由如下公式决定：

$$\text{GMV} \approx \text{日均动销店铺数} \times \text{店铺日均销售额} \tag{7.10}$$

依照同样的逻辑，式（7.10）可以继续拆分到店铺的需求、履约和商品等多个维度上去。

除了需求和供给，平台还有其他经营维度，如物流、支付等，这些团队的架构师就要以他们的经营维度去拆分平台的核心指标。例如，支付团队的架构师需要依次从总 GMV 拆分到支付 GMV，再拆分到支付成功率，然后拆分到不同支付渠道的支付成功率等。通过这样一个由粗到细拆分公式就反映了每个团队为企业直接创造的经济价值。

GMV 还有其他多种拆分方式。例如，用户运营团队按照客户分层和客户满意度拆分，大客户团队按照品牌拆分，行业运营按照不同行业拆分，国家运营按照订单销售国家拆分，新模式孵化单独按照不同模式维度拆分，等等。每种拆分都代表一家企业或者一个团队的个性化定位和经营逻辑，而且这种拆分也随着市场的变化而不断地变化。

总结一下：**每家企业、每个团队、每个战略阶段，技术人员为企业创造经济价值的方法都不同，架构师必须清晰地了解他所服务的领域的准确的商业模式定义和拆分方式。**架构师的架构规划必须想尽一切办法最大化这种商业模式的成功概率，这样他才能通过架构决策为企业创造经济价值，同时培养自己创造长期经济价值的能力。

7.3.3　商业模式的本质

我讲了这么多商业模式，那么商业模式的本质是什么？我认为商业模式的本质就是一家企业对市场的认知，更进一步说就是一家企业是如何看待一个具体业务的不同构成属性的。例如，在 7.3.1 节中的电商场景中一家企业对用户需求的理解和对供给的理解等。不论这些理解具体是以公式表达、以产品形态表达，还是以运营手段表达，都代表了一家企业在某个时间点对它所服务的场景的认知。

随着经营的深入，一家企业会不断地提升自己的理解，也就是前面提到的公式、产品形态和运营手段在不断地迭代升级。最终，这些迭代升级都反映到软件实现中来，也就是说，软件架构在执行业务人员、产品人员和运营人员的意志，即他们对市场的认知。

一家企业对市场认知的不断深入，意味着它的商业模式在逐渐进化。在改进的商业模式下，这家企业能以更高的效率服务好它的目标人群，为他们带来最好的体验。同时，这家企业也能比较好地控制自己的成本，积累更高的能力，使企业在服务用户的过程中不断提升自身的效率和竞争力。

对一家互联网企业而言，商业模式的进化带来的认知提升只有一个真正的载体，就是这家企业的软件系统，而架构师的作用就是设计这个软件系统，使它尽可能地加速一家企业的认知迭代，也就是加速将这家企业的商业模式收敛到它的极致效率的速度。

7.4 架构师是如何创造经济价值的

我在 7.3 节中介绍了架构师应该具备对商业模式的深度理解。有了这种理解，架构师才能实现自己的价值创造，在构建、优化和加速商业模式上通过架构手段贡献自己的增量价值。本节我就分别介绍一下架构师在这 3 种场景下创造价值的方法。

7.4.1 通过合理取舍保证商业模式的构建

架构师参与的架构活动往往与构建一种新的商业模式或者升级现有的商业模式有关，因为商业模式的调整往往涉及上下游的多个研发领域，所以每次商业模式调整都需要大规模的研发活动。在这个过程中对架构师最具挑战性的任务就是取舍。

架构师能做好取舍的前提是对商业模式的深度理解。

我自己过去二十多年的从业经历中，几乎很少有做基础架构一步到位的情形。正如我在第 5 章中提到的：**做架构和做业务一样，不能靠饱和攻击取胜，而是要靠对阶段性精确目标的最大化投入来取得进步。**

最后，我试图澄清一个常见的认知误区。很多技术人员误以为实现商业模式是没有深度的工作，而中台或者底层基础设施更有技术含量。事实上，技术复杂度完全是由场景复杂度决定的。阿里巴巴的“双 11”大促、美团外卖的骑手调度系统、滴滴打车的派单服务，在业务尝试之初，技术含量都不太深，但是当这 3 家企业在全球最大的中国市场中形成垄断优势的时候，场景的深度就是全球范围内独一无二的了。

什么样的挑战才真正有“深度”是一个主观的问题。如果说以风险、交付压力、研发人数、预期经济回报来度量架构深度的话，这些领域远远大于基础设施领域。

7.4.2 优化商业模式的效率

我接下来讲架构师如何提升一种商业模式的效率。提升一种商业模式的效率有扩大收入与缩减成本两种途径。我先介绍一些架构师应该如何发现并放大扩大收入的机会。

1. 寻找扩大收入的机会

通常情况下，包含架构师在内的技术人员不为一家企业的营收负责，所以有些架构师不关注软件研发之外的事情。这虽然可以让技术人员更专注于软件设计，但从长期来看，如果一个专业决策者不去思考如何通过技术为企业创造经济价值，就很难维持或者扩大自己在企业内的影响力，他能解决的问题就会局限在一些以实现需求为主而不是相对更开放的探索型工作上。因此，即使在没有人施加压力的情况下，架构师也应该主动思考如何为企业创造更多的营收。

如何帮企业发现突破性机会呢？大家可能听说过一句话：**在小数据里看大机会**。这是从解决一个具体问题的过程中得到启发，抽象出共性的机会的过程，架构师能够掌握这种能力就可以帮企业发现突破性机会。在这个过程中架构师的价值有3点：发现机会、抽象机会和规模化复制机会。这种能力在互联网企业中更为稀缺，是成长型企业的刚需。

我的团队曾在海外做社交裂变，如果用户拉到100名好友下载我们的App就可以获得发现金奖励，并且该用户的下线拉到的好友也计入其下线总数中。但刚开始时，我们的业务逻辑出了一个bug，用户没有达到提现条件（总下载量超过100）我们就让用户提了现。很显然这个bug给企业造成了资金损失。

我当时想，既然钱已经损失了，那么分析一下用户行为也是好的。起初我只是好奇到底是哪些人比较喜欢“薅羊毛”？“薅羊毛”之后会对我们的App产生情感连接而提高忠诚度吗？我们通过用户标签做了简单的行为分析，在这个过程中我们惊奇地发现：小城市里的年轻女性非常特殊，她们发现了这个提现存在漏洞后做了大量的分享拉新行为，她们的分享引来很多人下载App且留下来继续购买，但是这些人没有重复“薅羊毛”的行为。

更让我们兴奋的是，在我们修复了这个bug之后，这些年轻女性的分享拉新行为依旧没有停止，而且她们拉来的用户的留存和购买率竟然和大盘的拉新、留存差不多。也就是说，我们激活的这些年轻女性，是能够为平台带来大量用户增长的超级分享者。

有了上面的发现，我就开始迅速寻找抽象出超级分享者的办法。于是，我们放大了这个玩法，故意放出“薅羊毛”的机会，随机发给某些用户，并在其中寻找有同样行为的分享者。然后，我们再通过用户画像中召回与超级分享者最相似的人群，再次通过试验来验证。这样，我们就逐渐沉淀了超级分享者的画像。

接下来就是架构师最擅长的规模化复制了。我们用增强学习的方法放大这个人群的拉新效果，制作了超级分享者、目标人群和分享拉新活动的管理工具，并把这套系统做成了平台，推广到开展这项业务的所有国家。

通过这种方法我们获取的前100万名新用户的拉新成本不到之前的10%。这个手段持续了半年，我们在这个国家的互联网买家渗透率绝对值增长了7%！

在容易忽视的异常点上深度挖掘可能被大规模复制的机会，是扩大收入的一个有效路径。

2. 寻找缩减成本的机会

能赚钱固然好，但省钱对一家企业尤其是成熟企业来说也同样重要。

架构师即使不清楚企业的财务状况，在做架构决策的过程中也必须考虑企业的研发成本，确保研发资源的消耗在企业财务状况允许的限度内。研发资源是7.1节中提到的经济价值中的成本之一，而且对小企业而言是最大的成本。

事实上，这种成本观念企业中的每个人都要有。对一家企业而言，一切有限资源上的消耗都是企业在架构活动中要付出的成本，如时间成本、人力成本、机会成本、计算成本等。一家互联网企业中所有人都应该有降低企业成本的意识，但遗憾的是，这件事情很少有企业能做好。

拿人力成本来说，我发现国内很多技术管理者都有官本位思想，认为下属多多益善，似乎下属多了，他的管理水平就高了。遗憾的是，多数企业也是这么设计薪酬机制的，一个人管理的团队越大，他的工资和层级就越高。到了架构场景，有些架构师会故意放大项目且消耗更多的人力成本来换取自己的晋升。这种行为对企业的伤害是持久的，因为这两种行为都会导致企业有冗余的人员。这些冗余的人员会导致无效的建设，从而破坏系统的结构性，还会降低系统的敏捷性。同时，冗余的人员也得不到足够的创造价值的机会，也就不能获取创造价值的能力。在这种情况下，一旦遇到经济寒冬，冗余的人员就会因为缺乏真实技能而更难找到工作。所以，任何一个有良知的架构师都不应该故意放大项目。

这里我分享一个我的经历。2008年美国发生次贷危机之前，我从美国耶鲁大学招了一个满分毕业的计算机硕士生。他工作勤奋，产出也很好。但没过多久，企业就因为营收压力要强制裁员。因为他入职时间最短，所以最终决定裁他。他出生在印度的一个普通家庭，从印度理工大学计算机系毕业后，又考到全球顶尖学府，这一路的艰辛可想而知。他当时还没有美国绿卡，企业一旦终止合同，他就只有几天时间去找工作（因为处在经济危机发生的时候，这是几乎是不可能的事情），一旦找不到工作，他就必须离开美国，这些年的辛苦几乎就白费了。那几天企业上下都在裁员，当我叫他进办公室时，他已经预感到要发生什么，整个人都快虚脱了，他脸上没有任何血色。我告诉他裁员的消息，他苦苦哀求，我都不知道该怎么回复他，只能沉默以对。尽管这件事情已经过去 15 年了，我现在一闭上眼还能想起他那一刻的绝望眼神。

我分享这个故事，就是想表达这样一个观点：控制成本其实不是为了老板，而是为了我们自己的良心和理想。我虽然无法预测裁员这件事，但在面对被裁同事那一刻，内心还是非常自责。既然我不能给他一个稳定的任职机会，为什么还要让他加入？如果我的团队大幅盈利，那我不但不用裁员，说不定还可以收留其他员工。说到底还是我没做好。

我的团队其实已经很精简了，我设计的那款软件在“度过寒冬”之后还持续销售了10年之久。相比之下，在企业出现经济困境的时候，那些又大又笨重的系统对应的团队整个都被砍掉了，可想而知，设计这些笨重系统的架构师和整个团队编写的软件也就不复存在，研发人员的自我实现的需求也就跟着一起灰飞烟灭了。

在本节中我只讲了人力成本的例子，其实时间成本、机会成本等都是一样的，架构师要能省则省。这其实就是我在第5章中提到的“节能型设计”的理念。有些研发人员强调极客精神，事事追求完美，这种出发点是好的，但在企业中追求完美要以成本可控为前提。

7.4.3 加速一种商业模式的收敛速度

所谓加速一种商业模式的收敛速度，就是想办法让企业的商业模式尽快到达它合理的回报区间。一种商业模式的真实效率是一定的，技术人员很难大幅改变这个效率，技术人员能做的就是要让企业的决策者和运营者尽早看到这种模式的真实效率，而不是长时间地寻找对这种商业模式来说遥不可及的更高效率。

通过纯技术手段加速收敛有以下 3 个常见的方式。

（1）通过高质量思想实验提升决策质量。

（2）通过企业数字化建设提升企业经营者和合作方的数据监控质量和决策质量。

（3）通过仿真和模拟加速迭代并且节省迭代成本。

在第一种方式中，架构师是思想实验中的数据、系统和估算的主要输入方之一。架构师有时候也会被赋予组织预研和完成调查报告的任务，这两个任务都有比较成熟的提升报告质量的办法（这一点我会在本书的第三部分详细介绍）。提升决策质量同时也要求团队建立开放、包容和尊重数据与逻辑的文化，这也是架构师组织架构活动的一个主要要求（这一点我会在第 10 章中详细阐述）。

第二种方式就是企业数字化的过程。一个高质量的数字化企业可以从及时、准确的数字反馈中得到企业运营的全局视图，其中甚至可以包括来自企业外部的整个市场的信息。有了这种完整的视图，企业对来自数字世界的变化就会变得更加敏感，从而提升日常决策质量而加速收敛。部分数据可以交换给合作方，尤其是上游的深度合作方，这样合作方也能获得及时、准确和完整的市场情报，因而更快地响应市场的变化。双方的数字交换会最终帮助企业建设完整的数字环境，从而加速整个企业的数字化环境和决策工具的建设，从根本上提升整个企业的数字化运营能力。

第三种方式就是数字孪生。在某些领域，只要积累了足够完整的数字环境和系统的响应之后，我们就可以通过数字模拟来预测真实世界的响应。也就是说，一家企业可以在模拟环境中完成部分商业模式迭代。这种模拟也可以在小范围内帮助企业做更精准的决策。

如果一家企业的战略是提升市场渗透率，那么这家企业就要根据现有资金和市场需求来决定如何设定市场扩张策略。这个策略的准确制定需要知道获取一定份额的市场增长所需的资金投入。如果一家企业积累了多数品类的价格弹性曲线和不同定价下不同人群的转化率预测能力，那么这家企业对营销成本和人群渗透的预测就可以通过数字仿真来完成，在实际操作过程中仅通过小范围的测试就可以对关键参数做调优，从而最大化预测的准确性。这个过程可以应用在一系列相对容易积累数据和行为的场景中，使企业把部分商业模式的进化放在虚拟环境中完成，从而加速企业的模式迭代速度，帮助企业尽快发现可以规模化复制的商业模式。

上面介绍的最常见的通过技术加速企业商业模式迭代的 3 种办法的共同之处是对高质量的商业理解和高质量的数据的要求。高质量的商业理解要求架构师在商业理解上不但要清晰准确，而且要能跟得上企业在互联网竞争环境下的高速变化，甚至是对未来有一些预判。高质量的数据要求架构师把这种商业理解通过架构活动反映到软件系统的领域模型和数据模型中，并且要维护这些数据模型，使它们与企业的未来目标保持同步。

除此之外，架构师还要在频繁的复盘过程中发现当前的系统架构和企业的商业模式目标之间的差距，不断地通过架构活动来调整系统架构来反映企业的商业模式的未来。

这就是一名架构师如何加速一家企业的商业模式迭代的过程。

7.5 从一个性能优化案例看最大化经济价值

下面我分享一个我经历的性能优化的案例，帮助你将最大化经济价值这条生存法则学以致用。

7.5.1 案例背景与分析

性能优化是一个十分常见的技术项目。很多研发人员在做性能优化时都会说“某个性能参数之前的 TP95[①]是多少秒，经过我优化之后降低了多少秒”，以此来凸显自己的厉害之处。但是，这种想法会让一个人逐渐忘记目标，一心追逐性能上的极致，这就违反了以经济价值为导向的架构原则。

我曾在一家跨境电商平台负责企业的全站架构，当时全站的性能非常差，但大家不知道这个差到底意味着什么，也不知道做性能优化到底要付出多大成本，又能带来多大回报。当时已经有了全站的埋点，也就是说，我们有办法获取任意一个页面上跳出率和加载时长的关系，我们还可以获取任意一个页面上流量分布和加载时长之间的关系，我们也知道只要针对一个页面做优化（如 JavaScript 优化、内容的静态化、图片压缩、动态加载等）就可以提升页面性能，但是问题就在于，如果对每个页面的优化都要做投入，再加上要维持这些优化效果就要对页面的变更做限制，并且在每次发布之后都做性能监控和比较，那么付出的成本就会非常高昂。

这个跨境电商网站有 14 个面向全球不同人群的定制站点，每个站点的前端代码都有微小的差异，一到大促就要根据人群的个性化体验、监管要求和语言币种等一次性定制数千个页面。如果按部就班地逐个页面去优化，即使配十几个全职研发从头到尾做一年也跟不上页面改版的速度。但是，我们只用 6 名研发人员，兼职干了不到半年，就通过性能优化把全站的订单数提升了 10.5%。

这是怎么做到的呢？我发明了一种方法，这种方法能够通过大数据统计准确预测出性能优化后每个页面的增量产出，其具体原理如图 7.1 所示。

① TP95 指 Top Profile 95，即 95%的请求在这个时间内返回。

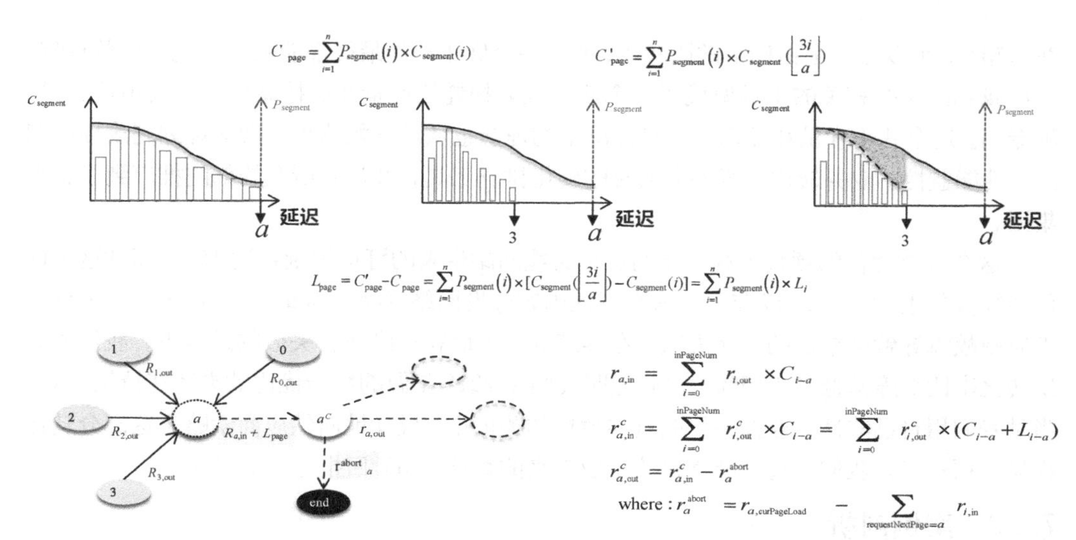

图 7.1 大数据驱动性能优化的原理

如图 7.1 所示，我们先统计了每个页面加载时长和相应加载时长范围内的人群转化率，也就是 3 个直方图中的左边一个。这个转化率曲线一般是一个单调递减的函数。也就是说，加载时间越长，用户的转化率越低。事实上，这也是所有性能优化项目的共同起点。因此，一旦我们能够压缩一个页面的加载时长，只要一组用户的平均加载时长从之前的 a 秒压缩到 3 秒，这组用户的转化率也就从之前对应 a 秒加载的较低转化率提升到了对应 3 秒的较高转化率。如图 7.1 中中间的直方图所示，对应计算公式在直方图下方。因此，如果整个页面的平均加载时长被压缩，我们就可以预测整个页面的转化率回报，也就是图中右边直方图中的阴影面积。这个过程由一组页面从前到后传递，如图 7.1 左下方的状态图所示。首页加载优化之后，更多的用户就可以流到列表页面、详情页面，最后到达订单和支付页面。有了现有页面上的大数据统计的流量分布，每个优化后的页面对订单的预期贡献就可以测算出来，如图 7.1 中右下方的一组公式所示。

有了这个测算，对于任何一个有性能优化空间的页面，我们都可以按预期产出除以预期投入成本（也就是预期的投资回报率）来排序，再依次对相应的页面加载时长做优化。

我们根据每个页面转化率分布的直方图和预期的性能优化后的结果，预测出不做性能优化而损失的页面的转化率。我把这个预测值叫作页面的性能损耗，在图 7.1 中以 L_{page} 表示。因为我们有全链路的转化漏斗和每个页面的流量统计，所以只要优化某个页面，把性能损耗追回，这个优化对下游流量、转化率以及对订单和 GMV 的预测就可以通过大数据统计提前算出来。随着项目推进，我们把这个度量能力开发为一个性能损耗度量工具。

因此，我们以优化可以挽回的订单数为目标做了架构规划，然后统筹我们可以做的一切优化动作，这样一来，本来完全不等价的优化动作（有的在网络层，有的在前端，有的在后端）就可以在一个指标上做比较了，因为每个优化动作最终都能被归因成了订单贡献。之后我和团队把相关的工具做成了一个基于性能损耗的度量和监控系统，一共申请了 13 项专利。这个基于度量和预期回报来做决策的理念也从最开始的指导架构规划变成性能归因、性能监控、业务转化分析和准实时的转化排查工具，并从我所在的部门推广到了整个集团。

这个性能优化的项目上线当年为这个跨境网站带来的订单增量超过 15%，而且这个优化持续多年生效。在 2017 年，一次全球性内容分发网络（content delivery network，CDN）供应商故障导致网络层的优化失效，在连续 3 天大面积边缘缓存失效的过程中，我们的全站转化率比故障前低了 10.5%，由此证明我们在 2015 年做的性能优化效果还在持续生效。当时我们用自己的性能监控系统的真实数据作为证据，成功地向供应商索赔了这部分转化损失。那一年，我们通过性能优化为企业带来的直接 GMV 回报达 7 亿美元。

7.5.2　案例剖析

这个架构项目成功的关键是本章中介绍的最大化增量价值的生存法则。接下来我就详细分析一下这个性能优化的案例，看看我如何用生存法则来指导架构活动。

第一，在架构设计中要以追求经济价值为目标。

做性能优化时，我们不是单纯做性能指标的优化，而是一上来就以提升经济价值为目标。因此，我们的优化目标是挽回订单数，而不是页面加载时长这样的技术指标。

第二，要不断度量我们创造的增量价值。

从这个项目的开始，我知道做全站性能优化是不可行的，要找出回报最大的单点，做有针对性的优化。为了做到这一点，我发明了准确度量性能损耗的公式，找到了部门层面的单一优化目标（挽回订单数），并把所有可能的优化动作全部归因到这个单一优化目标上去。有了这个可度量的经济价值，我们就不再做地毯式的性能优化，而是做全局回报最高的性能优化。此外，我们也没有把性能优化项目越铺越大，当发现性能优化的回报不够大了时，我们就不再做性能优化了，而是换个赛道去创造价值，如网络的性能监控、核心转化链路的业务指标稳定性监控等。

值得一提的是，这个追逐经济价值最大化的过程也带来了技术的先进性。当时我们和全球网络性能研究实力最强、监控能力最完善的某个内容分发网络厂商合作，但是我们发现，我们对内容分发网络的监控能力在某些国家要远远胜过这个全球最大的内容分发网络厂商，因为我们的用户 App 分布更为广泛，App 上的个人行为更加容易理解，甚至后来我们干脆请这家内容分发网络厂商的运维人员接了我们的部分报警，在此之后我们又把底层技术的应用方向扩大到业务转化问题排查等。

关于量化对决策的价值其实有很多案例。在缺乏量化的情况下很多决策都没有对错，但是**在量化之后对错其实就是一个简单的追求回报最大化的逻辑**。这种追求量化的行为习惯不但能够让架构师能够清晰决策，而且能够给架构师的探索路径带来启发。

第三，最小化整个架构活动的成本。

我刚加入这家企业时还没有很强的号召力，能调动的资源也极为有限。但是，在我发现性能优化是一个突破口之后，我立即制定了一个最小可行的方案而不是一个宏大的方案作为起点。

我当时只把上面这个理念解释给了几个同事，然后我们就靠在白板上手工计算找到了回报率最大的几个页面，并且凭经验找出投入产出比最大的优化点。这就确保了我们整个项目有非常强的可行性，同时也给了我们信心。紧接着，我们迅速搭建了 7.5.1 节中提到的性能损耗的度量工具，验证了从工具中发现的优化点到订单回报的全流程。这样一来，不到一个月整个项目的可行性就得到了验证。但是我们还是避免放大项目投入。我们为了确保投入最小化，我们仅升级了从优化点到订单的 A/B 能力，这样的实施成本少，实施路径明确，所以项目可行性和合理性的风险就非常小。

最后，我还做了设计方案的结构性规划。我先把相关理论和公式做了完整的推导，确保所有参与到项目的同事都知道未来这个系统能给部门带来的核心技术价值，以及它对业务的支柱性作用；然后，我再把这些公式变成性能监控和性能损耗度量的工具，这种结构化的思维方式使我们在推广中的投入成本非常低，而且所有参与者都可以调用同样的工具来监控和度量性能的优化，以及实际产出。虽然我们没有打算一上来就把整个系统构造完整，但这个过程使我们为将来的扩展做了足够的考虑。这也是我们的系统后来能够演变出新的能力的原因。

整个项目从开始到后面演变成一系列大数据驱动的决策和监控系统持续了将近 5 年。在这 5 年中，我可以很自豪地说，从项目的最开始，一直到我离开这个部门，这个项目的每个阶段的直接经济回报持续为正。这个过程我们花了很多时间做思想实验，但是真正实施的过程中一直保持最小可用原则。因此，这个项目最终也维持了我在第 5 章中提到的软件架构的长期结构性。

第四，做架构和做业务一样，要靠对阶段性精确目标的最大化投入来取得进步。

我们的系统虽然后来演变出了很多能力，但是在这个过程中，任何一个时期我都只有一个目标，尤其是最开始，我的目标非常窄，就是通过性能优化带来订单量提升，我甚至都不考虑优化带来的服务器成本降低，因为前者是放大收入，后者是缩减成本，这种一个时间只解决一个问题的做事方法，使参与这个项目的人员目标极度清晰，也符合第 5 章中强调的架构活动有唯一且正确的目标的原则。

第五，不断寻找通过技术手段扩大收入的机会。

通过纯技术手段带来订单增长的过程其实是持续不断的。我们在后来的业务指标监控项目中也通过技术发现了有效扩大收入的办法。因为我们已经有了页面级别的转化率分析，所以当有一些页面（例如大促时生产的上千个页面中个别可能在翻译、定价、汇率转化、商品描述上有 bug 的页面）的转化率明显低于同品类商品的转化率时，我们可以通过统计比较把这种页面异常找出来，这些计算也孵化了这个平台上的无服务器（serverless）计算能力，也就是通过全新技术创造了新的经济价值。

第六，不断寻找通过技术手段缩减成本。

这一点要着重解释一下。这个案例是通过对性能优化的投入来获得商业回报的，但在执行的每一步中都试图最小化架构活动的人力成本和时间成本，同时最大化经济回报。整个架构项目并没有以缩减成本为目标，是因为对一个处在成长期的企业而言，挣钱永远比省钱更重要。我在这个平台任职总架构师和 CTO 的前 3 年里，很少把注意力放在缩减成本的手段上，因为当一个业务在快速奔跑的时候，技术团队最高优先级的任务就是保障增长，哪怕增速慢下来，优先级也依然是探索加速路径，重回高增长，只有在一个业务到了成熟期甚至衰老期的时候，才需要通过缩减成本来扩大利润。

7.5.3 故事的番外

你可能想知道那个被裁的印度同事后来怎么样了？

他走出我的办公室后，我整个人都要崩溃了。我在整个办公楼跑上跑下，挨个敲每个研发管理者的门，告诉他们这个同事有多优秀，裁员对他打击会有多大。我跑了一个下午没有得到任何回复，原本都绝望了，但是下班前有一个主管来找我，说他团队里有一个同事知道来龙去脉后决定在那天下午提前退休，把自己的位置让给这位印度同事。我这位印度同事后来在这个团队工作了很多年，我们也一直保持着良好的朋友关系。

这个世界还是有很多善良的人，我期望大家能记住这个故事，善待周围的人。

7.6 小结

在本章中我介绍了架构师的第三条生存法则——架构师必须在有限的资源下最大化架构活动带来的经济价值。技术人员要利用技术手段实现、提效和加速一种商业模式，且过程中必须准确度量自己带来的增量价值。

对架构师而言，创造增量价值的起点是对一家企业的商业模式的准确理解。这个理解要能够达到我在本章中展示的精准、公式化、有明确量级估算、多维度且逐渐细分到每个子域的程度。

有了对商业模式的准确理解，架构师才能帮助企业做好精准的取舍，从而以最小的投入实现一种商业模式。同样，有了这个程度的理解，架构师才能发现别人忽视的异常点，挖掘出可能改变企业命运的增长收入的机会。最后，有了对商业模式的深度理解，架构师才敢做大胆的取舍，把实现商业模式的成本控制在最低的同时维持整个软件系统的结构性。

我接下来举了一个大数据驱动的性能优化的例子，用来解释什么才是最大化经济价值的架构方法。这个架构活动的每个阶段的决策都保证了经济回报最大化，同时在考虑到长期的软件结构性的情况下一直以最小的投入向前迭代。

如果架构师能够持续为企业、部门或团队提供可量化的增量价值，那他就能让自己处于价值创造的前沿，保障自己的长期收入。与此同时，他也能最大化自己在价值思维框架下的能力增长，从而获得真正的有底气的自尊。

这就是架构师的第三条生存法则：**要持续创造经济价值**。

7.7 思维拓展：认知之旅是基于实证主义的知行合一

讲到这里，我已经介绍了 6 条生存法则中的 3 个。我希望通过这个过程读者已经观察到了我的一些做事方式。我认为这是我职业生涯中最重要的提升个人认知的手段，我管它叫“基于实证主义的知行合一”。

在总结这些生存法则的时候，我把生存法则的描述与自己应该遵循的决策路径和行为都明确描述下来，这个过程就是实证主义强调的对一个理论的明确描述的过程。这也是我知行合一的“知”的过程。

接下来，在日常的管理和做架构师写文档的过程中，我也严格遵循自己写下来的架构师的生存法则和里面的具体行为建议。例如，我自己在写文档的时候，也要明确地写下我对一家企业或者一个团队的商业模式的公式化描述，同时也要确保这个公式描述了绝大多数的经济收入和成本。之后的文档和论证就是一个证明我的架构规划的逻辑必然性的过程。一个架构活动可能持续很长时间，就像我在本章中列举的性能优化的案例一样。在这个过程中，我几乎是教条式地遵守我的架构原则，就像我在 7.5 节中描述的那样，我会在这个过程中不断一条一条地检验我是否遵守了自己总结的行动原则。我认为，这个过程就是实证主义的检验一个假设的过程，也是知行合一的“行”的过程。

这种严格的实践方式帮助我准确地发现自己总结的经验可行和不可行的地方，这些总结汇聚成了我在本书中提到的案例。

以上就是我过去职业生涯二十多年所遵循的认知方法论。

7.8 思考题

1. 你理解自己所在企业或团队的商业模式吗？你能够用 7.3 节中的方法分解出从整个企业到你的团队的经济价值吗？你能清晰地描述自己在其中创造的价值是什么吗？
2. 我在正文中提到每个人都要有自己的商业模式，你能否清晰地描述自己的商业模式？
3. 你是否度量过自己过去一段时间里创造的经济价值？这个量化指标的趋势是什么？是在持续增长吗？这个指标持续增长或者停止增长的原因是什么？

4. 你认为你所在的企业或者部门的商业模式能够长期维持吗？为什么？有哪些外部竞争或者市场监管规则会影响这种商业模式？
5. 你有没有见到过一些架构方案违背了我在本章中提到的最大化经济价值创造和最小化实施成本的原则？最终的结果是什么样的？你对这个结果有合理的解释吗？
6. 能否分析一个你所熟知的通过技术创造经济价值的案例？注意，在分析这个案例的过程中，我建议你把注意力放在这个技术突破点是怎么被发现的，具体技术细节和经济价值可以讲得概括一些。

第 8 章

生存法则四：架构选型必须顺应技术趋势

人类的各种活动都要遵循事物的客观生命周期。不论是农业社会种田打鱼，还是资本社会投资创业，行动太早或太晚都会颗粒无收。技术也一样，也有自己的生命周期。

在架构设计的过程中，架构师会有一个相对确定的商业和技术选择空间。在这个选择空间内，架构师做技术选型时必须考虑所依赖的商业和技术模块的生命周期。架构师需要看准技术趋势，选择那些具有规模优势或者即将有规模优势的新技术，而不是选择接近衰老期的技术，否则他设计的架构就没办法借力更有生命力的新技术，他自己的职业发展也会受限。

这个道理似乎大家都懂，但是在日常的架构工作中如何才能把握新技术的机会呢？在本章中我会分析大量的案例来帮助大家发现重大技术趋势背后的规律。

8.1 消除阻碍自己探索新技术的性格弱点

多数时候，架构师不是一个投资人角色，不需要在新技术上提前押重注，对技术的感知可以略滞后。一项真正有颠覆性的技术每个人都能感受到，如个人计算机、互联网、智能手机，但即使是对这样的技术大多数人也都是旁观者，真正付出行动的人还是少之又少的。

没有实质性行动的思考是不具备任何价值的。我认为放弃行动的根本原因是架构师自身的性格弱点。关于这些性格弱点，我的个人总结如下。

- **路径依赖**，因过分相信过去的成功经历而看不到新机会。
- **畏惧变化**，能看到新机会，但对改变带来的巨大不确定性心生畏惧。
- **难以放弃**，看好新机会，但不愿意放弃现有的投入。

所谓**路径依赖**，就是现在的决策因过去的经验而有局限。多数时候，人会以为过去的成功可以复刻，导致过去的路径成为我们唯一认可的选择，以至于忽略其他路径的存在。如果被某个史诗级的训练样本冲击过，每个人都会过度相信自己过去成功或失败的经验。这会让人看不到其他的技术可能，更别说新的技术趋势了。

畏惧变化的弱点我在第 6 章讲马斯洛的动机跃迁理论的时候就提到过，安全需求导致人会畏惧改变，这是人与生俱来的本性。在这种情形下，即使我们已经看到了即将到来的技术浪潮，甚至已经有先行者体验到了成功，我们依然会畏惧改变带来的风险，以至于没有勇气去尝试，久而久之，我们甚至会放弃改变的欲望。这样得过且过，我们离新技术就越来越远。

畏惧变化导致自我麻痹的现象在国内互联网企业很常见。这种自我麻痹致使企业在旧的、落后的技术上不断投入大量精力和时间，在潜意识里放弃冒险和探索新技术。

大多数互联网从业者都是精英，内心不太能接受自己不思进取，因此他们会让自己每天都忙起来，用勤奋来弥补内心的不安。有时候，这种行为是组织层面而不是个人层面的。我们很容易在一个营收压力特别大的企业里看到这样的现象：整个企业的人都忙着加班写需求、做需求和上线需求，生怕管理层看不到自己的勤奋，但这种忙碌其实并没有真正的价值，甚至连写需求的产品经理都不太相信自己的需求会给企业带来实质性的变化，更别说实现需求的技术人员了。在这种企业中上上下下没有人敢去挑战长期战略，也没有人去关注颠覆性技术。

这种企业的考核和激励制度把工作繁忙等同于有产出，但实际上这种繁忙越久业绩和技术就越难以突破，越没有突破就越没有去突破的勇气，这种恶性循环会让团队乃至整个部门一年到头都没有实质性的进步。这种情形的危害更大，因为它是一个组织行为，改变起来更难。在这种情形下，只有企业的管理层承认当前业务战略、产品战略和底层技术的落后性，企业的员工才有勇气放弃麻痹自己的忙乱行为，把精力投到真正有颠覆性的技术上。

难以放弃的性格弱点可能来自个人的强烈情感。如果过去没有对某种技术执着的投入，就不会到达一个相对满意的状态。但是，想在新技术的竞争中胜出，就要放弃自己熬夜写出来的代码和积累的经验，多数人在面临这种取舍时会选择留恋过去。

互联网行业的技术迭代是非常残酷的。一家企业如果抱着落后的技术不放，它甚至没办法留住优秀的人才，也不可能吸引到顶尖的人才。一个技术人要是没有新技术充实自己，必然面临被行业淘汰的命运。这两者相互增强会导致，一旦一个技术失去了光环，后来者就会避之若浼。因此，一家企业会因依赖一个落后的技术而陷入无法逃离的泥潭。

旧技术的迷恋者往往是在旧技术上建立了自己庞大资产的人，他们之所以不愿意放弃旧技术，是因为基于旧技术的资产的可迁移性很小。我个人的体会是，互联网时代的技术资产崩塌就是一瞬间的事情，迷恋越久损失越大。

路径依赖、畏惧改变和难以放弃是让架构师错失技术良机的常见性格弱点，但应该如何克服这些性格弱点我也没有好的答案。我观察到那些在新机会尚未成型就能全身心投入的人不完全是靠理性分析，也会凭感觉。我无从得知这类人是怎么做到高准确率的，我自己也做不到。但是，我认为，一旦一个新机会已经成型，靠理性分析反倒能够帮助一个人克服恐惧且理性地放弃当前的投入。我就属于这类人。我拥抱新技术的时间要比其他人晚一些，但我拥抱得很坚决，会毫无保留地全身心投入。我能这么坚定的原因很简单，因为我从市场趋势和技术趋势中得出了该项新技术必然颠覆旧技术的结论。

我自己的职业生涯有过 3 次巨大的转型，每次转型看似我都放弃了很多，周围的很多人表示不解，但拉长时间周期来看，我的选择都是正确的。在转型过程中我的内心也有恐惧，但我会用对获取惊喜的期待来压制我内心的恐惧。

接下来，我就分享一下如何靠理性决策发现颠覆性的技术趋势。

8.2 如何发现颠覆性的技术趋势

如何发现真正的技术趋势是一项很重要的技能。但是，因为这个领域的著作和研究比较少且缺乏相对成型的理论，而且我也不是这方面的专家，所以在这里我只能总结一下我接触并尝试过的方法，作为大家共同思考的起点。

8.2.1 通过技术成熟度曲线看技术生命周期

Gartner 技术成熟度曲线（Gartner technology hype curve）是对新技术趋势的一种比较不错的表达方式，过去 30 多年的技术浪潮基本符合这一曲线。图 8-1 对 Gartner 技术成熟度曲线做了扩展，增加了衰老期和退出期。图 8.1 中横轴是时间，纵轴是一项技术的传播范围。

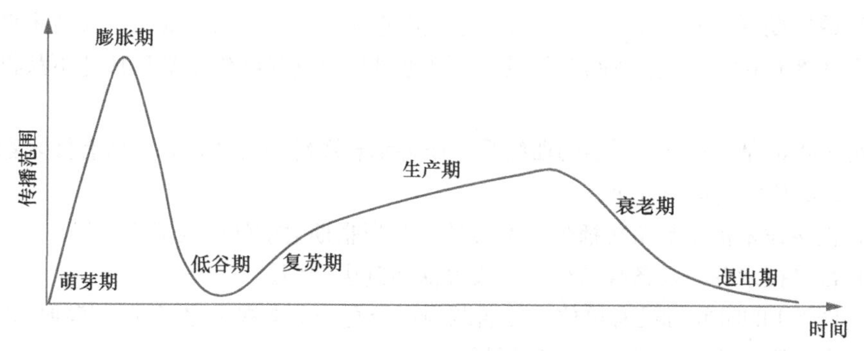

图 8.1 扩展的 Gartner 技术成熟度曲线

根据 Gartner 技术成熟度曲线，一项技术的生命周期大致分为 5 个阶段（图 8.1 所示的前 5 个阶段）。

（1）**技术萌芽期**（technology trigger），即**萌芽期**：指的是技术被公开，媒体热度陡然上升，但还没有成型的产品和商业应用场景。

（2）**期望膨胀期**（peak of inflated expectation），即**膨胀期**：指的是有了一些成功案例，当然也有众多的失败案例，在此过程中技术被吹捧到了极致。

（3）**泡沫破裂谷底期**（trough of disillusionment），即**低谷期**：在这个阶段热度回归到理性，失败案例被放大。如果产品不能让早期受众满意，那么技术就会在这个阶段消亡。

（4）**稳步爬升复苏期**（slope of enlightenment），即**复苏期**：产品逐渐找准应用场景和价值定位，二代和三代产品出现，产品逐渐出现理智的商业用户和成功案例。

（5）**生产成熟期**（plateau of productivity），即**生产期**：在这个阶段产品被主流市场认可和采用。

Docker是一个非常符合Gartner技术成熟度曲线的经典案例。你如果有兴趣，可以上网查一下 Docker 从萌芽到被追捧，再到被群起打压，最后到一个有相对稳定的定位的全过程，这对理解技术成熟度曲线会有极大的裨益。

Gartner 技术成熟度曲线不完全是原创的。法国著名社会学家加布里埃尔·塔尔德（Gabriel Tarde）最先描述了创新传播的渗透过程，也就是 S 曲线。它的纵轴是“流行度”（prevalence），即一个创新的渗透程度。就像马斯洛的理论一样，塔尔德的 S 曲线理论也是一个基本的理论，可以用来解释很多与创新相关的现象的传播，包括现代企业的生命周期。

不过，无论是塔尔德的 S 曲线还是 Gartner 技术成熟度曲线，它们都没有对竞争技术的干扰做建模，所以这两种曲线都没有描述一项技术创新的衰老期。我们可以明确地观察到，一项技术在生产期之后还有以下两个阶段。

（1）**衰老期**（aging）：以该技术为基础的产品已经逐渐开始被下一代技术替代，产品的市场范围和利润逐渐被蚕食。

（2）**退出期**（fade out）：产品已经完全退出市场，该技术最终被下一代技术替代。

我在图 8.1 中标出了上述两个阶段，生产期过后热度先缓慢上涨后快速下跌再缓慢下跌到零。

值得一提的是，图 8.1 所示的曲线只能作为示意图辅助思考，并非所有技术都能经历这条曲线，其原因有以下 3 个。

（1）很多技术都不具备传播性和颠覆性，在膨胀期之前就已经退出市场。

（2）很多技术并不具备经济价值，没办法活到生产期。

（3）图 8.1 的时间轴没有单位，传播范围也没有一个客观量化指标，某项技术具体放在这条曲线的哪个位置，基本靠主观判断。

既然如此，这条曲线的认知价值在哪儿呢？我认为有以下 3 点。

（1）**颠覆性技术具有规模效应**。一个真正具有颠覆性的技术必然被市场追捧，但大量的追捧者最终会死在陪跑的路上，最终胜出的一两个赢家会整合全部需求且最终通过产品最大程度地利用好这个规模效应。

（2）**颠覆性技术具有经济价值**。这条曲线表明，真正能活到生产期且最终成长的技术都要靠经济价值来支撑。

（3）**颠覆性技术最终也会被颠覆**。所有的技术都有生命终结的一天，颠覆性技术占据主流市场，主流市场是所有新技术追逐的对象，颠覆性技术最终也会因为新技术的到来而最终被取代。

8.2.2 从经济角度看软件技术增长的推动力

有了对技术周期的认知，我们就要想办法抓住一个新技术的萌芽期，并且能够跟随它成功穿越膨胀期，最终到达生产期。

那么，到底是什么因素决定一项技术的最终命运呢？我认为软件技术增长的真正推动力来自市场：**目标市场的规模和供给成本结构决定软件技术走向**。这是由经济规律决定的，不以个人意志为转移。从供需的角度来看，软件技术有以下几个经济因素。

- **供给侧的硬件技术**：该软件技术所依赖的硬件的供给和成本结构。
- **供给侧的软件基础**：该软件技术所依赖的底层基础软件的成本。
- **供给侧的人才**：该软件技术所依赖的人才成本。
- **需求侧的经济回报**：该软件技术给需求方带来的预期经济回报。

前三项的供给越充足，成本越低，软件企业的利润越高。第四项是决定需求侧的总需求。如果企业采用了某款实用软件后可以提升生产效率，放大规模效应，或者减少不必要的损失，企业就会有购买这款实用软件的需求。

一款实用软件会发展壮大，必然是它的相关成本变低，或者它的业务回报变大，导致该软件技术创造的增量价值变大，对它的需求才会增长。

这里我略去人才这个话题不谈，因为人才供给在架构师的决策周期中几乎不发生任何变化。

除了上面提到的外部因素对企业成本和收入的影响，我在第 7 章中还提过，企业自身的效率与它采用的商业模式有关。如果一种商业模式效率更高，企业要么可以获得更高的利润，要么可以获得更快的增长。随着时间的推移，这种效率更高的商业模式也会像技术一样向整个市场传播。所以，商业模式突破也会带来软件技术的进化。

8.3 由硬件技术突破推动的软件技术进化

我先从软件发展的最底层的推动力——硬件技术讲起。看技术趋势，甚至看任何发展趋势，都要先找前置指标（leading indicator）。对软件发展而言，**硬件技术革新往往是软件技术革新的前置指标**。

8.3.1 硬件技术革新是软件技术革新的前置指标

硬件技术的进化通常有以下两个特征。

（1）**硬件技术进化的驱动力是需求规模**。计算机硬件技术从巨型机、大型机、小型机，到个人计算机（PC）、移动设备的进化过程，就是市场需求规模的增长过程。市场需求规模越来越大，就会有越来越多的技术创新参与到规模效应中来，这种有规模效应的硬件技术创新几乎是赢家通吃，而市场中最后剩下的玩家很少会超过两个。一般是领先的玩家开发主流技术，服务主流用户和主流场景，略小的玩家服务主流技术覆盖得不够好的边缘场景和小众用户。

(2) **硬件技术革新带来全新的用户体验和大量的新用户，大量的用户带来新的场景和软件技术的革新。**从拨号上网到宽带互联网，从 Mac 到 Windows PC，从 iPhone 手机到 Android 手机，都是硬件的普及带来了全新的应用场景，新场景带来大量的用户，用户多了催生新的需求，从而带来软件技术的革新。

这也是我说硬件技术革新是软件技术革新的前置指标的原因。它提醒我们，架构师关注硬件侧的革新很重要。

8.3.2　从出货量预测硬件厂商中的赢家

我们经常会看到一些所谓的颠覆性设备最后并没有带来什么本质性的颠覆，仔细分析来看，最初推崇这类设备的专家往往从单个指标（如某种芯片的计算性能和功耗、硬件设备的尺寸、屏幕的可折叠性）的重大突破来强调某项技术的颠覆性，这些指标尽管很重要而且往往是更大提前量的预测指标，但从计算机硬件来说，出货量的增长趋势才是预测颠覆性的最好指标。最终，**出货量最高的设备会占有最大的市场份额，从而决定软件的最终走向。**

设备越多意味着能够最大化该硬件特性的软件越容易获取规模效应，且越容易借助硬件分发到更多用户手中。过去二十多年里软件行业的一些颠覆性案例，例如基于个人计算机的分布式云计算架构、基于内存计算的 Spark 架构、基于 GPU 的深度学习架构，都是这个规律的具体实例，这些实例的共同之处总结成一句话就是：**软件架构的选择要与硬件规模效应的趋势相匹配。**

架构师关注出货量的增长趋势，为的是通过绝对增速来预测该硬件的市场渗透率，以便及早发现潜在赢家，让软件架构提前与其对齐。架构师一旦发现了潜在赢家，就要在架构设计上尽量且及早向赢家靠拢，从而及早利用和放大规模效应，保证开发软件带来的价值在硬件规模化增长的过程中不断放大，否则开发的软件就不能最大限度借助这个硬件的规模优势，因而被时代淘汰。

8.4　软件行业的常见演化过程

硬件行业是依靠大量资金、供应链优势和规模化生产取得规模效应的，苹果公司和英特尔公司是这方面的典范；而软件行业的进化靠的是信息传播，因此软件行业的规模效应更容易通过技术成熟度曲线来解释。

因为与硬件行业相比，软件行业创业的投入成本不高，所以在一个新技术的萌芽期和膨胀期会有大量的创业者入场。他们的背景知识不同，从而为这个新技术注入了不同的基因。因此，尽管在同一个赛道竞争，但是每家企业的运营效率、传播成本和用户体验都不相同。在这个过程中，多数创业者都会因找不到最佳业务、技术和产品组合而逐渐出局，最后剩下的几家企业会进入白热化竞争。在这个过程中，竞争者会不断强调自己的优势和对手的劣势，因此这几家企业的技术、性能、体验会被大众所熟知，随后的传播会放大头部企业的马太效应，使它胜出，成为霸主。

不过，这时候竞争远未结束。在一个王者出现之后，王者想要保护自己的地盘和扩大自己的收入就必然采取封闭架构且提升价格，而挑战者如果意识到单挑王者无望，为了抵抗现有赢家的马太效应他们就会结成同盟，形成一个开放生态来试图取代王者。这个同盟在商业模式和技术上更加开放，合作上更为广泛，价格也更为合理。这样就形成了技术封闭领头羊和众多开放合作生态竞争者的两极趋势。

这里我用亚马逊云服务（Amazon Web Services，AWS）和云原生计算基金会（Cloud Native Computing Foundation，CNCF）的竞争来举例。因为这个竞争还在进行当中，所以分析起来更有意思。

在云计算领域，亚马逊公司有非常大的先发优势，它在 2006 年正式发布 AWS，比竞争对手微软公司发布 Azure 早了两年。事实上，微软公司真正投入云计算领域的时间更晚，要到 2010 年，而谷歌公司真正投入云计算要到 2012 年。这么长的时间差给了 AWS 大量的市场渗透，这就导致在很长一段时间里谷歌和微软尽管在云计算上大量投入资金，但没办法缩小与亚马逊的差距。AWS 采用了封闭式的框架结构，数据和计算迁移都很困难，也没有给谷歌和微软可乘之机。

直到 2013 年容器技术 Docker 的出现，形势突然发生了变化。Docker 的革命性就在于它用一个轻量级的方法完美地解决了发布环境和运行环境的兼容性问题，任何研发人员都能以极低的成本与另一个研发人员在云环境下合作。

Docker 早期成功诱发了创业者的贪婪。Docker 公司想让自己成为云原生一家独大的霸主，而谷歌和微软意识到这可能是他们挑战 AWS 封闭式云计算生态的一个重大机会，以至于 2014 年谷歌不惜把自己珍藏的“核武器”Kubernetes（简称 K8s）拿出来，让大规模的云上和跨云的调度成为可能。同时，Kubernetes 成了一个开放且包容的 CNCF 云原生标准的核心技术，大量云计算厂商加入 CNCF。云计算的竞争态势出现了明显转机。

CNCF 的力量到底有多大？2014 年，Gartner 报道说 AWS 的算力是排在其后的 14 个竞争者算力总和的 5 倍，到 2015 年，这个倍数变成了 10。当时 AWS 几乎是无可阻挡。但是，在 CNCF 的大联盟在这年开始形成后，以微软和谷歌为代表的竞争者就开始反攻并蚕食亚马逊的市场份额。到 2020 年，IDG 的调查中提到有 55%的被调查对象（企业或组织）使用一个以上的云供应商，而亚马逊的公有云市场份额从 2018 年的 68%降到了 2021 年年初的 56%。因为 CNCF 给了云计算厂商开放性和互联互通性，所以不只是谷歌或微软这两家公司在与亚马逊竞争，而是一大批开放生态的参与者联合起来抢夺了 AWS 的市场份额。

未来结果会是什么样呢？一般来说，**开放生态在长时间竞争的过程中会胜过封闭的单个公司**。这是打群架的一帮人前赴后继与一个独行侠作战的过程。过去这种竞争往往是开放的一方最终胜出，而且胜出者都不一定是最开始挑战独行侠的那个。大家可以看看云计算的对决会不会是这样。

这意味着，**架构师要把自己的软件架构建设在自己认为的那个未来赢家身上**，至少不要把自己绑死在一个可能的输家身上。

8.5　由商业模式突破拉动的软件技术进化

我讲了技术的真正推动力来自市场，而市场的一个重要变革因素就是**商业模式**，所以商业模式也决定技术的最终走向，同样也是一个前置指标。

我用生鲜行业的商业模式进化来解释商业模式进化对软件技术的拉动作用。

互联网最早入场生鲜时是**纯线上加中央仓储**的模式，但这种模式很快就被验证跑不通，因为生鲜的季节性很强，导致：

- 在水果蔬菜到季之前，虽然利润高，但产量少、供给稀缺，所以采购是个大难题，难以做到规模化；
- 到季之后，线上与线下的竞争变得非常激烈，利润薄，供应链的成本占比高，导致中央仓储的履约模式就没有优势了；
- 到了季节尾声，利润虽然再次爬高，但供给质量难以保障，对用户体验的伤害较大，同样因为稀缺性带来的采购挑战，导致很难做成规模。

之后生鲜进化出了**线上线下模式**，盒马就采用了类似的模式。盒马在高端社区的模式证明这是可行的，盒马在线下拉客，线上复购。但这种模式缺点是在扩张过程中找不到足够多的高端社区，而且建店周期长，专业人才招聘困难，扩张速度慢。

后来就有了**前置仓模式**，如叮咚买菜在社区周边设立的几百平方米的履约仓库。叮咚买菜的成本结构远远优于盒马，一是没有门店，不需要像盒马一样找专业的管理与运营人才；二是前置仓面积小，铺开容易，扩张速度快，成本也低；三是体验好，前置仓离用户近，可以很快送达，每单的履约（存储和配送）成本更低。但生鲜的季节性挑战依然存在，所以叮咚买菜在扩展品类到冷藏和预制菜上下了很大的功夫。

2021 年**社区团购模式**火遍全国。相比前置仓模式，这种模式的履约成本更低。这种模式下团长负责末公里存储，用户自提，拉新成本也因为团长的存在变得更低，且拉新之后日常履约的单均成本也更低。这种模式扩张更简单，对管理人才需求更低，规模效应也就更大。社区团购这种商业模式出现后立即受到了资本市场的追捧，一时间全国有超过一百多家企业进场争夺市场份额。也就是说，**一种先进的商业模式扩散速度非常快。**

如果一名架构师在生鲜或者快消品企业工作，那么他关注上述商业模式的进化就至关重要了。因为在生鲜领域，这几种商业模式背后的基础设施、软硬件、运营和技术差异实在是太大了，所以即使架构师所在的企业不选择转型去拥抱社区团购这种商业模式，也必然会受到这种模式的冲击，市场需求可能会因为竞争对手的入场而迅速萎缩，导致企业被迫转型。

所以，新的商业模式出现后，架构师必须思考这种商业模式的优劣势，尤其要从用户体验、成本、规模效应、增速、技术增值空间等多种视角来研究。一旦发现一种商业模式有明显的优势，就要立即去思考应对它或者去以某种形式去拥抱它。

顺便说一句，因为有些商业模式具有内在价值，所以它们的成功会被其他行业复制，最好的例子就是前置仓模式，几乎扩散到了与实物分发相关的各个行业，不限于生鲜行业。

8.6 全力投到一个颠覆性的技术上

看清楚技术趋势和影响技术的各种推动力的目标只有一个：一旦确认某个技术趋势必然到来，要立即做出行动。如果真的看清楚了一个趋势和赛道，**一定要让自己全身心投到这个方向上。**架构师的行动不仅限制在架构选型、新技术探索和架构迁移上，某些时候可能还包括自身的职业选择。

举个我自己职业发展中的例子。2009 年我在美国甲骨文公司工作时，公司买下了 Sun 公司，出了 Exadata 服务器。当时 Exadata 服务器在市场上销售得非常好，一整台服务器价格 100 万美元，供不应求，以至于在很长一段时间里连甲骨文公司自己的数据库研发团队都找不到测试机。

尽管我那时资历尚浅，但我并不看好甲骨文公司的这个动作，因为在硬件出货量上，小型机没有任何规模优势可言。SGI 公司买了之前的小型机巨头 Cray 公司之后不久自己就面临资金紧张而挂牌出售的命运，Sun 公司买了 SGI 同样面临倒闭命运。尽管甲骨文公司收购 Sun 公司有很多理由，但是在一个没有任何规模效应的体系上构建软件技术体系我认为完全不明智。Sun 公司的超级计算机算力只是英特尔公司的服务器设备的几十倍不到，而成本是其 300 多倍。英特尔公司的架构当时在用户市场的驱动下仍然遵循摩尔定律，而且云计算已经初具雏形，所以未来出货规模发展对 Sun 公司是极为不利的。因此，我算准了甲骨文公司的架构最终会落败。尽管当时我的职业发展和股票都有保障，但我觉得必须离开，去更具备规模化的技术单元上做技术才更有前景。后来的事实证明我的选择是正确的。甲骨文公司曾一度是全球最大的软件企业，但在做出一系列不够合理的决策后，就慢慢地风光不再了。虽然拖延几年后甲骨文公司也全面拥抱了云计算，但已错失了最佳的入场时机。

所以说，尽管架构师可能无法做出改变整个企业的架构决策，但是架构师研究技术趋势有一个显而易见的好处，就是有助于自己选择一个正确的职业发展方向，确保自己的前途是光明的。

在我做出离开甲骨文公司的决定时，人才供给市场竞争还远没有现在这么激烈。在这个加速内卷的时代，架构师要更早地从硬件技术发展、软件技术竞争格局和商业模式进化的角度寻找未来的技术趋势和机会。

过去10年是一个赢家通吃的年代，未来很长一段时间应该还是这样。无论是公司还是个人，在一个没有前途的赛道上无论如何投入都必死无疑。即使在一个有前途的赛道上，也要投入且必须下重注才有希望成为赢家。也就是说，架构师应该将精力完全投到一个颠覆性的技术上。

不过，架构师不可能频繁跳槽，也不可能一遇到看似有潜力的新技术就做大规模的技术改造。在日常的架构设计上，建议架构师用表8.1所示的打分表来辅助判断软件架构选型的正确性和进行大规模改造的时机。

表8.1　判断当前架构是否顺应技术趋势和商业趋势的打分表

问题	强依赖的技术	服务的目标	企业自身模式
是否有规模优势	依赖的软硬件技术处于头部且有规模效应	目标用户、市场和需求有规模效应	自身商业模式的规模效应在同行中有明显优势
是否趋势为正	具体依赖的技术的发展趋势要优于其他候选项	目标用户、市场和需求的趋势健康	自身商业模式稳定，软件可以加速规模效应
是否对软件结构性形成冲击	依赖的技术趋于稳定，不再有大量分支	服务目标长期需求稳定	没有颠覆性的新商业模式冲击该企业的目标市场
是否会被锁死在输家的技术上	对依赖的技术有抽象和迁移路径，不会被锁死	现有架构对上层业务变化有可扩展性和适应性	对已经出现的颠覆性技术有迁移路径和应对办法

表8.1帮助架构师从3个不同的视角判断当前技术架构是否顺应趋势且未来有更大的成长空间。表8.1中的描述可以当作12道判断题，仅在当前软件架构和所处环境完全满足一个判断条件的时候，才可以认定答案为真。

通过这张表，架构师可以得到某个领域的软件架构评分。针对所在环境，如果只有一两个场景答案不为真，整体软件架构就很健康，可以仅做出小范围的改进；如果有三分之一以上答案不为真，就应该考虑规划一次大规模的架构改造了；如果有一半以上答案都不为真，就要认真反思过去的决策和未来的处境了。

尽管这张表是对一家企业的软件架构的客观评价，但是在评审他人的架构选型时同样适用。

8.7　小结

互联网软件技术进化非常快，但是多数人都不擅长从高速发展的新技术借力。想有所突破的话，要先从自己的性格弱点上找突破口。在本章中我从路径依赖、畏惧改变和难以放弃角度，列举了可能存在的阻碍架构师探索新技术的性格弱点，我也分享了我个人在克服这些性格弱点方面的一点儿心得。

即使没有这些性格弱点，许多人也被层出不穷的互联网技术搞得眼花缭乱。架构师应该看清楚一个新技术从萌芽期、膨胀期、低谷期、复苏期、生产期、衰老期到退出期的全生命周期的特征，通过比较不同技术的生命周期，同时从经济价值和规模效应的角度去分析比较，发现某些技术具有更好的规模效应和更大的经济回报，从而发现那些真正有潜力的新技术。

具体到了推动实用软件变革的外在推动力，我认为有供给侧的硬件技术、基础软件和人才，以及需求侧的经济回报和商业模式进化。这里面硬件的规模效应往往最明显且推动作用也最大，架构师可以通过出货量来预测硬件厂商的赢家。软件进化的初期也有类似出货量一样的预测指标，不过软件发展的后期往往会演变成一家独大的巨头对抗一大批基于开放生态的挑战者群体，后者往往生命力更强且成本更低。经济回报和商业模式进化这个推动力也能大幅影响实用软件的架构，因此架构师要时刻关注。

本章最后，我把重心从发现趋势过渡到行动上来。我建议架构师应该关注所负责领域的技术趋势的健康度，经常使用类似本章中判断当前架构是否顺应技术趋势和商业趋势的打分表为自己的实用软件架构打分，然后根据资源情况及时做出改进，确保远离落后、不具备规模优势和小众的技术。

这就是架构师生存的第四条生存法则：**架构选型必须顺应技术趋势。**

8.8 思维拓展：在大尺度上思考问题

我在本章中介绍的很多内容都有助于让架构师尽量看清楚未来，把自己的软件架构、时间和职业建设在真正的赢家身上。

仔细观察大家可能会发现，似乎总是有一些人年复一年地辛苦劳作却一无所成，也总是有另一些人似乎没怎么使劲儿，智商也不算高，却能飞黄腾达。其实，一个新的商业和技术周期开始，就像是大风骤起，可以把一个看似不怎么努力却擅于捕捉机会的人推向成功。

事实上，从企业家的角度来看，把握好周期远远比努力工作更重要。

技术的生命周期就像潮水，潮来，汹涌澎湃，绵绵不绝；潮去，风平浪静，滩涂尽显。人一生的黄金岁月中也就是几个浪头而已。过去 40 年，真正颠覆性的技术只有个人计算机、互联网、移动互联网和人工智能，差不多是每十年一个。要在这种技术大浪潮中玩儿好冲浪，就必须看清浪头，准确把握技术方向和入场时机。如果错过入场时机，再等新的一个技术周期就浪费几年的黄金岁月。

从我自己的观察来看，很多人的职业不顺是他们在 5 年前甚至 10 年前犯下了致命错误，错过了一个巨大的商业和技术周期，更可怕的是，在他们发现自己的错误之后依然不愿意做出改变，结果就是他们不论怎么努力永远都慢这个时代半拍。他们所犯下的致命错误就是只能在小尺度上思考问题。所谓"在小尺度上思考问题"，就是把个人的注意力放在很小的时间、空间和群体上，不能跳出当下和周围的环境去思考问题，以至于个人的所有精力都放在了局部优化上。这么做的后果就是，很少去思考未来 3 年、5 年甚至 10 年的技术趋势，不关注当然也就谈不上把握技术周期了。大尺度的思考者把注意力放在大的时间、空间和更大的群体上思考问题。

我自己的经验和我近距离指导别人的经验让我坚信这样一个观点：如果架构师频繁地强迫把自己的思考尺度从三五个月扩大到 3 年、5 年或 10 年，那么获取的价值必然会很大。**这个放大思考时间范围的动作必然会提升架构师大尺度思考的能力。**

从本质上讲，这是一个算法模型训练的过程，如果架构师总用一个小尺度的样本来训练自己的大脑，那么他的大脑就是一个非常优秀的小尺度决策机；但是，如果架构师能坚持用大尺度的样本来训练自己的大脑，那么他在大尺度问题上的决策质量也必然会得到提升。

这就是多数人都迫切需要从大尺度思考问题的能力。

8.9 思考题

1. 从比特币挖矿的计算进化过程分析软件如何最大程度地利用好硬件的规模效应？
2. 内存成本的大幅下降会导致软件架构的明显更迭，你能不能找到一个例子？
3. 列举一下最佳软件和硬件技术的流行热词，比较一下，判断一下哪些是有真正的经济回报和规模效应支撑的未来趋势，哪些是少数投资人和咨询师的炒作？
4. 你或者你周围有没有人还在维护那些衰老期的技术？你认为根本原因是什么？
5. 作为一个大尺度思考的尝试，请选择一个你相对熟悉的领域，比较两个正在发展势头上的技术分支，如英伟达的 GPU 和英特尔的 CPU，思考一下谁将是最终的胜者，一方胜出之后对其他领域的冲击是什么？
6. 前些年国内不少大企业炒作"混合部署"，你认为这么做的经济价值在哪里？会是一个长期的技术趋势吗？为什么？你也可以把"混合部署"换成其他比较流行的技术进行分析，如事件驱动架构（event driven architecture）、低代码、响应式编程。
7. 你认为最近两三年里最大的硬件行业突破、软件竞争格局变化或商业模式变革是什么？这些变化会对未来的技术产生深远影响吗？为什么？

第 9 章

生存法则五：通过架构手段为企业注入外部适应性

在前面 4 章中我介绍了 4 条生存法则，分别是目标、人性、经济价值和技术趋势，这些都与架构活动的外部环境和初始设定有关。在本章中我将介绍一个架构活动启动之后，架构师在其可控范围内做事应该遵守的生存法则。

达尔文说过：能够生存下来的，既不是最强壮的，也不是最聪明的，而是最能够适应变化的物种。从达尔文主义的角度来看，企业也是某种形式的物种，一家企业在行业内与其他企业形成了竞争关系，最终在竞争中胜出的不一定是体量最大的，也不一定是技术最先进的，而是最擅长适应竞争环境变化的企业。

对互联网企业这类物种而言，它们的基因通过软件来承载。从某种角度来看，架构师是这个基因的操纵者。因此，架构师能为企业带来的最大价值就是通过架构手段为一个软件系统注入外部适应性，从而为企业注入外部适应性。

9.1 什么是外部适应性

外部适应性是指一家企业对外部环境变化的适应能力，以及对新机会的捕捉能力。

整个计算机行业是一个变化非常快且竞争非常激烈的行业，在高速变化的外部环境中，许多曾经业务遍布全球且资金雄厚的大企业，如 DEC、SGI、Wang、Lucent、Compaq、Sun Microsystems 都在竞争中没落，甚至消失了。当然，也有些企业在竞争中急速转型而适应了新时代。一个正面的例子是微软公司，他们在云计算领域原本慢了大半拍，但他们转型非常彻底，成了异军突起的赢家。这种在新市场和新技术环境中重塑企业的能力，就是我讲的外部适应性。

不过，本章不是讲整个企业如何适应新环境的变化，而是架构师如何在架构活动中监控内外部变化，提升整个软件系统的外部适应性，如图 9.1 所示。

图 9.1 中有两个大框，左边的大框是架构活动的输入条件，右边的大框是架构活动。左边框中的环境、目标、经济价值和人性是我在第 4 章中提到的架构活动的要素。这 4 个要素我在前面的 4 章中分别做了阐述，它们属于架构活动的输入条件。

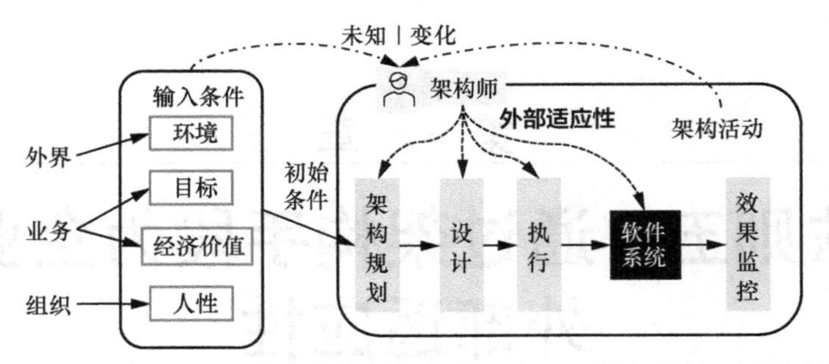

图 9.1 架构师在架构活动中监控内外部变化，为一个软件系统注入外部适应性

有了输入条件，架构师会监控和干预整个架构活动的执行过程，包括从架构规划、设计、执行到上线后效果监控的全过程。架构活动的所有决策和行动，最终会沉淀到一个软件系统中，在图 9.1 中以黑色框表示。

互联网企业往往追求速度，架构活动的最初输入条件无法反映实际执行中的变化，这种变化有 3 种。

（1）**假设不再成立**。架构活动的初期，参与者无法完全理解全局，也不能等待获取所有的答案之后才开始一个架构活动。所以，在架构活动中，架构师会发现架构活动初期的假设可能已经不再成立，这种变化的假设就是影响架构活动的一种外部变化。

（2）**供、需和管理的变化**。架构活动上线的过程中会逐渐扩大范围做测试。在这个过程中，需求侧用户的行为、企业供给能力、企业运营能力、企业管理者的认知等都会发生不连续的改变，这些改变也是影响架构活动的一种外部变化。

（3）**竞争和监管的变化**。活动上线的过程中不可避免地会引发竞争对手、社交媒体和监管机构的关注，这些关注如果转化为行动就是改变架构活动的最终预期结果。这些行为也是影响架构活动的一种外部变化。

当然，还有其他会影响架构活动的变化，如人才市场的变化、外部的重大灾害等。这些变化其实在架构活动在 t_0 时间设定初始目标之后，一直到架构活动上线复盘完成的 t_e 时间持续发生的，但是在这段时间里，架构活动的赞助者和决策者已经不再持续干预架构活动，所以架构师就承担了唯一主动监控和响应变化的职能。

从某种角度来说，这种监控有点儿像技术人员在上线一个核心服务之后持续监控它的运行的过程，要随时接收系统报警，收到报警之后要立即响应，最终确保系统正常运行。这种监控和故障响应过程的优先级甚至会高过日常的研发活动。

架构师对未知条件和变化的监控也一样，也是一个最高优先级的事情。从图 9.1 可见，随着进度的推进、环境的变化，架构师会监控到一些会否定过去某个决策的信息。因此，在收到这些信息之后，架构师要通过优化架构方案、干预架构活动，保证最终交付的软件系统能帮助企业更好地适应不断变化的外部环境。这个干预过程有一个总的指导原则，就是为最终产生的软件系统不断注入外部适应性，也就是图 9.1 中虚线所示的外部适应性的注入。

9.1.1 架构师独立为企业注入外部适应性的手段

在企业中，不同职能为企业创造价值的方式不同，架构师需要从自己的职能出发独立为企业注入外部适应性。在本节中我就来比较一下不同职能为企业注入外部适应性的差异。

我之所以强调职能间的差异是因为我发现很多架构师把帮助他人创造价值与自己直接创造价值混为一谈。架构师如果分不清二者，就很难提升自己独立创造价值的能力。

架构师需要展示自己有别于其他职能，甚至是其他技术职能的价值创造。通常，这种价值创造是通过架构手段为企业提升外部适应性，而这种客观地界定和度量自己的贡献的方式，也是我持续强调的基于价值思维的做事方式。

在一家互联网企业，几个主要职能为企业注入外部适应性手段相差很大。

- **业务人员**：通过模式变革、商业合作和投融资等手段来迅速捕捉外部的商业机会，为客户创造价值，为企业获取竞争优势。例如，通过与供应商合资、兼并和签约合作等方式保障上游供给。
- **运营人员**：通过优化现有的商业模式、打磨商业流程、提升经营效率和优化供需结构来逐步提升企业的市场竞争力和市场占有率。例如，通过供应商招商、培育、考核、配给优化等办法提升供应商和用户需求的匹配度，同时提升供应商和平台的效率，最终逐步达到提升市场渗透率的目标。
- **产品人员**：通过不断设计新产品、打磨产品、提升用户体验和产品效率来提升规模效应且积累竞争优势。例如，通过供应商 App 来提升供应商日常操作体验和与平台合作的效率，通过供应商数据看板和智能建议帮助供应商发现效率提升点。
- **技术人员**：通过打磨软件架构、积累技术实现和抽象、积累数据和算法模型来提升企业的整体效率和竞争壁垒。例如，标准化入驻和考核流程，计算供应商画像和忠诚度指数，及时向供应商反馈需求的变化来优化供应商的供给路径，以及自动化发现需求缺口来提升整个平台的供给丰富度等技术手段，以此提升企业的整体效率。

架构师是技术人员，因此架构师也要通过打磨软件架构来为企业注入外部适应性。当然，架构师作为专业决策者还有特殊性，架构师只能通过组织架构活动与优化架构方案设计来为企业注入外部适应性。

不同职能借助不同手段为企业注入外部适应性的描述如图 9.2 所示。

图 9.2 表明，不同职能通过不同手段为企业直接注入外部适应性。通过图 9.2 我想强调一个非常重要的理念，在一家企业中，每个人都应该想方设法帮助企业成功，但在架构师帮助其他职能部门完成他们的工作的同时，必须在自己的职能定位上为企业注入外部适

应性。在整个企业的软件架构设计和架构活动组织这个领域范围内，架构师是唯一一个被赋予注入外部适应性的角色。

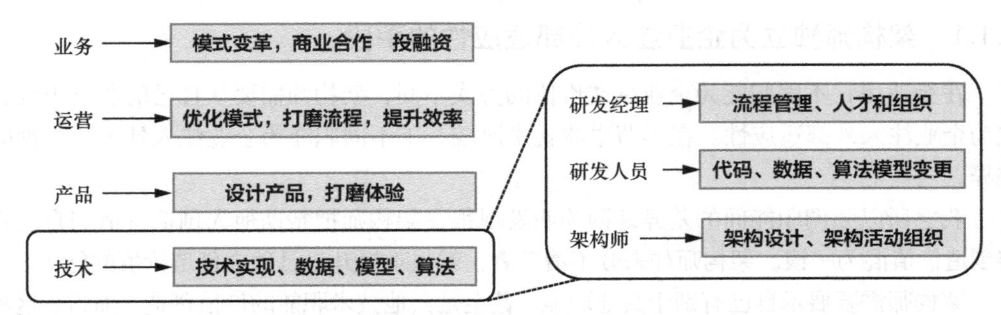

图 9.2　不同职能借助不同手段为企业注入外部适应性

9.1.2　研发活动的 3 个层次

在 9.1.1 节中我提到的不同职能（如业务、运营和产品）都有对应的技术研发人员，在本节我就具体展示一下这些有不同定位的研发人员之间的差异。

图 9.3 中展示了研发活动的 3 个层次。在图 9.3 中我把前面提到的业务职能和运营职能合并为一个业务职能，因为从研发方式来说，这两种职能对应的研发模式非常类似，架构师的作用在于促成从业务到技术的抽象。

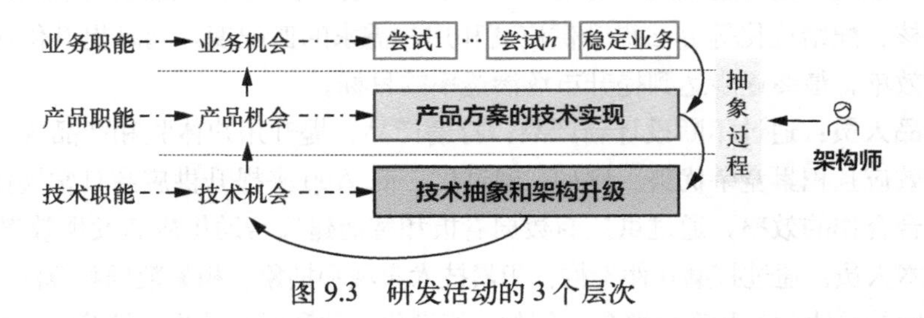

图 9.3　研发活动的 3 个层次

下面介绍一下图 9.3 中展示的研发活动的 3 个层次。

（1）**业务驱动的研发**：技术人员按照业务人员要求来响应外部机会，以最快速度研发一次性的商业解决方案，例如对第三方系统做一次性的对接、快速拼接市场上能够借力的系统等。

（2）**产品驱动的研发**：研发活动由产品规划驱动，产品人员把业务活动抽象为一组产品，沉淀出产品矩阵，并通过产品运营不断打磨用户心智。在这个过程中，相应的技术人员会不断提升自己对产品的理解，加速产品功能变更的同时保障一个软件系统的稳定性。

（3）**技术驱动的研发**：研发活动由技术人员（往往是架构师）发起，通过对某些业务、产品功能抽象，形成可以在不同业务场景和产品线中重复使用的技术产品，例如平台型的技术产品、领域模型、标准化的数据模型、可复用的算法模型和不同的计算框架等。

如图 9.3 所示，业务职能为了捕捉业务机会而驱动一次性的解决方案研发；产品职能只能对相对稳定的业务场景进行抽象，通过进化产品来提升业务尝试的效率；技术职能（架构师）则通过深度参与业务研发和产品研发过程，从而加速从业务到产品最后到技术的抽象过程。这个过程在图 9.3 中由从上到下的弧线表示。这个抽象过程的产物就是一系列承载技术抽象和架构升级的技术产品，这些技术产品最终因捕捉到了有价值的技术机会而可以反哺业务，加速了产品和业务代码的研发过程，最终帮助一家企业更快速地响应产品和业务机会。这个过程在图 9.3 中以从下向上的实线表示。整个循环就是通过技术手段为企业注入外部适应性的全过程。

接下来我介绍一下架构师如何才能做好跨越这 3 个层次的抽象，最大程度为一个软件系统注入外部适应性。

9.2 削弱一个软件系统外部适应性的因素

我先从不同职能视角来分析。技术之外的职能，如业务、运营和产品，几乎不关注技术架构的外部适应性，一来他们不擅长，二来这在他们工作中的优先级不高。因此，图 9.3 所示的业务尝试和产品尝试的过程其实是对一个软件系统外部适应性的破坏过程。

从架构设计和研发执行的视角来看，影响一家企业的软件系统的外部适应性的因素有 3 个，分别是交付时间压力、需求稳定性和组织的激励机制。互联网企业最常见的挑战有以下 3 种。

（1）**交付时间短**：研发人员在评估任务之后给出一个预期的上线时间，而提出需求的一方则要求这个上线时间不惜一切代价地大幅缩减。

（2）**需求不稳定**：提出需求的一方在研发过程已经开始之后甚至接近尾声的时候对最初的需求做出大幅更改。常见的情形是技术人员抱怨产品经理频繁更改需求，而产品经理抱怨业务人员频繁更改需求和优先级。

（3）**激励偏短期**：企业和整个市场对技术人员的激励偏短期，雇主或者管理者不太关注技术人员在软件架构的长期稳定性上做出的贡献。

事实上，这 3 种情形越是在高速增长的行业越是常见，高速增长的行业竞争激烈，竞争对手的动作会打乱一家企业的部署和节奏，迫使企业不得不在没有完全看清机会的情况下做出决策，而不是有准备、有节奏地做自己的业务和产品。

2020 年前后的社区团购竞争是一个典型的案例。在短短半年多的时间里，就有超过 100 亿美元的投资注入这种商业模式；在仅半年内，激烈的竞争不但带来用户需求和期望的大幅改变，就连监管环境也开始发生变化了；又过了 3 个月，面向社区团购的新政策出台，社区团购这种新模式带来的市场渗透机会就完全不存在了。

在一个高速增长的行业中，交付时间短和需求不稳定必然会发生。**多数互联网企业并不具备为一个架构活动做长时间规划的条件，架构师必须靠收集和响应变化来提升软件架构的外部适应性。**

接下来我就在以上分析基础上寻找架构师为企业注入外部适应性的方法。

9.3 架构师如何为企业注入外部适应性

架构师为企业注入外部适应性的过程就是克服9.2节提到的3种挑战的过程。不过，因为场景不同，克服这3种挑战的方法也不一样。

如图9.4所示，架构师为企业注入外部适应性的场景有3种。

（1）**业务尝试和产品尝试**：在高速增长的业务中，架构师以支持者的身份辅助业务线和产品线的研发人员做日常研发，也就是图9.4中虚线框内所示的部分。

（2）**架构改造和战略转型**：在一段时间的探索之后，业务和产品趋于稳定，架构师主导架构活动偿还长期探索的技术债，构造稳定的业务平台或产品组件。在特定时间，架构也可能主导企业大规模的业务转型，彻底重构业务平台或者产品组件，也就是图9.4中虚线框右侧的实线框所示的部分。

（3）**技术产品抽象**：在日常的技术支持过程中，架构不断地抽象共性，形成稳定的技术产品，也就是图9.4所示的技术抽象过程。

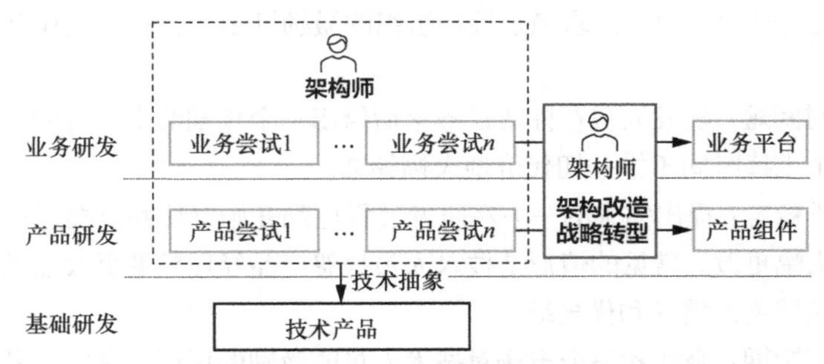

图9.4 架构师为企业注入外部适应性的3种场景

接下来我就分别阐述一下架构师在这3种场景中如何为企业注入外部适应性。

9.3.1 业务尝试和产品尝试：以最小的架构代价获得有效结论

我发现，许多技术人员都不知道在一个高速发展的互联网企业中业务尝试和产品尝试的真正目的是什么，他们误以为尝试的目标就是建立一个高可用、高并发、高性能的软件系统。事实上，这完全不是业务尝试和产品尝试的目的。

在高速发展的互联网企业中，业务尝试和产品尝试的目标只有一个，就是获得有效结论。有效结论是指把一个小范围的尝试中得到的结论放到更大的范围内之后，这个结论依然有效。也就是说，**一家企业做业务尝试和产品尝试的首要目标是认知提升。**

在高速发展的领域中，业务人员和产品人员在每次尝试之后都希望能够解答他们在尝试之前的某些疑惑，这样他们才能在下一步的尝试过程中更加聚焦或者投入更多的资源加速增长。这种持续的认知提升会帮助他们在未来做出更高质量的决策。

这种认知提升不需要大规模的业务建设。但是，多数技术人员不知道，他们往往会额外追求另一个目标，就是保障实现可以被规模化。技术人员误以为他们正在开发的功能会长期存在，因此这项技术必须可以扩展，有足够的安全性、可维护性等。但事实上，这些特性与结论的有效性几乎毫无关系。我在前面也提过，多数业务尝试是以失败告终的。也就是说，业务方在尝试之后得到的认知是："此路不通！"因此，技术人员在实现探索类需求时可以完全忽略多数横向问题，把开发成本降到极致。

在业务尝试和产品尝试这种场景下，架构师要尽量用各种手段以最小的架构代价来帮助业务人员和产品人员获得有效结论。

架构师应该引导研发人员最小化需求开发带来的熵增，通过以下架构原则把大多数尝试尽量封装到一个小的领域内。

- **单一职责**：指的是每个业务领域和每个业务尝试隔离，封装到单个模块中。这样做的好处是，一旦尝试失败就可以迅速把业务逻辑下线，避免影响整体的复杂性。多数企业用某种形式的 A/B 实验框架来保障这种隔离性。
- **最小依赖**：指的是整体架构设计要保障大多数业务尝试可以在业务层完成。如果每个业务方的需求都侵入底层的逻辑，那么每次尝试都会变成跨团队合作，这种架构会大幅降低业务尝试的速度。
- **最小数据共享**：指的是一个正在尝试中的业务应该尽量减少与其他业务模块的数据交换，尤其是输出。这样做的好处是，可以最小化它的影响范围，否则该业务尝试的数据模型会污染到其他业务，在尝试失败之后对其他业务的影响也会很难剥离。
- **最小暴露**：指的是在业务尝试中要避免新建接口向外暴露数据，包括 API、数据模型、事件、消息流等一切对外界造成影响的数据流动都应该尽量避免。

这 4 个原则其实就是针对我前面提到的"交付时间短"和"需求不稳定"的挑战制定的。这些原则最大程度地缩短了技术实现时间，且最大程度地容忍了需求的变化。

技术人员还有一个常见的误区。他们会认为自己接手的项目必须有正向的结果，因此看到项目与业务方的预期不一致就拼命修改参数和人群圈选逻辑，期望能找到更好的实验结果。这么做其实破坏了结论有效性。很多做算法的人都知道：如果不断调整一个实验的时间窗口和圈选人群，往往会得到正向的 A/B 测试结论，但这么做和认知提升的最终目标完全背道而驰，不但会破坏算法模型且损失时间，更重要的是还会破坏职能之间的信任。

9.3.2　架构改造和战略转型：彻底改造，不留后患

一般来说，一个战略转型项目应该在全公司层面明示，而且要维持足够长的时间。所谓足够长，对国内一线大企业来说可能需要3年，对成熟企业内部的一个部门，也要接近1年。

这种战略转型是类似于业务从流程驱动到全链路数据和算法驱动、从Web迁移到移动设备、建设企业数据中台、从传统服务切换到云原生这样的几年一遇的大项目。在这种战略转型项目中，架构设计会遇到一个很大的不连续性，这样一来架构师的目标就不是保障这次变更的最小影响范围，而是让这次战略转型做得尽量彻底，甩掉尽可能多的老包袱，使企业在未来变得更灵活。

在以战略转型为目标的架构活动进行的过程中，架构师要通过覆盖所有场景的彻底评估来确保项目的资源投入，而且在评估过程中还要预留出足够的集成测试和压力测试的时间，确保这种架构活动能够高质量地完成，而不是在新战略尚未启动之前就给一个软件系统埋下一颗定时炸弹。这种项目进行时间长，架构师有足够的时间不断学习和抽象，可以在项目持续过程中帮助企业设计新的工具和平台来加速整个改造。

9.3.3　技术产品抽象：让架构抽象为一个理智行为

在本节中我解释一下架构师在日常架构评审场景中的工作原则，我将其称为“价值驱动的设计”，也就是架构师通常会引入抽象来避免重复建设，我经常会观察到有架构师过度抽象而导致浪费。价值驱动的设计强调架构师把对抽象的投入限制在能节省下来的短期成本之下。

这个原则回答了两个关于架构抽象最常见的问题：一是什么时候开始做抽象；二是抽象要投入多大，做到多深。

第一个问题的答案是架构师把握时间点的关键。架构师启动抽象太早，不但抽象质量不高，而且会影响探索速度；启动抽象太晚，系统会变得混乱，构建成本增加，更难说服资源方为架构抽象做投入。我自己的经验是最佳时间点在业务方启动大规模复制之前，且在小范围尝试中有过至少两个成功案例之后，我不建议在没有成功案例之前做任何的抽象尝试。抽象基于已有的两个成功案例和之前的失败尝试可以找到一定的设计模式，这个设计模式也可以在下次尝试中被打磨。

第二个问题的答案是架构师创造增量价值的关键。架构抽象必然有时间成本、初期研发成本、迁移成本和后续维护成本。抽象过早、过精细，抽象的适应性不会太好，未来业务方向发生改变会带来改造和迁移成本；抽象太晚，回报机会变低。所以，抽象要符合业务尝试的频次和尺度，也要与预期的业务线研发资源回报相匹配。

据我个人观察：**多数场合，业务线的抽象投入产出比不够大，不值得大规模投入。**

那么，架构师是不是就没有创造价值的机会了呢？不是的。架构师的价值恰恰在于对抽象粒度做合理的控制。

- 不要过度设计，要尽量缩小架构抽象的初期投入，使它和现有的尝试更贴合，同时减少已有尝试改造和未来尝试维护的成本。
- 最大化地利用业务线研发人员，把抽象融入业务尝试中，而不是设计一个独立的系统承接架构抽象，这样可以同时减少抽象的初期投入和迁移成本。
- 持续跟踪变化，对抽象做小范围的调整以适应未来的尝试，这样就可以把维护成本持续控制在一个相对较低的水平，同时保证架构抽象与其所支持的业务之间匹配度。

这 3 个原则意味着架构抽象没有免费的午餐，架构师要贴近业务线做小步迭代的、精细化的抽象，而不是靠一个通用的架构设计解决从现在到未来的所有问题。

9.3.4 一个架构师注入外部适应性的具体案例

架构抽象是一个长期的、及时响应变化的、价值驱动的过程。接下来看一个具体的从业务尝试到技术产品抽象的案例，模拟一下这个过程。

例如，我们把一个履约单派给某个物流供应商，最早做物流供应商接入的业务线程序员会把履约单和物流供应商的关系建模成每个履约单都分配给一个物流供应商，如图 9.5 所示。

但随着业务深入，企业开始和多个物流供应商合作，物流能力也开始变得多样化。一家大型的物流供应商至少会有公路运输和空运之分。物流订单虽然派给了物流供应商，但是物流供应商不能随意选择空运还是公路运输。事实上，这种选择最终取决于用户需求。这种需求不是对物流供应商的选择，而是对物流供应商提供的某种服务能力的选择，如图 9.6 所示。

图 9.5 履约单和物流供应商的简单关系　　图 9.6 对履约能力的抽象

随着业务的进一步发展，企业开始和其他第三方供应商合作。例如，除了物流，还有上门安装的服务，物流服务变成是履约过程的一个部分。从履约单到物流供应商的服务能力的关系进化如图 9.7 所示。

更进一步，业务发展意味着数字化能力的建设。这就意味着，物流供应商提供的服务能力可以用一组服务参数描述，真实的物流过程的表现可以用订单详情描述，如图 9.8 所示。

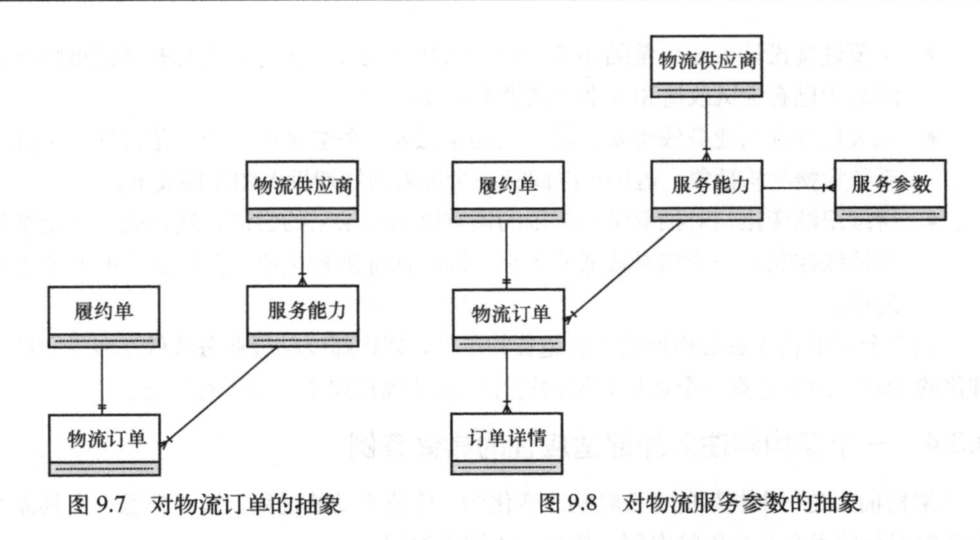

图 9.7　对物流订单的抽象　　　　图 9.8　对物流服务参数的抽象

到了图 9.8 所示的抽象程度，这种抽象已经具有一定的普适性了，如果把物流换成其他服务（如上门安装、服务维修、退换货等），这个设计模式都能基本适用。

我们可以用同样的一组服务来抽象线下履约的全过程。

假设架构师选择进一步标准化物流服务的细节，会得到图 9.9 所示的模型。

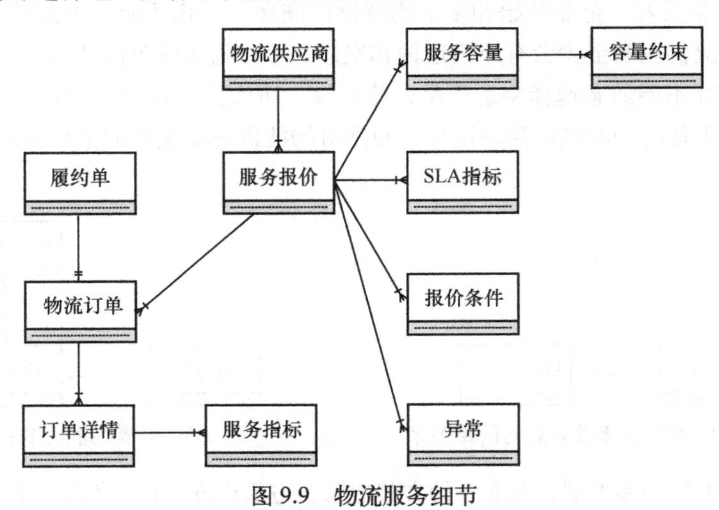

图 9.9　物流服务细节

一般来说，在业务尝试阶段，建模非常随意，像图 9.5 这样的情形比较常见。架构师的介入往往能够把最高层次的抽象稳定下来，到达图 9.8 和图 9.9 所示的抽象程度。在这两种抽象程度下，进一步的变更对外界的影响就非常小。例如，尽管图 9.9 与图 9.8 所示的模型不同构，但是从图 9.8 升级到图 9.9 的架构改造过程是局部的，也就是说，模型趋于稳定，新的业务需求不会带来大量的熵增。

更重要的是，不论是图 9.8 所示的抽象还是图 9.9 所示的抽象，都为软件架构带来了一个新可能，就是通过一组参数或指标来度量供应商承诺的能力和真实提供的能力。随着时间的推移，通过研究供应商的服务能力趋势可以形成一个稳定的供应商的数字画像，通过数字画像又可以调节公司和所有供应商的关系，让公司和服务能力强且报价合理的供应商形成合作伙伴关系，尽早替换掉服务能力弱且报价过高的供应商。这种数字化运营的能力，为公司注入了外部适应性。

比较一下图 9.9 和图 9.8 可以发现，一方面，图 9.8 中的模型约束较少，因此它的适用场景要多于图 9.9，且它的容错性也更好，例如，图 9.8 中的服务能力实体既可以表达成图 9.9 中的服务报价实体，也可以表达成更单纯的服务能力的描述，图 9.8 中的物流供应商实体可以置换成其他类型的供应商；另一方面，图 9.9 中的模型约束较多，因此它的语义更准确，数字画像标准化的成本更低。

要想判断图 9.8 所示的抽象和图 9.9 所示的抽象到底哪个更好，需要采用**价值驱动的设计原则**来做决策。

如果这家公司只有一个供应商，公司和这个供应商已经签订了长期合作合同，而且业务方预测的增长在一年内不会超过这个供应商的容量上限，就没有必要做图 9.9 这样的建模，因为这么做没有任何的短期回报。

换一种情形，如果这家公司有多个供应商，每个供应商的容量和报价都会发生动态变化，那么有了图 9.9 中的模型，架构师就可以在多个供应商之间做配送调拨。架构师可以在最小化物流成本的同时不断量化和监控供应商的真实的服务指标曲线，甚至对未来的服务质量做出预测，最终找到最小化成本且能保障服务质量的物流调拨算法。业务方也可以通过这组监控以及对供应商容量和服务质量走势的预测，决定是否要对现有供应商组合做出调整。这种情形的回报有多大，架构师不是靠拍脑袋就能想出来的，而是由市场的物流能力的真实供需决定的。

基于实际数据做出的决策才是真正的价值驱动的设计，但并非所有的设计决策都能从现有的数据推导出来，多数时候每种职能都有各自的认知局限性。接下来我就分析一下架构师在周围的人都存在认知局限的情形下如何为企业注入外部适应性。

9.4 做一个比业务人员更懂业务的架构师

如果架构师能做到比业务人员更懂业务，他就可以通过架构设计为企业带来更及时的生存助力。架构师能做到这一点的前提是深度的业务理解。

9.4.1 建立业务、产品和技术的平权世界

我在第 5 章中提到过，架构师要具备比较深的业务理解能力才能辨别架构目标和业务战略的匹配度。互联网企业因为时间的压力，不论是业务人员、产品人员，还是技术

人员，都不会在完全看清楚市场后才行动，处在研发活动最底层的技术人员就更难深刻了解市场了，这时架构师就要更专注于业务理解，只有这样才能保障一个软件系统的长期外部适应性。

业务理解这个概念随处可见，我经常看到技术人员在晋升或者述职过程中展示自己的业务理解，其实这种所谓的业务理解就是把业务方的 PPT 照本宣科地再讲一遍，与真正的业务理解有天壤之别。

下面我就通过图 9.10 来解释一下什么是真正的业务理解。

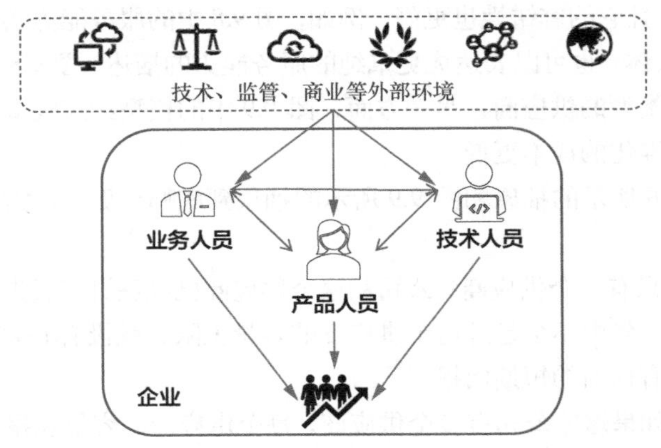

图 9.10 从业务、产品和技术视角上同时理解市场环境

图 9.10 表明，在一家互联网企业，业务人员、产品人员和技术人员要共同了解需求、供给、市场竞争和各种外部环境的变化，也要不断碰撞各自的认知，履行这 3 种职能的人要同时为企业注入外部适应性。

在这个过程中，架构师要从技术视角去理解业务，并将自己对业务的认知转化成一个技术动作，而这个技术动作最终会和业务动作、产品动作一起，将企业带到一个更好的生存位置上。这才是真正的业务理解，也是架构师独立于其他职能所创造的长期价值。

这是架构师通过同时了解外部环境和其他职能的应对手段而积累的第一手认知，而不是从业务人员或者产品人员那里获得的二手甚至是三手的认知。从某种程度上讲，这是多种职能在做分布式的学习和认知迭代。架构师在同时预测外部环境、业务手段和产品功能的进化趋势，并在这种深度洞察的基础上通过价值驱动的架构设计来持续为企业注入外部适应性。

这种洞察首先要求架构师达到第 6 章中提到的从用户心智思考的状态，也就是架构师可以从业务视角看到业务机会，也可以从产品视角看到产品机会。在此之上，架构要看到通过软件架构来帮助业务和产品的机会。最终，在某些领域，架构师甚至要看到以技术主导的商业机会，例如亚马逊的云计算、甲骨文的 SaaS 和阿里巴巴的数据服务就是在这种情形下孵化而成的。

9.4.2 认知的突破靠持续的竞争对抗

技术职能往往要在提升专业深度和产出上花大量的时间，没有太多机会接触客户。因此，架构师必须在关注点上做取舍。

如果架构师只能关注一件事情，那么他应该先**把精力放在赢得商业竞争上**。此时他应该关注的领域有以下 3 个主要方向。

（1）**正面竞争**：通过以技术手段监控竞争对手的商业能力来帮助商业竞争。

（2）**非正面竞争**：通过提升自己所在企业的技术能力来增加竞争对手的经营难度。

（3）**技术实力竞争**：监控竞争对手的技术并寻求超越竞争对手的技术。

最常见的正面竞争就是对用户的争夺，如电商新买家的常见行为就是比价。有的电商平台会建设专门的新人专区，通过打折的方式来提升新用户对平台价格竞争力的认可度。电商平台有非常多的技术助力的场景，比较常见的有商品价格监控、为人群定制的有竞争力的营销、针对竞争对手的自动定价和调价能力、个性化的金融服务等。

最常见的非正面竞争就是产品功能和体验的提升，如电商里面的 VR 看商品、直播、个性化体验定制，比较常见的非正面竞争就是风控和安全，通过深度的安全和风控能力提高自身的护城河，从而加大竞争对手的损失。

技术实力竞争主要是对竞争对手的技术手段的跟踪和超越。这么做并非复制竞争对手的技术，而是研究竞争对手是通过什么技术手段来放大他们的生存优势的。例如，竞争对手通过流程自动化来节省人力成本，通过个性化曝光来加速转化和提升留存，通过自动派单来提升骑手的忠诚度和缩减空闲时间。架构师要对照竞争对手的某项技术研究是否有更好的技术手段获取更大的竞争优势。

就像所有的商业竞争一样，无论是正面竞争、非正面竞争，还是技术实力竞争，都是一个持续对抗的过程。这种持续对抗像机器学习的 GAN 算法一样，能够很快提升参与者的技术实力，而跟不上节奏的企业最终就会落败。架构师在这个过程中对行业的认知也会通过竞争而加速。

这个持续对抗的过程也会提升架构师的思考力。在这种对抗过程中，如果一个竞争对手的招式靠一两个成熟的技术范式就能应对，那么这个竞争对手其实不够高明，往往很快就会被淘汰，而真正强劲的对手的技术手段很难通过复制来克制。这一点我在第 6 章中也给出过案例。

深度理解市场竞争环境还有另一层意义，就是帮助架构师思考技术驱动业务的天花板，避免过分乐观。对抗意味着一项技术带来的业务价值是有生命周期的，也就意味着架构师做价值驱动的设计时不能假设当前的回报长期有效，事实上这种回报仅在竞争对手做出针对性响应之前有效，这样才是在做真正的价值驱动的设计。

9.5 小结

我在本章中聊了一个很重要的话题：架构师如何独立于其他所有人创造价值。

每次大大小小的架构活动都是企业软件进化的一个特殊节点，在这个节点上，所有参与者重新审视现有架构体系的不足，然后引入新的设计和技术。这个过程是架构师为企业注入新技术基因的最大机会，而架构活动的最终目标就是为企业注入外部适应性。

我分析了架构师为企业注入外部适应性的3种场景，第一种是通过保障日常的业务尝试和产品尝试而做的封装和模块化努力，第二种是企业大规模转型是对新架构的长期结构性的保障，第三种是从日常的业务和产品需求中不断持续提升软件架构抽象。我特别强调了对软件架构抽象的把握的一个核心原则——价值驱动的设计，对抽象的投入以节省下来的短期成本为上限。

然后我又解释了架构师如何提升自己的抽象能力，第一是靠与业务人员和产品人员平行的业务理解，第二是靠以技术手段持续与竞争对手对抗而提升对行业的认知。

这就是架构师的第五条生存法则：**通过架构手段为企业持续注入外部适应性。**

9.6 思维拓展：以成长思维来最大化认知的提升

架构师为一个软件系统注入外部适应性是非常难做到的一件事情。

第一个原因很多架构师花在探索上的精力是不够的。

注入外部适应性的本质是探索而不是学习。这两者是有区别的，学习是让自己获得已经公开的知识的过程，而探索是在一个未知的领域去寻找最佳解决方案的过程。探索不是在网络和论文里寻找答案的过程，也不是在业务数据里寻找答案的过程，而是一个创新过程，是架构师为企业注入全新技术基因的过程。

对应用软件的架构而言，探索往往是架构师对所研究的问题的深入理解的过程。架构师必须去了解用户痛点、研究市场供给、发现运营瓶颈等。这个过程不应该也不可能从现有的书本中找到现成的答案。我认为更好地探索问题最有效的手段就是建设业务、产品和技术的平权世界。

事实上，这种探索没有终点，我在本章中提到的竞争和市场的作用中的任何一个成功都只是阶段性的胜利。架构师的认知带来的领先优势最终仅在短时间内有效，因为架构师拥有的知识持续向整个行业渗透，之前为企业注入的外部适应性也在不断缩小。

因此，如果一名架构师想要持续为企业创造价值，他对所在的行业的理解必须持续提升，而他的探索也不能停止。

第二个原因是很多架构师不愿意放弃现有的架构方案。

架构师的探索是一个非常艰辛的过程。一旦发现一个好的架构方案，架构师必然为之兴奋，也必然会试图不断优化这个架构。

任何好的软件架构都会因为环境的变化而过时，但是多数架构师会选择在现有架构方案上投入精力去修复，而不是去探索新的替代方案，这就导致架构师和团队被锁定在一个局部最优解上，无法找到下一个突破性的进展，浪费了宝贵的机会成本。

克服上述弱点的关键是成长思维：第一，架构师要先选择从创新中寻求突破；第二，架构师要不断否定过去的成就，以期实现更大的突破。

在成长思维的指引下，注入外部适应性就是一个循环往复的认知升级的过程，靠尝试、靠创新，而不是靠祖传的招数。因为每一次尝试都在消耗企业的资源、时间成本和机会成本，所以这个过程自然需要架构师以价值驱动原则指导自己的决策。

9.7 思考题

1. 请列举一个通过某种技术为企业注入外部适应性的例子，并着重描述外部环境发生了什么样不连续的变化，这项技术为什么可以在当时帮到这家企业，你如何识别这项技术的价值，是否还有其他选项。
2. PC 互联网到移动互联网过渡的时候，很多软件架构由于没能适应这个变化而逐渐被淘汰。你能举出一个例子吗？在分析这个例子的时候，请着重解释外部环境发生了什么样的变化，为什么原本非常适应 PC 互联网的技术，是不是一下子就很难在移动互联网时代保持同样的优势。你也可以引用其他技术革命（如人工智能）作为案例来分析。
3. 外部适应性是面向未来的。你有没有见到过某个技术选型在当时看似万无一失，似乎绝对能保证企业的外部适应性，但在后续的竞争中落败了，而你发现竞争对手的选型却非常成功。你认为是什么原因导致你们做出错误的选型，而竞争者却能做出正确的技术选型呢？
4. 你所在的企业或者行业里，由技术带来外部适应性的场景是什么？请你稍微解释一下你所在的行业、具体的场景、技术手段及其带来的价值，以及维持这个价值创造的方法。
5. 在小范围尝试上，也就是“先开一枪，再打一炮”的方法，你有成功案例可以分享吗？在技术上，你具体做了哪些事情来提升整个事情的成功概率？

第 10 章 生存法则六：在一个友善的企业文化中成长

前面5章中介绍的5条生存法则都是价值思维驱动的，架构师通过锁定目标、关注人性、创造经济价值、顺应趋势和持续注入外部适应性为企业创造价值，成为市场和企业需要的人才。

我在本章中介绍的最后一条生存法则不是价值思维驱动的，而是成长思维驱动的。我将从架构师的视角出发，带你思考一下如果架构师可以为自己构建一家能够最大化自己成长的企业，这家企业应该具备什么样的文化，由此进一步推导出架构师应该如何想办法改造自己周边的文化，使这个环境更有利于架构师生存。

10.1 为什么企业文化对架构师很重要

架构师通常并不管理团队，而是管理架构活动，更准确地说是定义和引导架构活动。因为每个参与架构活动的个体都有各自工作的优先级和汇报关系，所以在没有管理、考核和激励等手段保障的情况下，唯一能帮助架构师开展工作的就是良好的企业文化。

10.1.1 架构师视角的企业文化

企业文化这个词虽然很平常，但是对它的定义缺乏普遍共识。我在本书中讲的**企业文化**，就是企业所有人共同默许或共同反对的行为方式。

架构师是一个专业决策者，依靠为企业注入不同视角的决策而创造价值。从架构师的视角来看，企业文化在以下3个维度上影响架构师的工作。

（1）**决策方式**：出现各种有争议的问题之后，争议各方最终是怎么做决策的，是靠投票、靠自顶向下的决策，还是靠论证？

（2）**沟通方式**：企业内部是怎么沟通的？在制定架构方案之前，架构师有办法获取到企业的真实目标吗？可以澄清相关问题吗？可以向下传递吗？

（3）**执行方式**：任务执行过程中团队是如何逼近目标的？是架构师和研发人员一起不断地主动提升认知寻找最大化目标的实现方案，还是所有执行者都以交付需求为目的，不论是否与目标一致，只要按时完成字面意义上的需求就可以了？

企业的文化不同，架构师想要达到为企业注入决策的手段也不一样，最终能注入多少也会有非常大的差别。

架构师日常工作中经常要面对的就是决策、沟通和执行。如果架构师能从企业文化方面借力，那将有助于架构师最大化对企业的增量价值，快速发现最优的架构方案，并高效执行。

通过前面几章的学习，大家已经知道，由于内外部压力，一家企业很难达到理性状态。因此，架构师要有能力发现企业文化的局限性，并且找到有效的应对方案。

10.1.2 识别企业的真实企业文化

多数时候，一家企业真实的企业文化与他宣扬的不完全一致，或者至少尚未达到企业文化倡导者期望达到的境界。

举个比较极端的例子。美国历史上最大的财务造假和审计丑闻就出自当时世界最大的能源公司安然公司和原国际五大会计师事务所之一安达信。财务造假不仅最终导致这两家公司直接破产倒闭，更在全社会引起了轩然大波，以至于美国国会迅速通过了《萨班斯-奥克斯利法案》，以此来确保企业财务数据的真实性和审计的有效性。直到今天，所有在美国上市的企业都还要为这个造假付出更高的审计代价。

大家可能没有料到，这家充满欺诈的公司宣扬的价值观竟然是尊重、正直、沟通和卓越。显而易见，这家公司选择财务造假的事实行为与其奉行的价值观完全背道而驰。

因此，在判断一家企业的企业文化上，只是“听其言”还不够，更重要的是要“观其行”。

那么，怎么观其行呢？以下这 3 个判断条件，可以帮助我们鉴定企业是否真正做到了“知行合一”。

（1）**看行为方式的对称性**。所谓对称，就是指企业用来约束员工行为方式的规则，是否适用于所有员工。换句话说，是否企业内存在特权阶层可以随意解释、更改和超越行为约束的规则。如果存在，企业的规则就不具备对称性，一线员工也不会形成共同默许的工作方式。

（2）**看反馈机制**。企业内部的物质激励和精神激励机制是否可以加强企业的文化。例如，一家企业鼓励员工要有勇气反对领导的错误决策，但真正有勇气站出来反对的人最终的命运如何，是被晋升还是被打压了。我们只有从最终被执行的反馈机制中才能判断企业要什么和不要什么。如果反馈机制与企业宣扬的文化背道而驰，那么企业倡导的文化和员工真实践行的文化就会逐渐割裂。

（3）**看长期连续性**。文化是企业内部所有人共同形成的行为约束，这种约束力需要较长时间才能在所有人中逐渐趋同。如果企业文化不断被大幅调整，它就很难被多数人所认同。没有认同，它就不能对多数人的行为产生约束力。一般来说，企业文化应该在数年间维持稳定。

总结一下，如果企业文化的规则对称、持续被反馈机制增强且连续时间长，那么这家企业倡导的文化和最终被践行的文化就逐渐趋同。同时，如果这种文化恰好造就了能让架构师最大程度地发挥作用的环境，那么架构师就能够从中借力。

10.1.3 架构师的乌托邦：一个可以践行实证主义的企业文化

具体什么样的企业文化才是架构师的乌托邦，要回答这个问题要回溯到架构思维的层面上讨论。

我在第 2 章中提到过，架构师以成长思维来最大化个人的认知成长，企业则需要架构师持续以价值思维的方式为企业创造价值来换取更多的成长机会。以架构师为中心的成长思维和以企业为中心的价值思维之间的桥梁就是实证思维。如果企业的企业文化有利于架构师践行实证主义，那么最终这三者可以形成一个增强的闭环关系（见图 2.4）。

这种文化的核心在于一个企业内部的机会分配是以真实的价值创造驱动为基础的。如果企业的企业文化能够促进正确的目标决策、高效的沟通和忠于目标的执行，那么一个价值思维驱动的架构师就可以通过自身的价值创造获取更多的践行实证思维的机会。

这种环境是一个有利于持续探索的环境，是一个能够让架构师和团队不断假设、求证再假设的过程。这个过程像科学方法一样，架构师和团队要主动探索而不是被动执行。

不过，事实上并非每个架构师都能快速成长，也不一定每家企业都能从软件架构上获得长期红利，部分原因就与企业文化有关。如果一家企业的目标制定缺乏科学性、反馈链路不存在或者信息传递是失真的，那么架构师和团队就无法从实践过程中学习和提升，也就无法找到一组显性规律来持续提升自己和企业的认知，因此架构师和整个企业都无法得到成长。

由此我阐述一个能够帮助架构师成长的企业文化。

- **企业内部尊重科学决策**。架构师能够和各方论证，最终帮助企业实现最大化战略目标的决策。如果这个决策和当初目标制定者和主要参与者的利益不一致，各方也能最终同意一个全局最优的决策。
- **企业内部为架构师提供良好的沟通环境**。架构师能够参与到主要决策、重大变更和执行方案的全程沟通中。架构师也能够和业务、产品和技术团队维持平权和高带宽的沟通。
- **所有的执行者都能深度地理解并且无损地实现架构目标**。执行过程中出现风险、发现问题和获得新认知，所有的执行者都能够与架构师一起及时调整方案，尽可能逼近目标。

可以看出，这种企业文化能够放大一个正确思想的传播。架构师是一个相信实证主义的思考者。架构师一旦有了深度的思考，就需要这样的思想传播环境来最终创造价值。

不过，这还不是架构师的乌托邦，上面的文化只保障了架构探索的成功路径。事实上，项目上线不一定能够成功，如果架构师的一次尝试无法满足预期目标，那么架构师能否得到修正自己的设计的机会呢？多数企业的对这个问题的答案是：不一定。

事实上，企业的企业文化还需要足够包容才能让架构师最大程度地发挥作用。这里所指的包容有几层逐渐递进的含义。

- **企业对探索过程中的失败的包容**。不是每个架构活动最终都能够达到预期目标，如果架构活动不满足企业预期，那么企业决策者不一定会给同一名架构师第二次尝试的机会。如果没有了再次尝试的机会，架构师就无法完成一次闭环学习。
- **企业对不同程度风险的包容**。架构方案的最终质量取决于企业对风险的承受能力，企业的承受能力越高，越包容，越有可能吸纳大胆的方案。越是长期稳健但在竞争中显示疲态的企业，越要做出大胆的改变，这样的企业也越要接受不同的观点。这样的企业之所以在竞争中落后，往往也是因为它被一些守旧的决策者把持，这样的管理者对不同的观点更加谨慎，不愿意从一个起初不够完美的方案切入而后逐渐修正，因此会错过转型升级的机会。
- **企业对人的包容**。整个企业都不排外，在决策、沟通和执行时不排除新人、有过争执的人、失败过的人员和低层级的人员等。这是企业内信息无损流转和团队高效协作的关键，也是架构师获取高质量输入的前提。

我认为基于实证主义的商业尝试和科学探索一样，最终能够持续逼近基本规律的人必然对真理有一种发自内心的渴望，这种渴望会带来发自内心的包容。如果一家企业里产生了创新思想，有了包容和践行实证主义的探索环境，那么架构师就能够在企业中充分成长。

不过，任何企业都不可能为架构师这个单一职能设计企业文化。企业文化要受诸多的人和环境因素限制，这就导致其在局部甚至是全局存在瑕疵。这时，架构师就有必要在他负责的架构活动的小范围内，打造一种友善的企业文化。

10.2 如何在小范围内打造一种友善的企业文化

前面提到过，企业文化是企业所有人共同默许或共同反对的行为方式。如果在整个企业无法形成统一的文化，架构师可以试图在小范围内打造一个友善的企业文化。

建立小范围共识的主要手段是建立架构信条。关于这一点我会在第 15 章中详细描述。这种手段通常在一个架构活动中可以迅速生效，是架构师应该优先采取的手段。不过，这种手段不是文化，因为这种手段不能让同架构师长期合作的团队和个人形成“共同默许或共同反对的行为方式”。

架构师经常被称为技术领导者。领导者有一项重要的能力就是**影响力**。影响力不是通过职位分配的，也不是通过权益分配的，而是通过个人的言行来改变周围人的行为。

架构师需要一个践行实证主义和包容的企业文化。架构师首先要在个人行为上践行实证主义且要足够包容。除此之外，还有一些其他的行为可以帮助架构师营造有利于架构探索的企业文化，我接下来就来阐述一下这些行为。

10.2.1　靠良知换取决策机会

事实上，架构师获取机会的前提是架构师已经和企业签订了一个默认的契约——**架构师必须有良知。**

良知不存在一个普遍适用的定义。在企业软件研发这个上下文里，良知是架构师选择最大化企业生存和长期利益的方案，而不是最大化个人或局部利益的决策方式。

举个例子。如果一个架构方案从整体层面看是最优的，但会伤害到架构师的个人或团队利益，架构师应该怎么办？例如，一名架构师的日常工作是负责系统的稳定性，管理企业的整体稳定性相关的系统和框架，有十几个人的团队向他汇报。现在他发现，如果用开源方案，可以节省大量的人力，而且最终的稳定性要更高，但是他的团队要不可避免地被裁员，甚至会威胁到自己工作的稳定性。这种情况下，有良知的架构师就会建议开源方案。

我在 QCon 上分享这个案例的时候，有听众挑战我："为什么当今很多人都在做自私决策的情况下要求我有良知？"因为架构师这么做是有必要的。架构师的角色有一个极大的特殊性：架构师代替许多人甚至整个企业做决策。在架构师接受来自企业和某个领域的技术决策权的时候，他就已经预支了所有相关人员对他的信任，这种信任的前提就是有良知。他要为该领域而不是为自己做最大化生存和有利于长期利益的方案，因此架构师获得了做决策的机会。这种为整个企业做架构决策的机会是靠架构师维持良知换取的。如果架构师的决策是自私的，他就破坏了这份预支的信任，也从此失去了未来的信任。如果没有人相信架构师的决策是对企业或整个领域有利的，那么他的决策将一文不值。

所以，**作为架构师，有良知是一个必要条件，而不是一个选择。**

10.2.2　践行过程正义

有了机会，架构师就可以开展架构活动。这个过程架构师必须采取过程正义的工作方式。我在 2.2 节中提过，这种工作方式是架构师或者任何专业决策者做实证主义探索必需的企业文化，因此架构师作为受益者要首先以这种行为方式影响周边的人。本节介绍一下架构师应该如何践行过程正义。

我认为，"过程正义"就是架构师作出决策的每一步都是公平、正义和可解释的，而不是靠强制的手段达到目标的。要做到过程正义，意味着架构活动参与者都要在事先约定的几个信条之下进行决策和行动。这些信条可以是参与者为这个架构活动临时约定的，也可以是企业的决策者事先制定的。这些信条的内容可以改变，但**在信条的指导下做理性决策这个宗旨不能变。**

架构师这个角色本身并不具备决策权和取舍权，他只能靠寻找更优路径和目标来推动架构活动。如果多数参与者都不认同架构师的“更优”选择，那么架构活动成功的概率就会大幅缩小。所以，**过程正义的价值就在于架构师可以和架构活动参与者一起获得在信条的约束下寻找更优决策的权力，否则这个权力仅在企业的决策者手中。**

我先解释一下上面这句话中的公平、正义和可解性。

- **过程正义具有契约性**。信条在架构活动之初建立，一旦建立就要遵守信条，架构师不能随意更改信条。这种契约性就是正义性的起源。最终的决策是在事先拟定的信条之下的理性选择。对所有遵守信条的人而言，这个决策就是正义的，符合多数人在建立信条时认同的选择方式。
- **过程正义具有公平性**。架构师和架构活动的所有其他参与者具有平等的权利，都有权提出更优的选择或者挑战不是最优的选择。架构师并不享有选定自己提出的架构方案的特权。
- **过程正义意味着可解释性**。最终参与者认同某个决策为最优，取决于决策的提出者能够在现有的信条框架下解释他的选择为什么优于其他备选方案，而不是靠强制的手段推行决策。

我将在第 15 章中详细描述建立架构信条的过程。

10.2.3 有勇气做违反共识的决策

架构师践行实证主义是为了探索不为人知的规律，如果某个新规律很容易被大家发现，那么架构师就没有创造多大的增量价值。也就是说，如果架构师发现了真正有价值的新规律，这个规律势必不同于多数人的共识，否则它早就被其他人发现了。

一个新的且违反常识的规律意味着架构师获取的新认知是小众的，并且不容易被周围的人接受。因此，架构师必须敢于面对冲突，坚持自己的正确意见。

除了认知的局限，不同职能在工作优先级、职责范围、解决问题的方法上有差异。这种视角的差异导致架构师会频繁面临冲突。在冲突中，多数人往往会通过保持沉默来换取长期信任关系，但是架构师是一个组织里全局视角和长期视角的唯一代言人，如果架构师保持沉默就可能造成架构方案不符合企业的全局利益和长期利益，失去企业逼近正确架构的最后一道屏障。因此，架构师必须有勇气打破沉默。

一个大型的架构活动中的相关方的权力、影响力、层级往往都比架构师高，其中某些人甚至有权决定架构师的薪酬和晋升。因此，有勇气表达不同意见对架构师而言的确是一件非常不容易的事情。我在自己的职业生涯中也曾因为有这样的勇气而损失了部分收入，但是我始终坚信这是一名架构师的职责所在。

我认为有勇气去冒险和有勇气去坚持自己的判断是成长思维的核心所在：**一个人的判断力大幅提升的唯一路径是在巨大压力下做出违反共识但最终正确的决定。**这个判断力的提升必须靠一定比例的失败才能换取到。

架构师坚持有勇气的行为还有一个很大的文化推动作用，就是让周围的人敢于表达违反共识的意见，而这种意见就是实证主义所需的创新的源泉。

10.3 拼图的最后一块：一致的价值理念

只有完美的企业文化和架构师的引领行为还不够，企业内部的价值理念还必须保持一致。**价值理念**是一个人在做决策的过程中对不同选项做出取舍时对每种选项的价值假设。

有些选项是非常难以通过市场价格来度量的，如人的生命、企业的口碑、产品的质量和环境的影响等。如果做决策的人对相关因素做出完全不同的假设，最终的取舍就会完全不同。

举个例子。假设一家做快递的公司认为人的生命是最重要的，那么这家企业可能会在审计员工的行驶路线中主动查找逆行的证据，采取强制手段（如开除员工这样的极端办法）来减少逆行带来的交通事故。但是，如果这家公司的决策者并没有这样的价值理念，那么公司在决策过程中可能就不会把这样的审计排在技术和管理优先级中。

实证主义的企业文化能够高效运转的前提是企业内部的相关决策者对企业想要逼近的真理有共识，而这个真理的解释最终都会归结到价值理念上。所有的问题最终都会转化为：在多个命运归宿中，企业到底认为哪一种归宿最有价值，是赚到很多的钱，还是更好地服务社会，还是获取更好的口碑，等等。

有了对问题的共识，才能确保实证主义的探索过程不分裂。所以，价值理念的统一是实证主义文化能够高效运转的前提。

价值理念并不存在对错，甚至一个人在生活和工作中可以持有不同的价值理念。一家企业的价值理念必须是公开的而且其内容必须对日常决策的取舍有指导作用。一般来说，企业通过公布决策信条、领导力原则和价值观原则的方式把价值理念传递给所有员工。我会在本书的第三部分中解释如何设立和执行信条。

对本书而言，所有的内容都遵从达尔文主义价值理念，即**企业生存是第一优先级**。这个价值理念渗透在每条生存法则中。拿外部适应性这条生存法则来说，如果架构师通过提升架构方案的结构性来防止架构随着时间熵增而逐渐发散、失速，那么架构师就需要为企业注入灵活性。这就是达尔文认定的物种生存之必需。其他的生存法则也是一样，本书中的建议都基于最大化企业生存的基础假设之上。

10.4 良禽择木而栖

我前面提到了企业文化不一定能够帮到架构师。事实上，我认为这是一个常态。

可以推演一下，在一个准入门槛相对较低且高度竞争的行业得以生存的企业有很大可能是具有帮派文化而不是实证主义文化的。“准入门槛低”代表了大量企业加入角逐，“高度竞争”意味着大量企业随时被淘汰出局，能够留存下来的企业必须能够全体一致地高速响应变化，同时要不惜一切代价获得生存，这就意味着这家企业大概率会有唯一一个决策者和一群毫不退缩的执行者，也就是说，这家企业具备帮派文化。这种帮派文化完全不同于本章中讲的实证主义文化，没有平等、过程正义或者违反共识这样的要求。

多数时候，当架构师加入一家大企业时，这家企业的文化已经成形。这种文化是由企业所在的行业和企业的发展历史决定的，而不是为了最大化架构探索的成功概率而设计的。也就是说，架构师持有的心态必须是要顺应这家企业的文化，而不是试图改造它。

不过，架构师放正心态之后，还需要思考一下：“我所在的企业是否有足够好的企业文化能够让我至少顺利地完成一次架构探索？”这个问题会转化成本章中提到的企业文化的要求：“这家企业能否允许实证主义的架构探索？它是否对风险、失败和人员足够包容？架构师是否能够在小范围内打造一个相对稳定的、有利于架构探索的环境？”如果这 3 个问题的答案都是“否”，那么这名架构师所处的环境不但是不友善的，甚至可能是对架构探索有害的。

在这种情况下，我建议架构师果断离开，因为企业文化一旦形成就非常难改变，架构师是很难凭借一己之力改变整个企业的文化的。架构师的黄金年龄很短，现在互联网技术又在不断地迭代更新，架构师如果长时间停留在一个有害的环境里，那么他首先会失去自己的良知和勇气，其次会逐渐丧失自己的能力和判断力，甚至最终会失去其在其他企业的成长机会。

10.5 小结

在本章中我介绍了第六条生存法则，这条生存法则覆盖的内容是，架构师只有在一个相对友善的企业文化下才能找到并推进一个正确的架构方案。

这种友善的企业文化有 3 个方面：第一是践行实证主义的文化，第二是对失败、对人和对高风险尝试的包容，第三是整个企业内一致的价值理念。

企业文化形成于企业的创始人的价值理念、竞争环境和成长过程，这就意味着企业的文化不可避免地存在一些不利于架构探索的缺陷。因此，架构师要通过自己的行为营造一个小范围的友善环境。

这种行为除了践行实证主义和包容的心态之外，还包括在日常的行为中，通过良知来换取高质量的架构探索机会，在架构活动的进行过程中坚持过程正义以换取整个群体对实证主义探索的支持，在关键时刻有勇气来坚持尚未被多数人理解的正确决策，同时要鼓励周围的人敢于表达违反共识的想法。

最后，如果企业不能提供友善的企业文化而且架构师又无法在小范围内改善它，那么架构师应该从成长思维出发去寻找一个新的、能够最大化架构探索效率的环境。

这就是架构师的最后一条生存法则：**在一个友善的企业文化中成长**。

10.6　思维拓展：实践从发现行动点开始

现在我来解释一下从认知到实践的统一，也就是知行合一。

我在第二部分中讲的这些生存法则都属于认知层面，是我个人从过去二十多年的工作学习中总结出来的一些规律。学了这部分内容，你的架构师生涯就可以以我的认知为起点。

不过，这些生存法则都是具体的行为选择建议，仅在实践中才能创造价值。了解了生存法则，并且**不断地在日常的架构活动中实践它们**，架构师在企业的生存才能更有保障。因此，在学习这些生存法则的过程中，大家应该清楚地意识到每条生存法则所对应的**行动点**。用技术人员的话来解释，这些生存法则都是告警规则，每个告警发生之后架构师都要采取一系列的行动来响应这次告警。

下面总结一下所有生存法则告警项和对应的行动点。

（1）**目标缺失**：架构师要在架构方案设计开始之前找到那个正确的目标。

（2）**忽略人性**：架构师要调整方案设计，确保研发人员和用户的人性得到尊重。

（3）**缺乏经济价值**：架构师要寻找真正能为企业带来经济价值的模型抽象。

（4）**不符合技术趋势**：架构师要加速向即将规模化增长的赢家靠拢。

（5）**出现新变化**：架构师要通过设计隔离、模型抽象、系统改造等迅速响应变化。

（6）**企业文化不友善**：架构师要构造一个小范围的友善环境。

顺便提一句，这 6 条生存法则还有一个共同的假设：未来都是乐观的，架构师可以通过个人行为在这 6 个行动点上改变自己和整个企业的生存概率。

10.7　思考题

1．我在本章中分享了一种企业文化，不过这种文化并非唯一有利于架构探索的文化，甚至帮派文化也可能有利于小范围的架构探索。你能分析一下你之前或者现在所在企业的企业文化吗？这种企业文化在什么地方有利于架构探索，在什么地方不利于架构探索？

2．企业文化对一个人产生的冲击还是非常大的。在个人经历中你印象最深刻的人和事情是什么？

3．如果你曾经在两家企业文化完全不同的企业任职过，你能否对比一下这两种企业文化对架构探索的影响有什么差异，这种差异对最终的架构方案和商业结果有什么影响。

第三部分　架构活动中的挑战、根因和应对

在本部分中，我会具体深入架构师在架构活动中的工作细节，解释架构师在架构活动中的每个阶段面临的挑战和应对方案。本部分内容更接近一个工作手册，我会引用第二部分中推导的生存法则，对具体的场景给出具体的建议。

在本部分中，我不再假设架构师仅扮演专业决策者一种角色，而是从架构师的价值创造，即最大化架构活动的成功概率，阐述架构师需要关注的所有重点。

在本部分中我会持续引用1.3节讲过的互联网时代的商业环境最主要的3个特性，即赛道竞争激烈、市场和监管环境高度不确定、技术环境高度复杂且高速迭代，还会引用互联网时代的软件架构挑战的3个特性，即架构活动投入大，超大投入带来的可能回报也很大，反射式的日常研发行为导致大量的技术债和严肃设计的欠缺，分布在全球的、高压的、分布式的工作模式导致团队之间认知割裂。

在这些特定的挑战之下，我在第11章中先分析一名架构师在整个架构活动的生命周期中要持续贡献的价值，即建立共识、控制风险和注入理性思考。

我在第3章中提到了架构活动可以依照架构师的工作内容划分为7个阶段，分别是环境搭建、目标确认、可行性探索、规划确认、项目启动、价值交付和总结复盘。这7个阶段分别会分为7章依次介绍。

在阅读过程中，你应该时刻思考互联网企业架构活动的特殊挑战，从而更清晰地理解这7章中提及的挑战背后的根因和架构师在其中必须创造的价值，这样才能以批判的眼光审视本部分内容，从而在学习过程中得到最大程度的提升。

第三部分 架构活动中的挑战、困难和应对

第11章 架构师持续发挥的作用

在一家互联网企业中，架构师要帮助研发团队抵抗我在第1章中提到的反射式的研发行为和普遍存在的认知割裂，在高风险、高工作强度和高复杂度的工作环境下，保障架构活动以高确定性达成目标。这些是互联网企业中普遍存在的挑战，因此架构师在整个架构活动中要持续发挥以下作用。

- **建立共识**。架构师需要发现执行者（架构活动中的研发人员）之间存在的认知差异，引导执行者在对架构活动的认知上建立共识。
- **控制风险**。在架构活动的不同阶段，架构师需要时刻收集、关注、评估、控制和传递不同的风险，其中包括商业环境的变化、新的监管要求、研发和运营资源的缺失等，架构师还要合理地选择冒险，借此平衡好成本和回报。
- **注入理性思考**。一个大型架构活动往往会有多次基于不同维度（如市场、成本、资源等）的决策，这些决策最终会影响整个架构活动的成败。架构师一方面需要完整记录架构活动的主要过程与决策逻辑，另一方面需要通过文档来驱动理性思考。在这个过程中，架构师通过正式文档、评审和复盘流程来提升自己和整个企业的宏观思考与决策质量。

建立共识、控制风险和注入理性思考需要大量的架构经验、宏观视角和准确判断，因此是架构师为企业创造的不可替代的增量价值。接下来我会详细分析在互联网企业中架构师面临的挑战和应对措施。

这里需要特别强调的是，我没有提到做疑难问题预研、代码评审、进度追踪、汇报交流等工作，尽管事实上这些工作往往占据了架构师的大部分日常时间，也是架构师价值创造的一部分，但在我看来这些工作都可以分解为独立的任务交给其他专业人员去完成，不是必须由架构师创造的不可替代的增量价值。

11.1 建立共识

我之前提到过互联网企业普遍存在着认知割裂的现象，多数时间无法保证沟通的双方在同一个语义上有效沟通。

互联网企业的组织结构复杂，参与架构活动的各方诉求不同，因此在认知割裂的情况下更难建立共识，即使之前建立的共识也可能会随时被推翻。在这种情形下，架构师必须在整个架构活动的全生命周期中，在任何涉及多方合作的场景下，确保所有参与者能够建立共识。在架构活动的上下文里，**共识是让尽可能多的人在限定时间里达成一致**。

很多架构师误以为共识就是投票，少数服从多数，其实不然。投票是在参与者无法建立共识的情况下依然要获得一个决策的最后办法。用程序员的语言表达，投票是建立共识失败之后的异常处理过程，而共识的目标并不是形成一个决策而是让尽可能多的参与者认同一个决策。

我曾在甲骨文公司、微软和亚马逊 3 家公司在不同领域参与了 10 年的国际标准制定工作，参加过多场标准制定的相关会议。国际标准的制定过程实际上是多个竞争对手之间进行博弈和合作的过程，是一个艰难地建立共识的过程。在这个过程中，我掌握了一些方法和技巧，也发现这些方法几乎可以完全平移到架构活动中。

达成一致的关键在于找到架构活动参与者的认知差异点，再想办法消除差异点或者达成妥协。

认知差异点源于以下 3 个方面。

（1）**参与者有利益冲突**。架构活动会以不同方式影响每个参与者的最终利益。不同参与者往往从最大化自身利益出发驱动共识的走向，只有理解了参与者的利益诉求，才能从本质上理解参与者在建立共识的过程中的行为和思考误区。例如，一个架构活动把之前分布在多个团队的商业逻辑整合在一个共享的服务中交给一个团队去管理，那么这个过程中团队的服务边界就发生了变化，相关研发人员的利益也会受到影响。

（2）**参与者的视角不同**。一个架构活动有不同角色的参与者。例如，架构活动往往有一个受益方，是架构活动的主要推动者，还会有多个研发团队，是架构活动的执行者。执行者有独立于架构活动的日常工作领域，因此他们的视角是建立在他们所负责的日常工作领域上的。

（3）**参与者的个人背景差异**。教育、职能、工作经验和语言文化的不同也会带来认知上的差异。

11.1.1 如何在利益冲突的情况下建立共识

上面讲到的这 3 种差异点的应对办法完全不同，其中利益差异最难解决。

关于利益差异较典型的案例就是国内某些大企业的中台建设。某些大企业把一个业务团队花费多年发明和打磨的技术系统移交给一个中台，这个过程中利益受损的发明方和获利的中台团队很难建立共识，最终往往以团队和系统四分五裂告终。

在这种情况下，架构师必须理解参与者的核心利益诉求，建设一个相对公平的机制，再在这种机制下试图帮助参与者建立共识。以下就是一些常见的公平机制。

- **以过去价值创造为准**：架构活动利益分配与过去价值创造相匹配。例如，前面提到的中台的例子的解决方案就是给利益受损的发明方一个其他形式的补偿，或者把中台组织虚拟化。
- **公平的博弈机制**：由甲方划分服务边界和服务等级协议（service level agreement，SLA），由乙方选择接受或者拒绝。这个有点儿像分苹果，一个人先切，另一个人先挑。
- **损失最小化机制**：由未来最大的风险承担者作为服务所有者（owner），剩余所有的相关方共同制定服务的API和SLA。

具体的机制可能有很多种创意。机制的设计目标是能同时保障各个团队的长期创新积极性和整个企业的软件系统的结构性。但是，不论是哪种机制都需要某种形式的长期保障，这种保障往往依靠企业的管理层，其实这就是所谓的管理者信用。

不论最终选择哪种机制都必须公开、公平，忽略机制公平性的做法结果就会像我在第6章中描述的那样，最终成为一种没有人性的机制。

我的个人经验是，多数产品研发人员是理智的，他们都能接受一个全局最优但伤害到其个人利益的最终决策，尤其是在企业以某种方式（如晋升、奖励或公开表彰等）对其受损利益给予补偿时。

11.1.2 如何在不同视角的一群人中间建立共识

接下来说一下视角差异怎么解决。

架构师作为企业层面的架构活动的组织者，肯定会从企业层面去看每个参与者的决策优先级。大家可能经常听架构师抱怨某个研发人员或团队主管缺乏全局视角，但更加常见的情况是架构师缺乏从团队出发的局部视角。架构师只有充分考虑到局部视角，才有可能让更多的人建立共识。

例如，国际化电商业务会经常有架构统一的诉求，对应每个国家的团队都开发一套自己的前端组件，导致企业没有一致的品牌形象、没有统一的卖点和数据标准，浪费研发资源，这是全局视角。从这个视角来看，似乎对应每个国家的团队都在重复造轮子。在这种场景中，架构师在建立团队共识之前，必须先理解局部视角。架构师可能要找到以下几个问题的答案。

- 为什么对应不同国家的团队会选择自建一套自己的前端组件？全球化团队的前端组件支持从右往左的阿拉伯语吗？
- 全球化团队是怎么确定未来需求的优先级的，是按照预期收入或者用户数量排序吗？刚刚起步的小业务的需求怎么得到保障？
- 全球化团队怎么保障对应某个国家的团队的定制化需求？有读懂本地语言的测试人员吗？

这些视角就是从对应单个国家的团队出发的局部视角。如果架构师不能回答这些问题，他就没办法说服一个国家团队采用他的统一架构，因为这种统一架构没办法保障这个国家团队的未来需求。

如果架构师有了这样的局部视角，并努力为这些问题寻找满意的答案，那么即使他无法跟对应某个国家的团队建立共识，负责该国业务的 CEO、有巨大成本压力的该国业务的 CFO，也肯定会跟他站在同一立场上。

11.1.3 如何在不同知识背景的人群中建立共识

最后我讲一下如何在知识背景差别比较大的人群中建立共识。一般来说，由于职能和工作背景导致观点不同的情况比较常见，最好的解决办法就是跟每个参与者都进行一次深度对谈，并针对对方的疑惑做专门的解答。如果时间紧张，也可以把一组背景相似的人组织起来做专门的沟通。

语言和文化不同也会带来认知上的差异，相对来说这种情况比较难解决。架构活动的交付时间压力一般都非常大，不足以将语言和文化背景不同的人融合到一起。我见过有一家公司，花费巨额成本将不同国家研发中心的人召集到一个地方去完成项目，事实上效果远没有想象的好。在巨大交付压力下，把本来就缺乏了解和尊重的人放在一个的小空间，更容易爆发冲突。实际情况也确实如此，这个项目进行到后期，有超过 75%的弱势群体离职。

在这种情形下，我建议先在少数意见领袖中建立共识，让他们去影响和说服其他人。

11.1.4 建立长期共识靠长期的投入和信用

讲到这里你可能已经意识到了：**建立共识其实是一个长期的体力活儿。**

架构师如果只做表面工作，拿一套 PPT 侃侃而谈，可能只需要半天时间。但是，如果他想真正了解一个人内心的利益诉求，就需要在日常工作中下大量的功夫，而且场景越复杂，人越多，需要投入的成本就越大。所以，对建立共识这件事，功夫要下在平时，而不是架构活动开始的时候。建立共识要靠长期的信任关系，需要架构师长期维持第 10 章中提到的过程正义的工作方式。

我还见过一种人，他们的目的不是建立共识，而是骗取共识，也就是用虚假承诺让利益损失方接受方案，然后在架构活动结束后再抛弃他们。这么做，他们的架构目标的确达到了，但是容忍甚至鼓励这么做的企业最终面临的后果就是失去员工的信任。

架构活动中的参与者不同于制定国际标准的竞争者。参与者的基本利益还是一致的，因为最终参与者都希望企业能发展壮大。所以相对国际标准来说，架构活动就不需要流程和制度的约束，建立共识的过程中也不应该需要大量的投票。如果有太多这种投票过程，那么往往意味着共识建立失败了。

11.2 控制风险

在架构活动的上下文中，**风险指的是有可能带来损失的不确定事件**。

例如，安全攻击就是一种风险，这种风险有3种情形，一是攻击不一定会发生；二是攻击可能发生，但可能现有的防范措施就足够了，不会造成大的损失；三是攻击发生有可能会导致严重后果，如系统雪崩或者用户信息泄露，造成直接的经济损失和巨大的品牌损失。我们一般说**风险足够大，是指不确定性事件发生的概率和一旦发生之后带来的损失同时都很大**。

架构师要面对互联网企业在商业环境不确定、日常工作缺乏流程、团队成员高强度工作和反射式的日常研发带来的混乱和质量问题，所以在架构活动的全生命周期里，架构师都要持续收集、发现、评估和控制风险，把风险控制在可以接受的范围内。

具体怎么做呢？有以下3个关键动作。

（1）**逐渐形成量化认知**。风险无处不在，发现风险不难，但评估风险是一个极其耗时的过程。在互联网企业中，不仅每天都有新风险，而且现有的风险还在不断变化，所以架构师应该对所有风险有明确感知，并且要逐渐形成对风险的量化。架构师不能说“我们要面对硬盘故障的风险”，而是说“我们的机房每天平均至少有一块硬盘需要置换和数据恢复”。在这种量化的风险上再做进一步的高可用决策。

（2）**可以冒险**。在架构活动中，如果架构师发现了一个风险，也对损失有了一定的预估，并准备好了相对可靠的预案以响应不确定性事件，就可以“冒一次有准备之险”，而不是停下所有的工作让降级预案全部开发完成。

（3）**不能不说**。架构师的权责还没有大到可以代替公司去决定风险政策的地步，所以必须向上及时传递重大风险和冒险行为，而不是直接采取冒险行为。

接下来我就进一步解释一下上述3个关键动作。

11.2.1 对风险逐渐形成量化认知

如果把风险评估作为一次性的前置环节，不仅会占用大量宝贵时间，而且不能有效控制风险。

成本更低的做法是“搭车制”，意思就是，架构师要在架构活动中持续预留一部分时间，在架构规划形成之前略高（如5%），在架构规划完成后降低（如2%）。这部分时间用来分析和处理最大的已知风险，然后随着时间的推移架构师就可以不再关注有了响应预案的风险。

这样的风险控制才是可持续的。在有限的时间里，架构师始终要把团队有限的注意力引导到最大的几个风险点上，而不是分散注意力。

11.2.2 在有准备的情况下首先选择冒险

为什么要在有准备的情况下首先选择冒险呢？如果企业能接受预估的损失，而且风险预案的实施成本与预估损失差别不大，那么在选择忽视这个不确定性事件时，架构师既能省下宝贵的研发资源，将其投到更紧急的需求中，又能获得宝贵的时间资源，有机会以更快的速度去做业务迭代。

纵观全球早期的互联网公司，大多数都是在速度上抢先于监管和竞争对手，才积累下海量的用户、行为数据和财富，进而获得了更高的增速。可以说，冒险是互联网公司的重要共同特征。

11.2.3 在风险失控的情形下迅速沟通

一旦决定采取逐渐形成量化认知的策略，就要准确感知即将到来的风险变化。大多数时候风险是连续的，但是监管政策的大幅调整、公司上市、经济环境的变化、“黑天鹅”事件等都会让风险产生大幅变化。

一旦风险升级，架构师要立即寻找有效的控制手段，实施响应预案，并对效果做一定程度的验证，提升团队未来对风险变化的响应能力。如果没有找到有效的控制手段，而风险又很大，那么最好的办法就是及时向决策者、赞助者汇报，告知风险，同时也要向合作方传递风险预警。

我曾经遇到过这样一个问题：“在互联网企业做大规模的架构活动本来就是高风险、高强度的，这么高的不确定性之下肯定会有各种突发情况。公司的项目目标和不合理排期都是自上而下的，我作为架构师为什么要承担这种传递风险的压力呢？再说了，如果整个公司都是报喜不报忧，要是我第一个传递了，公司第一个淘汰的就是我啊！”

我还真见过打击说真话的企业。不过，这样的企业最终难免摆脱倒闭的命运。

更多的企业不会打击说真话的人。在这样的企业里，如果这位架构师选择不说，那么第一天淘汰的肯定是他，因为最终一旦管理层发现，作为架构师他就处在风险的汇聚点，他大概率是知道这个风险的，他不说要么代表他隐瞒，要么代表他能力欠缺，无论哪一种都是淘汰他的正常理由。

所以，在不能判断企业是否打击说真话的人的情况下，选择主动传递风险是最理智的，因为架构师被一家好企业淘汰的损失要远远大于被一家坏企业淘汰的损失。

11.3 注入理性思考

在架构活动中，架构师有着区别于其他参与者的宏观视角，因而有必要通过有效的知识沉淀来保障架构活动的思考和决策质量，也有必要为企业未来的架构活动提供宝贵经验和方法论。架构师一方面要沉淀完整和真实的过程记录，另一方面要为企业注入理性思考，引导企业做出正确的决策。

多数架构师在整个架构活动中只专注于一篇文档，也就是架构规划。事实上，架构师需要完成的不只是这一篇文档，而是记录整个团队在架构活动的每个阶段做出的所有重大决策的一系列文档。

有些人误以为沉淀知识就是收集、整理和编写文档。不断积累架构活动全生命周期的数字或文档记录的确十分重要，从某种角度来看，这些记录就是整个架构活动的数字化镜像，不但能为架构活动参与者提供完整且全面的信息，也能为其他项目的架构师和依赖方提供宝贵经验。但收集、整理和编写文档并不是沉淀知识的全部，架构师更需要做的是，**通过各种写作工具、设计工具、沟通工具和复盘工具，为架构活动注入理性思考。**

这两者的差异如下。

- 收集、整理和编写文档是一个数字化镜像的过程，真实世界的行为发生在前，数字化的过程发生在后，这是一个**被动的过程**。
- 注入理性思考的过程是靠文档中的严密逻辑来驱动理性思考的过程，文档和设计发生在前，驱动架构师及其他参与者理性地基于事实思考和决策，以期改变真实世界，这是一个**主动的过程**。

在被动的过程中，架构师就像一个自动化埋点和日志收集系统，忠实地记录着项目过程中的所有行为、现象和结果。这种工作很可能未来会大部分由 ChatGPT 这样的 AI 工具来完成。但是，在主动的过程中，架构师没有先验的数据、信息和行为反馈，要通过这个文档来驱动架构活动参与者的思想实验，通过理论推演来提升思考质量，而不是通过写代码、发布、线上试错来完成架构方案的迭代。

11

我在第 7 章中性能优化的案例就通过文档为架构活动注入了理性思考。在形成项目建议的初期，还没有任何预研代码，我们就先定义了性能损耗这个概念。我们在文档上推演和证明了性能损耗的公式，又在白板上讨论了不同页面、不同场景下的实际度量办法。这个由文档推动的思想实验，使我们行动之前就已经对整个架构活动能产生的价值成竹在胸。

你可能会认为，互联网时代大家就应该试错，花这么多时间推演值得吗？我的回答是：不但值，而且超值。

你可以在网上搜索一下关于“亚马逊六页纸”（six paper）的介绍，这是一个标准的思想实验。这个流程非常耗时耗力，我曾写过一篇文档，改版了 13 遍才通过评审，还不是小的改版，每次改版都有十几个人参与评审，其中还包括一个技术副总裁。

想想看，这个思想实验的成本有多大！亚马逊的企业信条里有一条是“贵在行动”（bias for action）。这个信条的完整表述应该是：“在充分的思想实验之后勇于行动。”

11.4 小结

在本章中我先讲了建立共识，这是职场上非常关键的一项软技能，也是成为领导者的基本能力。在日常工作中，架构师会有很多建立共识的训练机会。这是架构师的职能福利，一定要利用好。关于这个话题，市面上有很多相关的书。不过，在建立共识这件事上，读书远远比不上在实际项目中实际锻炼。

除此之外，我还想强调一个观点，那就是**理性的冒险会带来高价值的回报**。冒险是有代价的，架构师要对这个代价了然于胸。在互联网时代，竞争的压力让我们永远都不会有充足的时间去量化风险和百分之百准备所有的相关预案，架构师就是逐步收紧对重大风险的预估，且要对响应预案的实施有充分的规划和相对准确的成本估计。有了这种预判，架构师就可以做一个相对大胆的冒险决定了，这是一项非常有价值的个人能力，每次架构活动都是架构师提升理性冒险能力的重要机会。我相信，架构师对风险的判断力一定会随着不断实践大幅提升。

最后，我还讲了注入理性思考。一个理想的知识沉淀的过程不仅包括一个通过文档来记录活动历史的被动的过程，还包括一个通过文档来驱动思想实验创造历史的主动的过程。这个虚拟世界的思想实验与现实世界的架构活动是互相激励、互相创造的反馈提升过程，思想实验夯实理论从而指导架构活动，而架构活动可以不断验证理论。

这就是架构师工作的最美妙之处！架构师的工作永远都能让自己的思考变得更完美。

11.5　思维拓展：从僵化到内化的学习过程

在接下来的 7 章中，我会依次介绍本章中提到的架构活动的 7 个阶段所面临的挑战的预防、识别和应对过程。

你可能会问："这些步骤似乎有点多、有点烦琐啊。在敏捷开发时代，难道我们不应该小步快跑吗？"在初学时期，我建议你把完整的流程多跑几遍，将每个阶段及其底层逻辑烂熟于心，等到真正领会其中的底层逻辑了，你就可以根据具体项目、工作环境和参与团队来做精简。这是一个先以僵化的方式充分学习招式，然后把这些招式背后的逻辑内化为自己的理论，最后再根据自己的应用场景进行优化，灵活应用这些理论的过程。你千万不要连基本的招数都没学会，一上来就想着无招胜有招。

在我的团队做规划时，我总会给团队领导者一套固定的架构规划模板，帮助他们提升架构思考的系统性，一旦我看到某个人理解得很透彻，做得很到位，我就会劝他丢掉模板，用自己的方式来表达。这就是"先僵化，再内化，最后才优化"。

11.6　思考题

1. 你是否有在架构活动中某个人或团队的利益被忽视的经历？最终的结果如何？是什么原因导致的？如果你是这个项目的架构师，你会怎么做？
2. 我在本章中提到了通过借鉴制定国际标准的过程来推进建立共识。在日常生活中，你有没有积累一些建立共识的小技巧？适用于架构活动吗？

3．冒险有两种情况。有些冒险是值得的，就是风险本身是暂时的，随着企业的成长，风险带来的损失逐步降低，所以一旦冒险成功，这个风险的损失就可以被忽略。这意味着，冒一次险就可以了，之后会一帆风顺。反过来，有些冒险是艰难的，就是风险本身是增长型的，随着企业的成长，风险带来的损失逐步增多，就像达摩克利斯之剑一样。针对这两种情况，你能给出一些例子吗？你能从中得出什么结论？
4．你听说过的最有价值的思想实验是什么？这个思想实验具有什么样的突破性？为什么这个思想实验在现实世界中创造了真实的价值？

第 12 章 环境搭建

架构师在架构活动中的第一项工作就是搭建架构环境。**架构环境**是架构师在企业的商业、技术和企业文化中为架构活动所搭建的虚拟的工作环境。

在本章中我先描述架构环境的构成，然后描述搭建架构环境前的准备工作，最后重点解释如何搭建一个安全的决策环境，还会涉及其他与资源相关的架构环境。

因为互联网时期的每个架构活动都有它独特的挑战，所以架构师要在一个不那么友善的物理环境中搭建一个相对安全的架构环境。

12.1 为什么要做环境搭建

架构环境有很多组成部分，下面依照重要顺序逐一介绍。

（1）**决策环境**：是在建立共识失败或者参与者无法自行达成一致甚至是产生冲突时，架构活动的参与者必须遵守的决策流程。也就是说，架构活动的参与者在活动启动前就先商量好："万一我们起了争执，我们要用什么流程保障解决？"这类似于正式的商业合同里的冲突条款："如果甲乙双方就此合同发生争议，以某某地方法院裁决为准。"这是搭建架构环境最重要的一环，也是本章的重点。

（2）**团队构成**：是预期加入参与架构活动的团队的投入方式。常见采用的是虚拟团队、实体团队或两者混合的投入方式。

（3）**资源环境**：是企业为该架构活动预留的流量、计算、运营和时间窗口等资源。这是架构活动的主要约束条件。

（4）**激励环境**：是激励架构活动参与者的额外的物质和精神上的奖励。

（5）**工作空间**：指物理或者虚拟的工作空间。长期的物理工作空间可能是一个项目室或者一个办公区，当然也有架构活动完全靠虚拟的线上社区来促进参与者交流。

架构师最需要关注的就是搭建一个安全高效的决策环境，来保障整个架构活动的顺利进行。

12.2 环境搭建前的准备工作

一般来说，互联网企业的员工都比较理性。一群理性的人，有相同的目标、相同的问题背景和相同的约束条件，为什么会在同一个问题的决策上产生冲突呢？

这里面有3个最大的原因。

（1）**利益不同**：争议双方在架构活动完成之后会有完全不同的利益回报。这一点我在第6章中给出了详细的案例。

（2）**价值理念不同**：这一点我在第10章中有详细介绍。

（3）**基础假设不同**：争议双方对一些在整个架构活动之外的假设条件有明显差异。例如，一方认为企业目前面临的最大问题是增长，有了增长才能走出困境，另一方认为企业目前面临的最大问题是控制成本，控制好成本才能熬过寒冬。

在环境搭建的准备环节，架构师需要梳理架构活动的主要决策者之间存在的利益差异、价值观差异和基础假设差异。有了这些准备，架构师就可以搭建一个**有针对性**的决策环境了。

12.3　如何搭建一个安全、高效且有针对性的决策环境

许多人把高效理解为高速，这种理解是错误的，一个错误的决策再快也没有用。**高效的必要条件是决策的正确性**。

在一家企业里最快的决策方式肯定是让上级拍板，但这种决策的错误概率很高，因为没有一个可靠的纠错机制。机制往往比个人决策更可靠。机制虽然不能保证决策的绝对正确性，但是机制可以保证决策环境足够安全，参与者愿意指出决策的纰漏，因此会有更低的错误率。而且，随着时间的推移，机制本身也可以被纠错和修正，从而提供更好的决策保障。

那么，什么是高效的机制呢？亚马逊的**信条**机制就是一个非常成功的案例。信条机制是一个被亚马逊在不同部门、不同国家和不同业务线持续二十多年验证过的成功机制，也被认为是造就亚马逊成功的重要因素之一。

所谓“信条”，就是所有参与决策的决策者都要遵循的决策法则，目的是将决策引向事先建立共识上。例如，“以消费者为中心”这个信条就是要让亚马逊成为全球最以消费者为中心的企业，所以它位于信条的第一位。

信条的价值在于它们明确描述了一组公理，让其他人可以通过逻辑评判一个决策的优劣。信条的存在也大幅提升了参与者的安全感，因为在评判的过程中参与者不是对某位领导的个人判断做出评价，而是根据一组明确表述的信条对现有的决策逻辑做出验证，从而找到可能的逻辑漏洞。

下面我就以亚马逊客服部门的一个信条为例来阐述一下信条的价值，这个信条就是“信任我们的消费者，并且相信我们的客服同事会做出正确的判断。”

在这个信条里有3个非常核心的理念。

- **人性善**：相信大多数消费者不会占企业的便宜，也相信客服同事做事是讲原则的，而不是以个人利益最大化来做决策的。
- **选择信任**：企业选择无条件信任客服同事和消费者，而不是等待他们通过工作赢取公司的信任。这是一个预先授予信用的过程。
- **不对抗**：企业和投诉的消费者不是对抗关系，如果消费者投诉了，不要先从消费者身上找问题，要从企业自身角度找问题，看看企业的服务、产品、技术和商品出了什么问题。

亚马逊的客服团队把这个信条当成公理来用，做决策的时候选择直接相信，不需要任何证明。

关于这个信条，我分享一个我做国际跨境业务时经历的案例。

这个跨境电商业务服务的消费者遍布全球，使用多种语言，所以一线客服都是靠当地的外包。客服部门负责人从亚马逊信条出发，把赔付决策和额度给外包人员，而不是由系统一刀切。我认为这个方法不妥。因为企业给外包公司支付的费用中绝大部分是以案件数计算的，所以我猜测大概率客服人员会出于个人利益，尽快结案拿钱走人。我担心企业的赔付费用会增加不少。但事实证明，客服部门负责人的判断是对的。数据分析得出的结论是，多数客服同事都秉承着正确的原则做事，费用不仅没有增加，而且消费者的体验还好了很多。

后来我们通过调研发现，很多客服非常感激公司对他们的信任，所以都以非常负责任的态度发放赔偿金，也以最认真的态度和消费者沟通，最终在人均赔付成本在下降的情况下，消费者的净推荐值反而得到了提升。

这个案例中我和客服部门的负责人的确有争论，但是她当时援引了这个信条。在她的建议下，我们把这个信条引入到客服系统中。在这个信条下，我们实现了前面提到的先信任客服的逻辑，因此才有了后续的观察和最终结论。当然，如果最终的结论出现了我担心的情形，与信条不符，我们就会否定这个信条，把它从未来的决策假设中剔除出去。

信条必须有针对性，有以下几个原因。

（1）**为场景定制**：一家企业可能有多个信条，但是在具体一个决策场景下，负责组织讨论的架构师可能仅援引部分信条，被援引的信条就是为了有针对性地解决架构师在准备环节中了解到的利益、价值观和基础假设差异导致的争议。

（2）**为职能定制**：信条可以有多个层次。亚马逊客服部门的信条是亚马逊公司层面的信条的延伸，是为客服职能定制的信条。从不同职能的视角出发，可能会有完全不一样的信条，例如风控团队就绝对不能选择客服团队的“先信任”。

（3）**为具体架构活动定制**：也就是第 10 章提到的架构师打造小范围的文化环境的情形。

最后，解释一下信条机制对一家企业的价值。

信条机制是我在第一部分中提到的实证思维的前提。实证思维最基础的理念就是**尊重规则而不是尊重权威**。可以说，这条理念是近代西方科学和工业突飞猛进的最核心原因。这个理念被英国皇家学会表达为一个坚持了 350 多年的信条——“不基于任何人的权威”(Nullius in verba)，指挥员不屈服于任何权威的压力，用科学事实来验证真理。

哪怕整个公司都没有这样尊重规则的环境，架构师也要在自己的项目里建立一个尊重事实、尊重数据、尊重规则的决策环境，让项目参与者能够充分、自由、安全地表达观点，指出项目方案设计、执行和验证上的不足。在这个过程中，架构师和众多参与者都能成长更快，也能更好地向真理逼近。

12.4　以最小必需原则获取环境资源

前面我提到了，除了决策环境，其他架构环境的组成部分都是企业内部的有限资源。对于这部分资源，有些架构师会绕过企业的规则和道德边界来获取不对称的资源，以此扩大架构活动的成功概率。有些架构师选择为自己的架构活动争取到远超出贡献的激励、过剩的研发人员和更舒适的工作空间等，有了这些额外的资源，他的项目成功概率就会大大提升。

但是容忍这种行为在企业内会诱发恶性竞争。在这种环境氛围下，有些个人或团队可能会为了拿到这些奖励不惜放大自己的真实贡献，诋毁他人，甚至隐瞒问题。这样的企业是我在第 2 章中提到的“行霸道”的做事方式的企业。这种企业对一个有良知的架构师是极不友善的。在这种环境中，架构师必须克服企业环境的挑战，游说这些稀缺资源的管理者，取得架构活动的最小必需资源。方法很简单，就是清晰地描述架构活动的预期价值，通过分析投入产出比来解释为什么企业内有限资源的一部分应该投到组织的架构活动中去。

这是一个理性投资回报的理念。任何一个理智的资源管理者，哪怕他是一个行霸道做事方式的信仰者，也不会拒绝一笔好的生意，不然，他手里的资源全部分配给了内耗者，最后他也会一无所获。所以，架构师要做的就是把对有限资源的需求压缩到最小必需，然后去说服他。

不过，随之而来的还有一个挑战。如果一名架构师争取到的物质激励有限，没有研发人员愿意加入怎么办？我个人的经验是这种情形并不会发生。哪怕是行霸道做事方式的企业，也会有以个人成长为目标的同事。有些同事更期望通过真实的、可度量的价值创造来获得认可和收入。人以群分，最终这样的项目的成功概率反而会大一些。而在这个过程中，架构师与所有参与者也将获取真正可以迁移的技能。这种用最小的投入去创造了最大的价值的技能所有企业都需要。

这是一种长期主义的做事理念。我发现我周围有不少信奉这种理念的同事和朋友。他们虽然在一家行霸道做事方式的企业中缺少帮派的支持而收入和层级可能受到影响，但是这些人往往在 10 年或更长时间来看成长更好，因为他们这种做事方式使他们的成长更符合我在第一部分中提到的成长思维理念，他们用宝贵的时间换取了能够最大化能力成长的机会。

12.5 对环境的持续监控

有了一个有针对性地尊重规则的决策环境，以及最小必需的其他环境资源，就可以进入下一个阶段了。但是，在互联网时代，变化是常态，架构师必须持续监控各种有限资源，确保它们持续有效。这有点像保障虚拟机的运行稳定性一样，要持续监控和运维。

另外，架构信条也不是一成不变的，尤其是在一个竞争激烈的初创赛道。我们需要经常和周围的资深人士讨论所服务的领域的信条应该是什么样的，这个信条的初衷是什么，这个初衷的假设是否依然成立、依然有存在价值，等等。这个过程会帮我们保持架构原则的正确性和相关性，也会加深我们对行业的了解，提升架构能力。

12.6 小结

每家企业都有不同的环境挑战，有的企业太大、太老，处处“帮派”林立，有的公司太小，连愿景都没有定义清楚。对架构师而言，诸多问题都指向同一个答案：架构师要尽量搭建一个相信规则的决策环境且以最小必需的方式索取有限资源，来保障架构活动的成功。

虽然可以通过粗暴的方式（例如升级或决策者拍板）来迅速拿到决策，但是对追求长期主义的企业而言，它们更需要的是一个尊重规则、安全高效的决策环境。建设这种决策环境的一个行之有效的办法就是逐步建立一组架构信条。当然，架构活动也需要消化企业中的有限可用资源，对于这些资源，架构师要取用最小必需。

这是架构师的“理想国”，是一个你我都不在但是架构环境依然长期存在的“国度”。这也是用一组可以自我进化的机制不断提升健壮性的架构环境。它不是靠一两个人的伟大，而是靠不断修正的规则来最大化成功概率的过程。这种环境在现实生活中不存在，但是大家都有可能在自己的架构活动中逼近它。

12.7 思维拓展：从换位思考到换心思考

每个人都有自己的价值观，但是多数时候我们没有意识到自己的价值观的特殊性，也没有意识到这个价值观和其他人的价值观的差异。

大家都听说过换位思考，很多职场人士都能做到换位思考。这是从另一个人的角度出发，以他的利益最大化为原则推导决策的过程。

我在全球多个国家工作过，也和不同教育背景、不同信仰和不同理念的人有多个深度交流，我能明显地感觉到他们之间的价值观差异。

我的管理工作也让我意识到这些不同的价值观会导致每个人做出完全不同的决策。而且，在价值观差异上有巨大鸿沟的决策场景，会导致远比利益差异更难修补的裂缝。因此，我也会努力尝试从对方的角度去思考，我会读不同国家的历史书，甚至是经卷，试图去体验对方的思维过程。这种思维过程，是基于对他人的价值观的全面和深入了解上的，然后在他人的价值观上做思考。我把这种思考过程叫作**换心思考**。

换心思考可以是一个无神论者站在宗教狂热者角度思考的过程，也可以是一个坚持长期主义的人站在一个利益驱动的人的角度去做决策的过程。这种把决策过程中最基础的假设条件全部置换掉的过程就是换心思考的过程。这种换心思考会带来巨大的思考发现，就像是旅行到一个思维的平行宇宙一样。期望你能尝试一下。

12.8　思考题

1. 如果把亚马逊客服部门的信条放置在一个风控部门，你认为信条还可以是“消费者第一”吗？如果让你做风控，在一个以“消费者第一”为最重要信条的公司里，你会怎么定义团队的信条？
2. 有时候物质激励还不如精神激励有效。你有过类似的经历吗？如果有的话，可以说说为什么精神激励会更有效吗？
3. 你有被好的架构环境吸引过吗？有的话，分享一下你的经历。

第13章 目标确认

我在第二部分中讲生存法则的时候提过，架构师要保障架构活动有唯一且正确的目标。

在大多数场景中，架构师没有权力为架构活动定义目标，但有权力验证目标的正确性和合理性。在本章中我会详细介绍架构师如何通过这个验证环节将架构项目引导到一个正确的目标上去。

13.1 目标确认的3种不同视角

目标确认就是架构师通过思想实验来确认一个架构活动最终能以较高的概率到达一个既定目标。这个过程就是验证这个自顶向下的目标是否正确、合理和可达。目标确认是以终为始的，一个架构活动必须始于一个明确目标，而一个成功的架构活动最终也要止于这个目标。

正确、合理、可达这3个词很常见，但在架构活动这个上下文中它们的含义会更有针对性一些。

(1) **目标正确**指企业在当下应该追求的目标必须和企业的最关键目标保持一致。例如，在一家电商公司，到底是要追求交易额、净利润、订单数、买家数、还是买家满意度呢？虽然这几个目标对电商企业来说都很重要，但是在企业发展的不同生命周期、细分行业定位和竞争态势之下，最关键的目标只能是这几个目标中的一个。因此，架构师要理解并验证自顶向下的决策逻辑，去保障分配到自己的架构活动上的目标是和企业当前的最高优先级目标匹配的，也是与企业的长期战略意图相关的；否则，在互联网企业长期面临研发压力的情况下，当前的架构活动可能会被更高优先级的项目所取代。

(2) **目标合理**指架构目标设置既具备足够的挑战性，又不会引起大面积的动作变形以致执行团队最终无法完成目标或者为未来埋下巨大的架构隐患。合理性判断与架构活动具体的成功指标、为这个指标设定的挑战值、交付时间和交付质量期望有关。

(3) **目标可达**指目标最终可以被实现。任何一个架构活动都需要承受一定的风险，目标可达意味着风险可以被化解。也就是说，当某个重大风险发生的时候，架构目标的实现成本可能会增加，但不是完全无法实现。

正确、合理和可达似乎有很大的相似性，但事实上这三者有非常大的区别。它们分别服务于 3 个完全不同的角色。

（1）**站在企业决策者视角上目标正确。**目标正确不能从技术视角也不能从团队或者文化视角去衡量，而是必须站在企业决策者的视角去判断。我在第 9 章中提到过：在一家企业里，只有最大化企业生存才是没有歧义的正确的目标。

（2）**站在执行者的视角上目标合理。**目标合理是从执行这个目标的团队的视角去审视的，如果目标不合理，执行动作就必然变形，也就会违反最大化企业生存的长期目标。

（3）**从赞助者视角上目标可达。**每个架构活动都会消耗大量企业资源，这个资源有一个来源，就是赞助者。从赞助者的视角来看，这个目标必须最终可达，这是一个以悲观的心态来确保投资在重大风险发生时也能收回全部和部分投资的做法。

只有理解了这三者在视角上的差异，才能去找正确的人确认目标是否正确、合理和可达。

13.2 目标确认前的准备工作

在进入目标确认之前，架构师需要做好以下 3 项准备工作。

（1）深度理解企业的长期战略目标与当下工作的匹配度。这一点我在第 5 章中有详细的描述。

（2）确认架构项目核心角色——决策者、赞助者和执行者。

（3）明确架构活动可以为这些角色创造的增量价值是什么，这个价值应该怎么度量。增量价值在第 7 章中有详细的介绍。

我接下来重点阐述一下这 3 种角色之间的关系和架构师必须完成的确认工作的具体产出项，如图 13.1 所示。

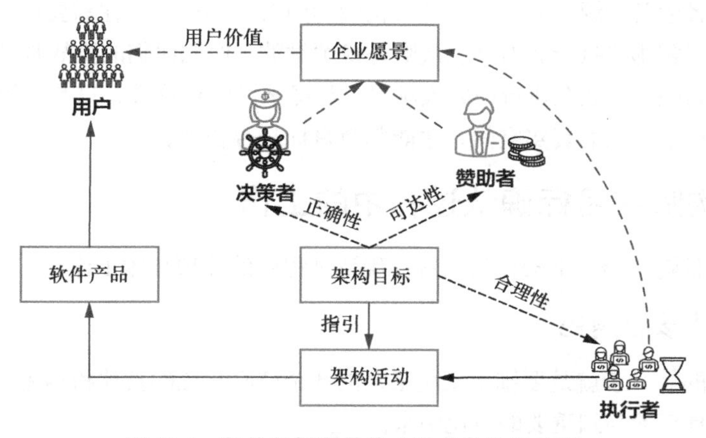

图 13.1 架构目标服务的 3 种角色及其关系

如图 13.1 所示，一家互联网企业通过企业愿景协同决策者、赞助者和执行者为用户创造价值。这家企业的决策者通过调整架构目标来改变架构活动的方向，确保架构活动与企业的长期战略和愿景保持一致；赞助者则希望在保障目标可达的情况下最大程度地调高目标，以保障自己的投入产出最大化；执行者要确保目标设置在合理区间内，这样才能在有限时间内保障交付。有了这 3 种视角的共同输入，一个架构活动才能有正确的架构目标，最终这个架构活动为用户带来长期的、与企业愿景相符合的用户价值。

架构活动的决策者一般是企业或者部门的高层管理者，应该清楚地知道架构活动的真实意图、企业愿景的价值和这个架构活动在企业内的真正优先级。

架构活动的赞助者必须是能真正为架构活动提供有限资源的人。也就是说，他应该对架构活动需要的人力资源、奖金激励等核心资源有支配权。架构活动赞助者可以有不止一个，但不应该超过三个。若赞助者过多，诉求不一致，可能会让架构活动的目标被多个利益方牵扯，最终导致失衡。

架构师需要了解赞助者在企业经济价值链中的位置。例如，增长部门是通过花钱来获取用户的，售后部门是通过服务用户来减少流失的，而法务部门是通过降低风险来减少损失的。架构师只有了解了赞助者在企业价值链的位置，才能明白其核心诉求是什么。

赞助者有时候不一定是受益方（例如在刚才提到的电商项目中），一个大的业务部门作为赞助者，需要出研发资源做迁移，但真正受益的可能是另一个业务部门。我在第 6 章中提到过，这是一个不符合人性的非常尴尬的设置。如果遇到这种情况，架构师一定要和赞助者确认他的底线，这是他忍耐的极限。只有了解了赞助者提供的资源及其细节，以及他想通过投入这些资源达到某些目的的真实诉求，才能确认他真正最想放大的那一部分回报是什么。

执行者是架构活动涉及的运营团队、产品团队和技术团队的负责人，可以调配他管理的人力资源或者运营资源。对一个大型架构活动而言，架构师往往需要面对多个执行者，这里的关键是了解哪些执行者对架构成败是最关键的，他们面临的挑战是什么，如刚刚发生的重要人员离职、已经在执行中的大项目、已经承诺的项目等，只有了解了相关执行者能够在架构活动中投入的真实空间，才能判断目标是否合理。

13.3　架构师在目标确认过程中的工作

在本节中我就介绍一下架构师在目标确认过程中的几项具体工作。

13.3.1　确认核心角色

目标确认的第一步就是要锁定架构活动的 3 个核心角色的具体扮演者。核心角色的扮演者必须能够真正参与到重要的讨论中来。

架构活动的一个常见误区是组织者请到他们能请到的职位最高的企业管理者作为决

策者。但是，这个决策者仅仅在架构活动的启动会上发表一个 20 分钟的演讲，之后就派一个代表出席剩下的架构活动，不再参与重大决策，完全没有起到为架构活动确认企业的真正战略意图的作用。

架构活动的另一个常见误区是认为架构活动发起者就是赞助者。如果一名架构师负责由内审部门主导的审计合规的项目，但是内审部门没有任何资源调度权，那么内审主管就不满足作为赞助者的必要条件。

架构活动中还有一个常见误区是把管理者当成完美的决策者和赞助者。很多架构师误以为 CTO 或者技术团队的主管可能是资源掌控者，因为技术团队或产品团队会向他汇报，他决定技术团队的薪酬和激励分配，研发人员应该由他调遣，但这种看法是错误的。

我认为研发管理者不是研发资源的掌控者，只是研发资源的监护人，因为这些研发资源都要从财务上反算到各个业务部门。从理论上说，每个业务部门是研发资源的真正拥有者，因为他们要支付相关费用，而研发管理者只是被授予信任来帮助业务部门更好地管理研发团队。

这里有一个特例。多数企业会给研发管理者预留部分资源作为技术改造项目的支出，研发管理者对这部分资源的确有支配权。在这种情况下，研发管理者既是架构活动的赞助者，也是执行者。但是，这部分资源不应该因管理者的喜好随意分配到任何项目中。从赞助者这个角色来看，技术管理者也要遵循我在第 7 章中提到的最大化经济价值的原则。

总结一下，锁定核心角色意味着架构师要先找出那些对架构活动的相关资源有绝对支配权且有精力投入决策讨论的人，然后才能通过反复对话和分析来帮助自己和团队锁定一个正确、合理、可达的架构目标。

13.3.2 对正确目标的逼近过程

确认了核心角色，架构师就可以不断地和各方逐步确认架构活动的目标。一个比较好的办法就是从一个完整的目标描述开始逐步修改。这个描述要符合 SMART 原则，SMART 代表具体（specific）、可度量（measurable）、可达（achievable）、相关（relevant）、有时效的（time-bound）。

下面是几个架构目标的例子。

（1）通过优化商家发布流程和建设类目推荐系统，3 个月内，把 90%的商家发布商品的时间从平均每件 30 分钟降低到平均每件 1 分钟以内。

（2）通过改造核心链路、建设和压测监控报警系统及建设和演练混沌工程系统，3 个月内，把导购下单的核心链路稳定性从 99.9%提升到 99.99%。

（3）12 月 31 日前，完成电商、云、跨境业务的合规审计中已知的高优先级整改项目。

我以第一条为例对示例目标做一个分解。

（1）**对投入的具象化描述**：从“通过”到“3 个月内”的部分是对架构活动的主要执

行内容的描述，这一部分定义架构活动的投入，由此也能推导出主要执行者、主要工作内容和预期交付时间。

（2）**对产出的量化描述**：从“把 90%的商家……”是对增量价值的描述，这一部分决定架构活动的预期产出。

在目标确认过程中，决策者要对产出部分的价值和重要性做出判断，即这件事情是不是企业的最高优先级；执行者要对投入部分的充分性和必要性做出判断，即这些事情是不是必须做，做了之后多大概率会带来预期的结果，而且要对大致的投入有一个数量级上的判断；最后，赞助者要确认是否前半部分中提到的资源可以投到这个架构活动中，还要确认后半部分的增量价值是否与这些投入相匹配。

在目标确认过程中，架构师的作用就是确保所有这些表述是逻辑自洽的。如果把以上第一个目标和第二个目标的投入部分对调，也就是执行内容和预期结果不再具有因果关系，那么架构师必须能提前发现问题，并及时指出其中的逻辑缺陷。

如果给定第一个或者第二个这样的目标描述，有经验的架构师基本上可以锁定相关的核心角色，而且如果他之前和这些团队合作过的话，他其实对成功概率也可以有一个初步估计。

但多数时候项目缺乏这样满足 SMART 原则的目标。例如，上面提到的第三个目标虽然给出了具体的交付时间和工作内容，但是没有执行细节，而且这个架构活动就是前面提到过的项目的需求方不是架构活动的赞助者的情况。在这种情况下，架构师必须投身细节中，把目标中提到的所有“高优先级整改项”依次改成为上面示范的“投入+产出”描述句式，然后请相关角色反复确认。

你看到这里就会意识到，其实第三个目标并非一个单一目标，而是一组相关目标的堆积。事实上，审计要求有些是涉及数据安全的，有些是涉及研发流程的，有些是涉及财务合规的，每个具体的整改项都有不同的整改领域、不同执行团队和不同的成功目标，其实这种架构活动已经违背了我在第 5 章中提到的目标唯一的原则。这就是这类架构活动往往很难成功执行的原因。

这个分析也表明，一个满足 SMART 条件的描述完整的目标本身并不具备正确性，正确性是要求架构师真正理解相关的业务和技术场景，从而能够通过思想实验来初步验证从执行内容到结果的因果关系和最终的经济价值。

13.3.3　在模糊的场景下发现正确的目标

在 13.3.2 节的案例中，架构师和相关的核心角色对架构活动大致的投入和产出都有相对清晰的判断。

还有一种情形是，所有决策者都没有清晰的目标，甚至连问题定义也是模糊的，那么在目标确认环节，架构师就需要把这个模糊的目标描述变成一个正确的、有明确投入和产出描述的、满足 SMART 原则的目标。

举个例子。假设你是一名架构师，在一家连锁的水果线上超市工作，这家超市主要服务于三、四线城市的中等收入家庭。这家连锁超市的愿景是在明年让每个三、四线城市的中等收入家庭在任何时候都能吃到新鲜水果。但是，超市现在面临着供应链的挑战：供应链似乎永远无法满足市场的需求，水果不是太贵就是质量太差。所以，你收到了一个目标：在一个季度内，通过技术手段去解决水果供应链的问题。这是一个相对模糊的目标，需要你一步一步细化，而在细化目标的过程，你也会对自己将要解决的问题的本质和难度形成了一个比较清晰的认知。

首先，你通过调研发现，水果在刚刚成熟的时候数量稀少，价格高，采购溯源难；水果在丰收的时候则供应链能力不足，导致成本高、浪费严重；水果在下市的时候质量变得参差不齐。

然后，你又发现，很多种水果在刚刚成熟的时候价格不是超市的目标用户所能承受的，而水果过季的时候则要解决质量标准化的问题，但超市目前的体量太小，既没有能力靠供应链的强管控能力来解决商品质量问题，也没有足够的话语权把质量控制问题全部压给果农。与此同时，模型预测技术也不够成熟，因而当下不能完全靠技术来解决问题。所以，你最终只能把架构活动的第一期目标锁定在解决处于丰收季节的水果供应链的优化上。

当然，这么做不只是因为价格问题和标准化问题在现阶段难以解决，更关键的是解决丰收季节的供应链问题可以帮助到更多的用户，而且你认为通过一期的尝试，增长后的业务体量可能会让价格问题和标准化问题变得更容易解决。

最后，你通过讨论和调查发现，供应链的能力不足主要发生在首公里和末公里，而浪费主要发生在末公里。你还发现，无论是首公里还是末公里，公司的数字化能力都明显不足。

经过几轮讨论，你发现首公里和末公里的数字化存在很大的机会。如果果农能使用 App 来通知你们上门收购，那就有机会做收购环节的预约和路线规划，从而大幅提升收购的效率，并且降低采购成本。如果利用门店的消费记录来做补品预测，你又能做到及时的采销联动，就能降低滞销库存浪费、提升供应链效率与时效。在与相关人员讨论并进行 BI 的初步测算后，你最终制定了如下目标：在 3 个月内，通过采销端数字闭环和供应链采销联动，将供应链时效缩短 30%，总采购成本降低 10%；同时，在维持当前缺货率的情况下，把店内商品平均周转时长减少到之前的 75%。

可以看到，你在定义目标的过程中做了充足的功课，放弃了其他两个不相关和不可达的目标。而最终选择的目标，除了能降低成本，还能缩短供应链时效和周转时长，这会让水果更新鲜，从而带来更好的用户体验。所以这个目标是符合公司愿景的，是长期正确的。

具体的目标值也是你与技术团队讨论之后制定的，是合理且可达的。综合来看，这就是一个正确的目标。

这个案例实际演绎了一个好的目标制定的方法：**一个正确、合理且可达的目标是靠多种职能之间反复讨论和反复演算得到的，是一个发现的过程，而不是一个拍脑袋决策的过程**。这种目标不同于自顶向下强行输出的目标，后者是出于战略而设置的目标，往往有正确性的保障，但不一定合理或者可达。

当然，现实情况远没有这么简单，很多互联网公司的前景并不明朗。多数时候，架构活动的目标很难被量化预估，甚至完全没有可靠的数据，所以很多的架构活动最初都是始于一个大胆尝试。这些最初的动作与缺乏科学决策并没有关系，因为它不妨碍架构师在架构活动的目标确认和后续执行过程中尽量注入科学决策和数据分析这个动作。

这里有必要强调一下我在第 12 章中提到的架构环境搭建的话题，如果一家企业缺乏科学决策的文化背景，那么架构师要在自己组织的架构活动里建设一个尊重数据、尊重科学的决策环境，有了这种决策环境，项目参与者就会更愿意主动且充分地表达自己的观点，分享他们的数据证据，指出架构师的疏漏或错误。这样一来，架构师就不需要完全靠自己的力量来提升目标的正确性，而可以依靠全团队的力量做到这一点。

13.3.4 目标的合理性和可达性的初步验证

在确认目标的过程中，架构师还要对目标的合理性和可达性做出一个大致判断。相对来说，这个验证过程是一个快速的、基于经验和思想实验的判断，而不是一个耗时巨大的工程。

确认目标是否合理时架构师需要和执行者确认这样一个问题的答案："假设你的团队的相关人员开足马力，你能保障主要交付项目都可以实现且重大风险可控吗？"

这个过程需要架构师完成的工作有以下几项。

（1）确保执行团队不能为了减少考核和交付压力而故意压低交付目标。

（2）如果交付目标不合理，架构师需要代表执行团队向上反馈，把目标调整到一个合理值。

（3）重大风险需要有足够的预案，或者确认赞助者可以接受风险带来的后果，也就是赞助者支持冒险。关于风险的应对办法，我会在第 14 章中专门讨论。

我先举个关于目标合理性的反例。我曾经经历过一个项目，项目的执行者在巨大的管理压力下接受了一个完全不合理的目标，本来预估 3 个月才能完成的项目，被强行压缩到了 1 个月，结果团队被迫选择了一个完全错误的架构方案。1 个月的期限很快就到了，上线验收的结果也完全失败。折腾了两个星期怎么都修复不了，最后只好向各方请求延期。多次解释之后，决策者决定用之前团队建议的 3 个月作为交付期限。但事实上，3 个月已经用去了一个半月，加上之前选择的架构方案完全错误，这次给 3 个月的时间也是不够的。

没想到决策者还是强压，3 个月时间到了，第二次上线再次失败。失败后团队又重启整个架构规划，不过，这次情况比 3 个月前还要糟糕。这时候代码和数据模型已经被搞得一团糟，团队成员已经离职了小一半，而且部分功能已经在线上使用，迁移到新模型还需要增加成本，而且前两次上线失败也导致还有迁移到一半的模型和代码需要完成。所以，新的规划 3 个月还是不够，但是决策者依然强压。

这样反反复复，人才不断流失，项目越做越难做，最后花了 14 个月的时间终于上线。可是上线之后，团队经理及向他汇报的几名主管和所有一线员工竟然一个都没留下，全部主动离职或转岗。

在这个过程中，执行者、决策者、赞助者和架构师之间几乎完全丧失了相互信任。所有错误的导火索就是决策者执意推行一个完全不合理的交付日期。

事实上，这不是一个特例。大家会发现绝大多数互联网公司都信奉这样一个原则——"可以持不同观点，但必须坚决执行"，所以多数互联网企业的架构师面临过目标不合理但决策者一味坚持的情况，而且架构师往往最后"背锅"，承担失败责任。

因此，关键时刻架构师一定要顶住压力，充分向上沟通。这里我的原则是：反正横竖都是一死，还不如顶天立地。但我也见过个别架构师发现问题后故意隐瞒不沟通，强行推进架构活动的情况，那就是在绑架架构活动的执行者了。

13.4 完成目标确认

完成目标确认有两个可能的结果，一个是输出符合 SMART 原则的正确的目标，另一个是说服相关方放弃不正确的目标。我想特别强调一下，后者其实也是一个好的选项，而且在这个时间点放弃一个错误的尝试对企业而言是成本最低的。

虽然放弃一个诱人的目标很可惜，但更可惜的是接受一个错误的目标。在互联网时代，时间是最宝贵的资源，节省时间就是延长企业的生命。架构师在企业里的信用会随着高质量的判断而逐渐提升。

13.5 小结

在本章中我介绍了目标确认阶段的主要工作。我特别强调了目标确认需要从不同角色的视角来完成，这里最重要的这 3 种角色是决策者、执行者和赞助者。这 3 种角色不是随随便便指定的，他们是需要具备相应的权利和义务的。架构师想成功地确认目标，就要先准确地锁定决策者、执行者和赞助者。

架构师要通过思考实验来整合相关输入，验证一个目标的正确性、合理性和可达性。架构师要从决策者的视角来看目标是否正确，且与企业的长期利益一致；从执行者的视角来看目标是否合理，让执行者做有挑战和有成就感的项目；从赞助者的视角来看目标是否可达，让赞助者的投资最终变成有价值的回报。在这个过程中，架构师创造的最大价值在于帮助企业最大程度地把所有资源放在最有价值的目标上去，并且最大化这件事情的成功概率。

这个过程不是简单地相信，而是用细节、事实和数据把所有相关方引导到正确决策上去。有了这样的决策环境，架构师就可以同决策者、执行者和赞助者一起，打磨出满足 SMART 原则的目标了。

当然，如果架构师最终发现目标不正确、不合理或者不可达，也要勇于提出放弃这个目标的想法，把宝贵的时间留给企业做更好的尝试。

13.6 思维拓展：天下没有免费的午餐

关于目标设置我有一个观察：**一个正确的成功指标必然伴随着一个制约指标。**

例如，某个架构活动的商业目标是提升物流时效。如果架构师领到的任务只有“提升物流时效”这一个目标，那么架构师还没有发现隐含约束目标。为了追求更高的物流时效，企业要准备额外的人力、最好的配送车辆和专线配送来保证最短的配送时间。也就是说，企业追求物流时效这个指标最大化的同时付出了物流成本增加的代价，而企业物流成本不能无限制地增加，因此物流成本就是制约指标。在实施这个架构活动的过程中，架构师在考虑提升物流时效时必须考虑控制成本，否则架构师在解决时效问题的同时会带来新的成本问题。

13.7 思考题

1. 你有没有碰到过架构目标在正确、合理和可达上只满足其中的一项或者两项的情况？你当时发现问题了吗？结果如何？
2. 我经常会见到一个口号式的目标，而不是一个满足 SMART 原则的目标。你见到的口号式的目标是什么样的？满足 SMART 原则的目标又是什么样的？你从中得出什么样的结论？
3. 在你经历的项目里，目标定义不正确、不合理或者不可达的失败项目占所有失败项目的大致比例是多少？这里面正确性、合理性和可达性对失败的影响各有多大？
4. 你见过最具挑战的、最终又成功达成的极限目标是什么？这个目标制定的最大的成功之处在哪里？

第 14 章 可行性探索

可行性探索是架构师帮助企业避免重大方向性失误的一个重要阶段。我在 6.2.1 节中曾分析过一家公司因忽略可行性探索而导致重大损失的案例。在这个阶段之后，架构活动就是离弦之箭，即使发现了重大错误，也很难停下来。所以，这个阶段架构师的增量价值就是避免企业的重大损失，这是一名架构师为企业提升决策质量的重要环节。

互联网时代竞争非常激烈，决策质量和执行速度对企业的生存来说同样重要，所以互联网企业对可行性的探索是有别于其他行业的，也要快。可行性探索是最容易变成走过场的一个阶段，因为大多数人都不太擅长平衡决策速度和决策质量，常常把“快”执行成了空执行的 NOP 指令。这正是本章重点介绍如何在互联网场景下做高效的可行性探索的原因。

14.1 什么是可行性探索

我在第 11 章中给出了风险的定义，即有可能带来损失的不确定事件。**可行性探索**就是对架构活动中存在的重大风险和它们可能导致的损失形成量化认知之后，对相应的补救措施的研究，以确认这些风险是否可以控制在不影响整个架构活动预期结果的程度。这些补救措施也就是大家通常提到的**风险预案**。

为什么要做可行性探索呢？我之前提到过，架构活动往往都有很大的风险，以我个人经验来看，满足既定目标的架构活动还不到十分之一，多数架构活动都是以失败收场的。可行性探索的目的就是让决策者和赞助者对架构目标的真实可行性形成一个相对准确的认知。

目标可行是指在企业的现有条件和时间约束下，目标最终可以被实现。任何一个架构活动都需要承受一定程度的风险，当某个风险确实发生的时候，这个目标实现的成本（时间、人力、计算成本等）可能会增加，但是这个目标依然可以在新的环境下被实现，而不是完全不可达。

我在第 13 章中提到过架构师已经对架构活动的可达性做了初步验证，这个阶段的可行性探索和前面的可达性的区别在哪里呢？可达性代表对风险的一个未经验证的大致判断，也就是这个阶段架构师得出的结论是："问题的确有，但是应该可解。"可行性探索是对风险得出确切的判断："风险确认可解，代价如下。"

这里我需要特别强调的是：确认可解不等于已经解决。架构师只需要知道，这个问题存在确切的解法和具体的搭建方案，并且这个方案被相关方验证是可以接受的，而不是完成这个方案的实施。

另外，我还需要强调的是：可行性探索的过程不同于传统的**可行性分析**（feasibility analysis）。可行性分析是一个非常耗时且详尽的评估活动。然而，在互联网时代，时间决定企业的成败，所以我用"可行性探索"这个词来特别强调在这个节点上要控制时间成本。

在可行性探索的过程中，架构师需要在最短时间内发现重大风险，并对风险发生时的响应预案做出判断。与此同时，架构师还需要把重大风险披露出来，向赞助者确认是否能接受风险和预案。

可行性探索中对风险的评估包含以下 4 个问题。

（1）风险发生的概率有多大，带来的后果有多严重？

（2）冒险的回报是什么？

（3）公司或者项目赞助者对风险承受度有多大？

（4）响应预案是什么？

有了这 4 个问题的答案，架构师就可以着手准备可行性探索了。

14.2 可行性探索前的准备工作

在进入可行性探索之前，架构师要做的准备工作就是在企业风险决策环境方面做调研，包括调查企业对风险的承受度、赞助者对风险的承受度，锁定可以提供决策帮助的领域专家，锁定风险决策的建议者，等等。具体步骤如下。

（1）**调查企业对风险的承受度**。不同企业对风险承受的差异非常大，有的企业鼓励冒险，有的企业则对失败的容忍度几乎为零，甚至会惩罚那些冒险的人，因而架构师的最终决策必须与企业或者部门对待风险的态度相一致。需要注意的是，企业对风险的承受度的大小没有对与错，只是企业的选择而已，而架构师的选择只需要控制在部门对风险的承受度以内即可，这是冒险的上限。

（2）**调查赞助者对风险的承受度**。赞助者的风险承受度往往比企业或部门的承受度要小很多，需要架构师单独确认。架构师要选择企业对风险的承受度和赞助者对风险的承受度两者之间的低值作为实际的风险上限。

（3）**锁定领域专家**。领域专家指那些可以预见单个领域风险并提供应对方案的人，架构师需要通过领域专家的经验来帮助自己迅速锁定重大风险，找到最佳的风险预案，并准确评估预案实施的代价。需要格外注意的是，这个领域专家不能是重大利益的相关方，因为他必须给出客观的建议。

(4) **锁定风险决策的建议者**。风险决策的建议者是架构师之外的对风险的处理方式做出判断的人。这个角色需要有全局视角、有判断力、做事公正。架构师需要依靠风险决策建议者的独立判断来提升自己的决策质量。与领域专家不同，这些风险决策的建议者最好与部门利益绑定比较深，但与架构活动的成败关系不大。

在准备工作的进行中，架构师还会面临一系列的挑战，比较常见的有以下几种。

(1) **多数人仅具备领域内部的视角，看不到全局性的风险**。即使每个独立领域都没有风险，也不代表整个架构活动是可行的，整合过程的风险往往是最常见的风险。

(2) **对可行性的估计没有任何全局标准**。量化风险非常艰难，在“什么样的风险才算大”这个问题上没有任何标准。

(3) **没有人愿意说“不”**。多数互联网公司都是勇大于谋，过于相信速度和规模效应，在路径选择上不够丰富，在拒绝诱惑上也不够果断。

明确了要面临的挑战，也做好了准备工作，架构师就可以从企业决策者和赞助者的视角出发，在风险承受度以内，通过高效的可行性探索选择理智地冒险。

14.3 可行性探索的过程

架构活动中的可行性探索工作可以分成 4 个部分，分别是重大风险发掘、风险敞口预估、风险沟通和风险决策。需要预先说明的是，我接下来介绍的方法仅适用于互联网企业线上业务的风险决策，我的前提假设是冒险带来的多数后果可以动态发现并实时响应。如果一家互联网企业有线下业务的风险决策，如一个投资数亿、占地 2 万平方米的大型物流分发中心的建设，那么这种快速决策方法论则不适用。

14.3.1 重大风险发掘

在重大风险发掘这一步，架构师需要从多个视角对重大风险做一个全面挖掘。

- **项目交付的视角**。参与项目的团队能否完成交付？重大依赖方是否有阻碍交付的致命风险？
- **经济价值的视角**。是否存在会大幅影响最终产出的经济价值的因素？例如，出现像社区团购一样的恶性竞争导致所有入场者颗粒无收？
- **人性视角**。关于人性视角的考量，我在第 6 章中详细讲过，例如整个架构方案是否符合关键研发人员和用户的人性？
- **有限资源的视角**。架构活动的最小必需资源是否能够到位？如果不存在这些资源，那么项目的预期产出还能保障吗？
- **其他风险**。相对整个企业来说，你的架构活动是否需要特别关注监管风险、法律风险和安全隐私风险？有哪些风险会影响整个架构活动的可达性？

这些视角体现的主要是我之前提到的架构师关注整体、关注平衡和关注连接的全方位思维模式。我从这些视角出发，对风险进行了较为完整的梳理，从中可以看出，架构师在可行性探索过程中要思考的都是可能会大幅降低架构活动预期价值的问题，这些问题决定是否要完全叫停整个架构活动或者对架构目标作出大幅修正，也只有这样的风险才称得上**重大风险**。

我对我的团队有一个硬性要求：从每个视角出发梳理出来的重大风险**最多不能超过 3 个**。这个数量非常重要。这个环节之所以叫可行性探索，就是期望用最短的时间发现最大的风险，而不是组织公司所有同事来做一个风险大排查。这里的关键词有两个，分别是“最短的时间”和“最大的风险”。在我看来，无论多大的互联网项目，只要花超过 3 人日才发现上述风险，这个项目的总架构师就是不称职的。

那么，如何在最短时间内发现最大的风险呢？一方面要靠自己的判断，另一方面要靠自己的关系网络。

架构师要找到之前在准备环节中就已经锁定的领域专家，把项目背景和情况描述出来，然后认真听取他的意见反馈。整理好这些反馈之后，再带着这些答案与风险决策的建议者一起碰撞，试图发现更大的跨领域的风险。这个过程与访谈十分类似。每人每次大约 1 小时。一般来说，覆盖一个大项目的所有视角，也就是十几个人。

我想特别强调的是，在这个访谈的过程中，架构师也要有大量的思考和价值创造。在不断综合多个视角的输入的过程中，架构师需要加工、推演、拓展与提炼每个人的输入。这样的话，每次访谈都是在之前访谈基础上的更高质量的思想碰撞。**这种基于高质量的思想实验迅速得出重大风险的工作方式，是风险发掘的王道。**

前面提到，靠地毯式搜索得出海量风险列表的过程不但不高效，甚至是有害的，因为这种地毯式搜索一般是从其他人手中汇总而来的，这些风险输入往往局限在单个领域。一方面，架构师会被这种成规模的小小的满足所麻痹；另一方面，要在大量的无效信息中找到真正的全局性风险更加困难。

发掘完重大风险后，还有一个不可忽略的收尾步骤，那就是在领域专家和风险决策者的意见之上形成一个有综合排序的重大风险列表。我建议数量不能超过 5 个，这将是风险预估的主要输入。

14.3.2　风险敞口预估

风险敞口预估并不是传统的长时间风险描述、分析、建模、预案设计和评估过程，而更像是思想实验。架构师需要对产出的重大风险逐一梳理，确认某个预案在理论上是存在的，并确保预案实施之后的大致体验可以接受，而且通过预案缓解之后的残余风险在赞助者可以承受的范围内。

在这个阶段，架构师不需要真正实施并验证预案，仅确认预案存在且理论上可行，了解这个预案的预期用户体验就可以了。

如果你是年终大促的总架构师，你负责的一个项目是支付营销项目，也就是使用某个支付渠道的用户会有个性化的额外折扣，以此帮助支付渠道以最低成本迅速拉新。但是，这个项目现在有可能无法在大促前完成，那么你就需要确定这个风险的响应预案了。预案可以有很多种，而且可能会影响最初的方案，实施成本差异也会很大。就这个案例而言，有以下两个极端的预案。

（1）全力交付一个与原本方案最接近的线上方案，同时以最小成本交付一个体验折损较大的降级体验的预案。

（2）基本放弃原来的方案，分出部分资源做一个用户体验折损最小的预案。

第一种极端的降级体验根本不支持支付营销，而是给每个符合离线筛选条件的用户推送一个只能通过这个支付渠道使用的购物券，靠用户主动选择支付渠道来激活这个券；而第二种极端的降级方式可能是把在线的支付营销判断放在离线去做，把用户等级和支付营销的优惠额度存在一个分布式缓存里，然后在收银台调用这个缓存服务来临时引导用户使用这个有折扣的支付渠道，与原有的方案对比也就是在首页、导购、搜索推荐全链路展示低成交价格的个性化支付营销。这两种体验的转化效果肯定会更低，不过赞助者和决策者很有可能接受其中一种降级体验，这样一来，实施风险一下子就降低很多。

就像做需求评估一样，整个风险敞口的预估只是对大致实施方法和大致体验有一个描述，目的是确认的确有预案存在，而且其中一种路径是各方都可以接受的。

不过，在风险评估的过程中，架构师对真正的风险敞口可能并不知情。例如，刚才讲的支付营销项目，可能两家公司签订了对赌协议，如果拉新效果达不到预期，电商平台就要向支付渠道赔付一定数额的营销费用，那么风险敞口一下子就大了很多。

我之前还提到了重大风险评估缺乏统一标准这种情况。每个风险的具体场景不同，所在领域也有很大的差异，因而很难用同一套标准来描述。我建议采用如下几个参数来量化面临的重大风险，针对每个备选方案组合，架构师和执行者给出预案被迫实施后这些参数的大致估计值：

- 总时间成本；
- 总人力成本；
- 总资金成本；
- 效果折损，即降级方案造成的经济价值或商业效果损失有多大；
- 用户体验损失。

和前面 4 个参数不同，用户体验损失比较难量化。一种量化方法是通过用户的复购率降低值来量化用户体验的损失，另一种比较客观的量化方法是保障用户复购率持平所需的额外的营销购物券的总成本。这样一来，就把用户体验损失量化成一个资金成本。

可以看到，在出具方案细节前，各个维度的参数都难以准确估算。好在架构师要做的不是可行性分析，而是可行性探索，因此只需要参数在数量级上合理就可以了。这时候，大多数有经验的领域专家都能做出一个预估。例如，针对第四个维度，他肯定无法回答“具体折损多少”这个问题，但对于“有几成折损”，架构师可能会得到类似于“绝对不止一成折损，至少有 3 成但不会超过五成的折损”这样的回答。

经过方案预估后，架构师可能会发现之前列出的最大的 5 个风险现在已经不是最大的了。只要预案可以实施完成，这 5 个风险的等级就会下降。所以，虽然还没有任何研发投入，这些风险已经得到了部分化解。

如果时间允许，架构师还可以多看几个风险。

也许你会问，到底看几个才合适呢？架构师在这个环节只有一个目标，就是发现那些有必要叫停项目的重大风险，其他风险其实都是架构师要带领大家克服的困难。所以，真正大到能叫停一个项目的风险是很少的。从我的经验来看，一般一个项目最多也就两三个重大风险。所以，就算架构师偏保守，看到排序最高的 9 个风险就已经足够代表整体风险了。

14.3.3　风险沟通

在梳理出重大风险后，不仅架构师要持续关注，还要确保相关执行者也在持续关注。

风险预案涉及的不只是内部团队的成员，有些还涉及外部的合作渠道，如前面提到的支付案例会涉及支付营销、合作渠道、企业的支付部门、某个支付机构或者银行卡组织等。他们也需要知晓风险情况、降级预案以及可能对用户体验产生的影响。

当然，架构师不一定有权力与外部合作方沟通风险，但是架构师要建议赞助者去这么做，一方面，不通知合作方是一个“绑架”行为；另一方面，合作方在知晓风险后可能会出主意，找到更好的解决方案。

你可能会问，如果支付渠道在知晓风险后撤销合作该怎么办？是的，的确存在这种可能性。不过，从我的个人经验来看，如果我们主动分享自己的现实困难，那么得到帮助的可能性将远远大于被拒绝的可能性。

14.3.4　风险决策

风险决策是可行性探索中最重要的一环。

在此之前，架构师已经收集了架构活动的重大风险和预案，也从全局上对风险有了比较深刻与全面的认知。在这个发掘、预估和沟通的过程中，架构师建立了一套全局性的风险标准，而且在风险评估的过程中，架构师也收集到了决策者、赞助者、执行者的立场和风险承受度。

最后的决策环节就是将收集到的重大风险、响应预案、参与者风险的承受度以及针对每个风险的处理建议完整地表达出来。这个表达过程，架构师需要关注以下 3 点。

（1）**利于全局**：需要从决策者的视角上作出一个对全局有利的决策建议，而不是从赞助者或者执行者的视角上做决策。

（2）**敢于冒险**：互联网时代，时间是最稀缺的资源，所以相对而言冒险是更为有利的选择，不冒险反倒是不负责任的表现。

（3）**保持理智**：架构师需要对重大风险发生后的用户体验损失、经济价值损失等进行相对准确的数量级的评估，也要对预案能挽回的部分有一个成本预估，一旦冒险失败还可以实施预案弥补损失。

最后，在这些信息的基础上，架构师需要给出一个可行或者不可行的总建议。这里我也特别强调一下，“不可行”的建议是一个完全合理的选择，甚至是一个好的选择。为什么我敢这么说呢？因为多数失败的架构项目都是因为可行性探索被跳过了，很明显，架构师在这个能避免重大错误的最后防线上做的工作太少了。

事实上，这与很多企业推行强执行的文化是分不开的。在这种企业里，个别给出“不可行”建议的人，甚至会被打上“守旧”和“退缩”的标签。不过，多数企业还是能容忍讲真话的人，架构师应该如实传递风险，让决策者来做最终的选择。当然，架构师也可以对架构目标做出调整建议，尤其是风险主要来自交付压力的情况下。

14.4 完成可行性探索

完成上述工作后，架构师会得到来自决策者的几乎所有输入，如最终对架构活动是否可行的判断、对风险承受度的校正、对预案的改进建议及对架构目标和交付时间的调整等。

架构师需要将这些输入整理成架构文档，完整录入并分享给团队成员。如果项目可行，那么架构师在进入架构规划环节前对重大风险其实就已经有非常清晰的判断了。毫无疑问，这会大大提升整个架构活动的成功概率。如果项目不可行，在探索过程中积累的判断能力、开放的心态和全局性的思维，也会给架构师带来新的甚至更大的机会。

14.5 小结

可行性探索阶段之前，公司在架构活动上的投入非常少，除了架构师之外，公司还没有投入任何研发资源。这么做一是依照我在第 6 章中讲过的尊重人性的原则，在进入可行性探索之前，将与这个架构活动绑定的人或者利益降到最低；二是满足我在第 7 章中提到的最大化经济价值的原则，在正式锁定架构活动的可行性之前将公司的资源消耗降到最低。

而到了可行性探索阶段，架构师就要充分利用公司里所有有助于提升决策质量的资源，以确定整个架构活动的目标可达，在冒险精神下做好重大风险的挖掘。这个挖掘过程的目标是帮助企业和赞助者避免重大损失。

这个过程最高效的办法就是通过高质量的头脑风暴过程与执行团队、领域专家、风险决策的建议者、赞助者不断探索整个架构活动的风险版图，最终锁定可能会导致项目被叫停的重大风险，进一步预估风险并讨论响应预案。

然后，架构师要形成完整的、全局的、量化的风险评估和重大风险列表，并及时与执行者、赞助者做沟通。

最终，架构师需要站在决策者的视角上，以相对乐观和敢于冒险的心态，做出可行性的建议。这个过程无论如何架构师都不应该隐瞒风险，绑架其他参与者。

14.6 思维拓展：用好风险这个筹码

很多人听到“风险”这两个字会下意识地觉得这是一个完全负面的词，继而认为必须采取措施来消除它，在自己的行动中避免一切风险。其实，对架构师来说，风险更多时候是一个筹码，如果正确使用这个筹码，就能为自己换来时间和成功；如果用错了这个筹码，就会让自己背上巨大的债务。

本章内容的主旨就是建议架构师用最低的代价来判断这个风险和自己的应对能力，最终在通过预案控制风险的前提下选择冒险。

对架构师而言，做风险选择是自己为数不多的权力之一，而判断力不断提高的过程也是架构师从入门走向资深的过程。架构师的职业生涯中能通过冒险而换来大量资源的筹码其实没几个，如果不知道怎么去冒险，就相当于浪费了自己手里的筹码。

不过，虽然我一般会尽量说服赞助者去冒更大的险，但我也会尊重赞助者的否决建议，这是作为架构师的道德底线。归根到底，消耗资源的人是架构师，但是付出资源的是赞助者，如果架构师不顾赞助者的反对，将赞助者的钱财置于险地，那么架构师就会失去赞助者的信任。

14.7 思考题

1. 回顾你的职业历程，你有没有作出过非常保守的决策？现在后悔吗？假设你当时冒险了，你的职业命运会有什么不同？
2. 你参与过冒险的架构活动吗？有没有获得什么回报？你认为相关决策者为什么能做出正确的判断？
3. 你所在企业的风险决策环境是什么样的？你认为这个决策环境与行业当下的竞争环境匹配吗？
4. 你有没有给出过“不可行”的建议？现在回过头来看，当时的判断正确吗？如果正确，是否真的为企业避免了损失?

5. 你有没有参与过“知其不可为而为之”的架构活动?最终的结果是什么?为什么会是这样的结果?
6. 你参与的架构活动中是否有过某个重大风险被参与者忽视的情况?根因在哪里?你认为靠什么机制可以避免这种情况?

第 15 章

规划确认

架构规划是架构师投入精力最大的阶段，也是架构师创造最大价值的阶段。这个阶段可以分为 5 个环节：统一语义、建立架构信条、确认需求、划分边界和确认规划。这 5 个环节依次执行，最终目标是提升整个架构活动的成功概率。

15.1 统一语义：追求不同角色间的无损交流

架构规划的起点是在要解决的问题上建立深度共识。建立深度共识的办法通常是领域建模。关于领域建模这个话题的书很多，但是我发现很多人讲建模时都忽略了建模过程中的最大挑战，也是最重要的一步——统一语义，所以在本章中我会花大量篇幅解释统一语义的过程。

15.1.1 为什么要统一语义

架构师的工作日常就是与不同的角色沟通，而每种角色的认知和语言都是在各自的职能与工作环境中逐渐形成并固定的，如果没有统一语义的过程，整个架构活动就好像每个人都做了一个梦，大家各自在自己的梦境中玩得很开心，但醒来后发现没有任何改变。

想要架构活动最终能达到共同的预期，就需要从统一语义开始整个架构的规划。

假设整个架构活动只有架构师一个人做项目，他很清楚客户要什么，也对整个项目流程有着非常明确的把握，还没有多种人格，在这种情况下就没必要统一语义了。当然，也有极少数公司已经有了统一的**语义环境**（semantic context，以下简称**语境**），从自然语言到需求描述，再到领域模型定义、接口定义，再到设计、实施、上线维护，都已经有了完整数据字典、概念定义、指标定义和语义冲突解决流程，架构师也不需要画蛇添足，再发明一套新的语义。

那么，什么时候需要统一语义呢？答案是，当对话双方或者多方在各自表达却没有办法理解对方真实意图的时候就需要统一语义了。

统一语义不等于统一语言，统一语义期望达到的目标是交流双方在语义层面上完成无损交流。对话的双方很可能使用了同一种语言，甚至是同一组词汇，但双方只是在对话而不是在交流，因为他们没有在语义层面先达成统一。

为什么双方在不断表达却无法领会对方的意图呢？根本原因在于**对话双方或多方已经有了各自的语境**。

15.1.2 由语境差异带来架构挑战的示例

接下来我就用一个比较长的案例来解释一下语境的差异，希望通过这个案例，你能了解语境差异给交流带来的巨大障碍。

假设你正在主持一个国际化电商系统的商品中台构建的项目，团队之前搭建了一个实物商品中台，项目的目标是改造这个中台，让它支持数字商品的售卖，如电影电视、歌曲、电子票等。但是，前台的数字电商业务团队和中台的商品团队吵得很凶，从商品中台团队的角度看，无论是数字商品还是实物商品，都是商品；而从数字电商团队的角度看，此商品非彼商品，数字商品不是商品。

先来研究一下实物商品。实物商品的语义模型如图 15.1 所示。

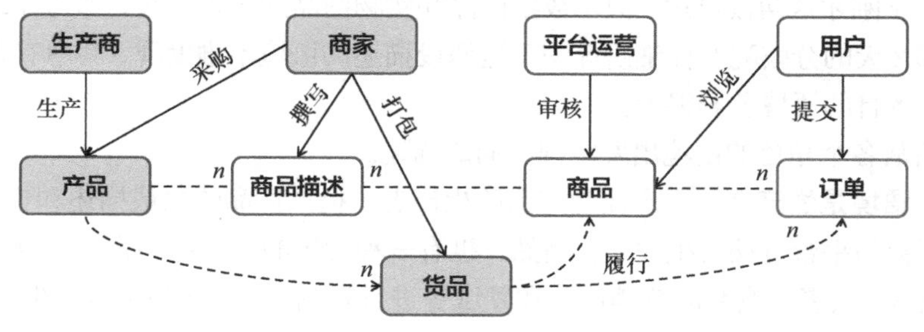

图 15.1 实物商品的语义模型

由图 15.1 可见，一个实物商品源自一个生产商，这个生产商生产出的是一个标准的**产品**。产品由不同的商家采购，在一个平台上售卖。在售卖前，商品被商家发布到平台上，但实际上商家发布的不是商品，而是该商家对自己所持有产品的描述，也就是一个**商品描述**。这些不同的商品描述被平台归一化，并与来自生产商的产品描述校准后，形成了一个全平台统一的**商品**。这个商品通过搜索、推荐、秒杀等活动界面展示给用户，是用户认为他们能购买的消费品。用户在某个商家的店铺里提交了一个**订单**后，商家的履约团队就会完成订单，把一个具体的**货品**，也就是商家从生产商那里采购来的、存储在仓库里的货物，打包快递给用户。

下面再以数字电影为例来研究一下数字商品。数字商品的语义模型如图 15.2 所示。

由图 15.2 可见，一个**数字产品**源自一个发行商。发行商为平台提供一个**商品描述**。平台根据来自其他源头的信息（如豆瓣评价）对商品描述做校准和增强后，就形成了一个**数字商品**。这个商品也可以通过搜索、推荐、秒杀等活动界面展示给用户，是用户认为他们能购买的东西。用户下了数字商品的**订单**后，商家就会进入数字化履约过程完成订单，把一个具体的**数字内容**和相关的**授权密钥**分发给用户，用户就可以在自己的设备上观看电影了。

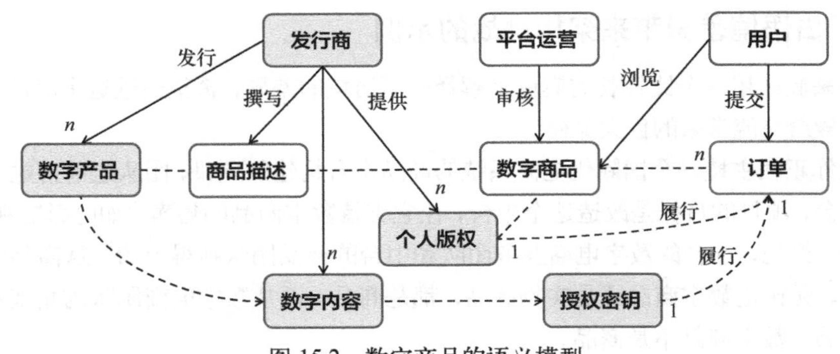

图 15.2　数字商品的语义模型

对比一下刚才这两段描述，似乎数字商品和实物商品的区别不大，那为什么两个团队之间会有那么大的分歧呢？仔细研究一下这两段描述的语境不难发现，其中有几个不同的角色，他们各自的语境差异很大。

我重新从各个角色的语境出发审视上面的描述。

第一个语境是生产商。生产商是产品的生产者，提供产品的权威描述和售后保障等。他们一般不会与平台直接发生关系。当然，也有一种特殊的生产商叫作品牌商，他们会验证商品的真假，或者对商品的分销价格和领域等进行限制，因此会与平台发生关系。不过，在我们这个语境中并不涉及品牌商。

第二个语境是售卖实物商品的商家。产品被商家以不同方式获取后，这个实物的产品就到了商家的仓库中，也就是未来要发送给客户的货品。商家将会控制这个货品的物权，甚至会在原有产品中增加额外保障，如 7 天免运费退款、1 年换新等，作为商家提供的商品描述的一部分。可以说，商家与平台发生关系就是通过提供对自己货品的商品描述。

第三个语境是实物电商平台。平台在获取不同商家的商品描述后，会整合成一个平台的权威商品描述，也就是刚才提到的商品，并把商品提供给平台用户。订单则是用户和商家形成的一笔交易。用户虽然把钱交给了平台，但物权还是在商家手里。用户确认收货之后，钱再由平台打给商家。需要注意的是，钱始终不属于平台，只是这个过程中的一个担保者。

第四个语境是平台用户。用户在平台上可以购买实物商品，也可以购买数字商品。对用户而言，花钱就是买一个能消费的东西，能享受就行。

第五个语境是发行商。拿电影来举例，发行商在某个国家或者地区对这部电影有发行权，他们会为该地生产一个标准的数字产品，也就是翻译好、剪辑好，并且按地区植入相关内容的数字电影。除此之外，发行商也会和一个数字电商平台达成售卖协议，然后由这个数字电商平台向用户售卖数字商品。

第六个语境是数字电商平台。平台跟多个发行商都存在商务关系。发行商提供一个数字产品的版权，有的数字电视平台负责售卖。数字平台不是在售卖一部电影，而是这部电影在某个地区不可以转让的、在限定时长内的、仅用于个人观看的临时版权。也就是说，这个供应商和数字平台形成的是版权寄售的商务关系。从理论上来讲，平台上有无限的个人观看版权可以售卖，但并不需要在一开始就给发行商一大笔钱，而是在用户下单之后立即和发行商形成一笔背靠背的交易，采购一个观看版权，然后再把观看版权卖给用户。

第六个语境是数字内容的用户。用户可能没有意识到，自己从来都没有买下这部电影，只是买到了自己本人在某个播放设备上且在一定时间内观看这部电影的权力。用户不能因为担心设备坏了而复制一份，也不方便把自己的手机借给朋友或者家人看，更不能截个短视频来传播获利。

通过上述分析可以看到，一个平台中存在多种角色，每种角色又都有从各自视角出发而形成的语境，同样一个词（如商品或者售卖）在不同的语境下语义很可能完全不同。但是，大多数角色都不一定知道其他角色的存在，更不用说理解他们的语境了。

有的角色在自己的语境中有着正确的定义和自洽的逻辑，但是有的角色（如用户）可能都不知道自己得到的数字商品其实是带有很多约束条件的一次性的授权。对用户来说，不论购买商品还是购买数字电影，都是付一次钱得到自己需要的东西。在他们的语境中，数字商品和实物商品都是商品，没有什么差别。也就是说，一个词（如商品）的真实语义会因为使用者角色及其语境的不同而不断切换。如果对话的双方不知道对方的语境，那么再怎么不停地对话，也不是真正的交流。

这种由语境多样性造成的语义上的差异在互联网企业中更为普遍和严重。除了之前提到的地域、文化、组织等差异，还有以下两个原因。

（1）互联网企业的场景跨度很大，在不同的使用场景下，语义会发生变化。例如，一个商品在大促、秒杀、团购、社区团购、物流履约和售后的场景下，含义会有所不同。

（2）互联网竞争激烈，商家和平台为了提升转化率，故意混淆语义，如不区分跨境商品和本地商品。

类似的案例还有很多，尤其在一个相对复杂的场景中，在不同角色的语境中很多定义都是模糊的。**每种角色真正在乎的只是自己的需求被准确地满足，根本不关心其他角色在表达什么。**

15.1.3 语境的差异的认知根源

在前面的示例中我展示了同一个词在不同的语境下语义很可能完全不同。事实上，这个示例并不特殊，大家每天在需求沟通、架构设计和需求实现的过程中都会遇到。

为什么会这样呢？这其实是哲学领域里争论了数百年的“存在、主体和客体之间的关系”问题，如图 15.3 所示。

假设物理世界有一个“存在”（名词），那么主体（简单来说就是你和我）可以在各自的意识中对这个“存在”形成认知，也就是图 15.3 中的客体。唯物主义者认为，“存在”是先于主体和客体的，而且是客观的、独立于人的意识存在的，不以主体的意志为转移的；而主观唯心主义者认为，只有主题意识中形成的客体才是真实存在的，而“存在”不是第一性的。

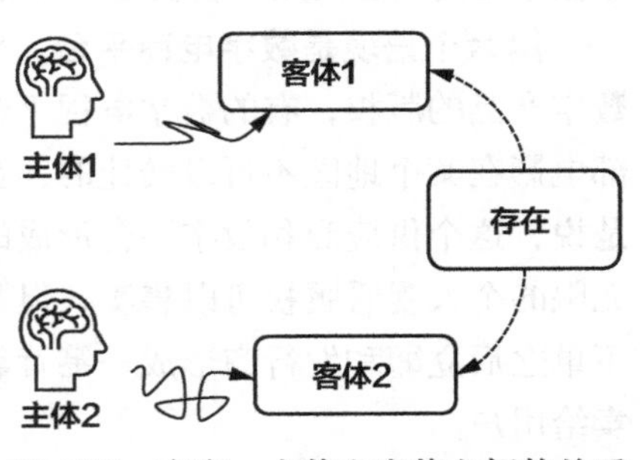

图 15.3 存在、主体和客体之间的关系

在“世界上所有人都存在认知分歧”这一点上大家反倒是没有分歧的。也就是说，我们各自主观意识中形成的客体、我们能表达给其他人的关于客体的描述和我们试图在多人之间建立的对这个“存在”的共识，这三者是不等价的，而这种不等价就是语义分歧的根源。

15.1.4 架构师在统一语义过程中的价值

分析到这里就很清楚了，对架构规划而言，**统一语义的终极目标只有一个——项目所有参与者的需求能够被无损地表达、记录和传递，然后通过架构活动实现出来，最终能够被需求方成功验证。**

架构师只有发现不同角色之间的语境差异，才有可能设计出一个完整、自洽且相互兼容的架构规划来满足所有角色的诉求。

如图 15.4 所示，因为有了统一的语义，架构师才能保证：

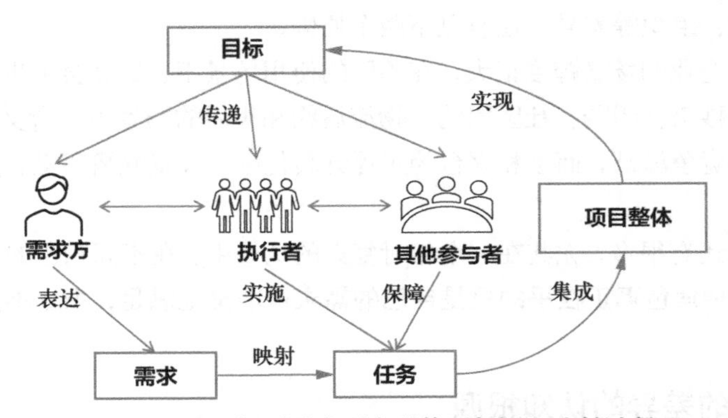

图 15.4 从目标到需求到实现的无损语义映射过程

- 架构活动的目标能够被清晰地传递并分解给每个参与者；

- 需求方的诉求能够被准确地表达、记录和传递；
- 架构活动的目标和所有需求能够被无损地拆分到多个子域的执行任务（后续简称任务）中；
- 过程中需求方能够得到执行者的真实反馈，从而对整个架构活动的产出有合理的期望；
- 所有任务集成之后能够语义契合、相互兼容，最终符合架构活动的整体目标。
- 在整个架构活动上线之后整体交付的软件能够符合当初设定的目标，通过验收。

从某种角度来说，架构师在架构规划中扮演的是翻译的角色，要确保所有参与者都使用同一个语境表达自己的需求，确认自己的责任。这个职责贯穿整个架构活动。

（1）在架构活动初期，架构师要确保自上向下目标的正确性、合理性和可达性。

（2）在规划阶段，架构师要通过统一语义保证整个架构规划对需求方意图的准确表达。

（3）在实施阶段，架构师要确保所有的执行者无歧义地理解任务并完成开发任务，从而最小化跨团队的交付风险，达到预期目标。

注意，架构师的这个统一语义的场景仅适用于架构活动中跨团队的交流，至于执行方团队内部是否要使用架构师的语境，完全是他们的选择，事实上架构师也无法干涉。

架构师的业务理解能力、逻辑推理能力和工作精力毕竟是有限的，所以在互联网时代，他们更希望在所有参与者之间统一语义，让参与者在同一个语境中交流和协作。这种分布式的合作有更高的沟通效率，这就是互联网公司需要统一语义的原因。

15.1.5 如何在分布式的工作状态下消除语义的分歧

要想在分布式的工作状态下消除语义的分歧，涉及以下 6 个步骤。

（1）**发现不同的语境**。每个场景都有多种角色，每个场景都有自己的独立语境。例如，商家从供应商那里采购实物商品这个场景就有它的独立语境，而对于商家给供应商打款这个场景，尽管交互双方没有变化，但是新的场景又带来新的语境。不过，这不是一个无止境的探索，如果某个语境在当前的架构活动中不会涉及整合或者拆分，就不需要单独列出。

（2）**定义概念**。一旦发现一个新的语境中存在词语表达相同但语义不同的概念，就需要准确描述这些概念。架构师要在这个过程中确认这些语境是自洽的。

（3）**语义建模**。完成单个概念的定义之后就需要把这个概念引入同一个语境中，也就是将两个不同的语境合并。这个过程其实就是把图 15.1 和图 15.2 合并成一张图，图中白色的实体（也就是被融合的实体）的语义需要与融合前语境中的语义基本保持一致，而灰色部分指的是每个实体有各自的语义，需要保留。

（4）**反馈修正**。一旦形成了统一的语境，架构师就需要跟所有参与者确认这个统一的语境的正确性。这里架构师只是一个独立的个体，架构师的认知也只是存在于在自己语境的认知，所以架构师必须与所有人重新确认并多次调整，才有可能找到基本正确的统一的语境。

（5）**公布、维护和使用统一的语境。**这个步骤指的是不断使用和打磨实体定义，最终为企业带来统一的语境。这个过程就是从自然语言到需求描述再到领域模型定义的过程，未来还会延伸到接口定义、模块设计、代码实现、上线使用等。

（6）**形成反馈闭环。**如果一家企业把语义的定义和维护做到极致，那么这家企业就会建设一个标准化和中央化的实体定义库和语义字典，以及围绕这些定义而制定的**语义冲突解决**（conflict resolution）的管控流程。也就是说，架构师最终会建设一个完整的语义管理体系。这个过程其实并没有神秘之处，几乎所有的国际标准化组织都在这方面有完善的流程、工具和保障机制。

关于建模我还想提一点。我在第 8 章中强调过，技术选型必须顺应技术趋势。要知道，大多数领域都有相对成熟的工业标准，架构师不需要创造太多的概念。如果真的下定决心去整合一个语境，那么在这之前至少要做一次彻底的线上调研，看看是否已经有行业标准和事实标准存在。

15.2　建立架构信条：建立一个安全的决策环境

架构规划的过程涉及多项决策，如领域边界和任务边界的划分、设计选型、需求优先级决策等。在我看来，这个过程需要通过 5 个信条来保障。本节就来逐一介绍这 5 个信条。

15.2.1　信条一：任务划分可以打破现有执行团队的组织边界

在架构活动中，任务划分是一个最棘手的问题。任务划分可以打破现有执行团队的组织边界这个信条表示：划分任务边界是暂时性的，不一定会影响长期的组织边界和团队定位，在这个短暂的架构活动中，架构师和相关的技术决策者应该有任务边界划分和任务分配的全部授权。虽然任务分配应当尊重现有的问题域到执行域的映射，但并不需要完全遵照这个映射。

15.2.2　信条二：通过客观的判断标准比较多个候选方案

解决架构活动中的决策冲突最重要的办法就是要有一个客观的判断标准。这一点对确认任务优先级和方案取舍尤其重要。这意味着，架构师必须有一个确定且客观的甄别方案优劣的排序逻辑。对架构师而言，最实用的排序逻辑就是最大化架构目标的完成度。

15.2.3　信条三：最小化架构目标之外的技术投入

架构师见多识广，在有大量人员参与一个架构改造的时候，架构师往往不自觉地会有平台化、组件化等抽象冲动，以及其他在某个基础领域（如性能和稳定性）方向上投入的冲动。但是，在一个高速迭代的互联网业务中，业务探索的方向变化大、模式更迭快，多层架构抽象往往得不偿失，因为抽象会提升系统的复杂度，自动削弱系统的迭代效率和稳定性。因此，我非常反对没有任何数据支撑和可度量目标驱动的架构抽象。这个信条的价值就在于简化架构规划的内容，减少不必要的投入。这个信条是第 7 章中讲的最大化经济价值的一个具体应用。

15.2.4 信条四：最大化系统的灵活性

架构师面临多个架构设计选项时，要尽量选择最大化系统灵活性的选择。例如，第 5 章中提到的隔离型设计就是更灵活的选择，一来可以最大化分布式研发并行迭代，二来在后续迭代中可能让某些更为重要的实体可以独立进化和分支，而不需要牵扯到其他实体。这个信条是第 9 章中讲的注入外部适应性的一个具体应用。

15.2.5 信条五：架构决策要面向未来最优

架构师的决策会对技术边界和组织边界产生长期影响，所以在划分任务边界时有一个至关重要的问题，那就是架构师要深度理解和运用康威定律："设计系统的架构受制于产生这些设计的组织的沟通结构。"一个大型的架构活动是企业从旧的组织结构过渡到新的组织结构的最好机会。

在架构活动的进行过程中，组织者在一段时间内会把不同团队放在同一个办公区，让大家一起做项目，从而最大化组织沟通的连通性。这种几乎全连通的环境可以加速架构师找到最优的领域边界，而这种最优边界往往是面向未来的最优组织结构。最优边界是能够最小化未来团队间依赖的边界划分策略，因为这是根据用户需求的变化，基于技术趋势、竞争态势和数据模型的演变得到的。

例如，财务团队从来没有与平台商家团队有过沟通，就意味着这两个系统还没有打通，那么财务团队为企业建设"业财一体化"的进销存能力的时候，就不会把平台商家作为一个可能的用户来考虑，与此同时，业财系统也不会被设计成多租户。但是，如果架构师把一个商家账务系统交给财务团队去实现，架构师就为面向架构的设计埋下了一颗好的种子，财务团队就可能会实现多租户的"业财一体化"的进销存能力，以撬动商家，提升商家的经营效率。

在我看来，这才是架构师先知先觉的能力。架构师要在业务人员和产品人员之前看到技术为企业创造机会的可能性。

不过，你可能会好奇，既然这个信条这么重要，为什么把它排在最后呢？难道是优先级不高吗？因为国内互联网行业竞争激烈，资源缺乏，监管环境的变化也非常快，面向未来说起来容易做起来难，加上真正的机会少之又少，所以我不希望让这个信条产生误导，让架构师做过分前瞻性的布局，试图在每把沙子里找金子。在经验不足的时候，这么做反倒会导致更大的浪费。但是，一名架构师在个别前景清晰的情况下积攒了一两个成功案例后，他就可以把这个信条放在更高优先级上了。

15.3　确认需求：验证需求的充要性

所谓确认需求，就是从大量的需求中锁定那些必须在本次架构活动中交付的需求并把它们按照优先级依次映射到执行者的过程。

15.3.1　从问题域到执行域的映射

确认需求的过程也是从问题域里的需求到执行域里的任务的映射过程。一个超大型的架构活动会有几千条需求和几千个任务，耗时数月，有好几百人参与开发。把需求一条一条都映射到执行域中是非常烦琐和低效的过程。

多数需求可以由产品经理或者项目经理整理到不同的问题域中，架构师需要关心的是从问题域到执行域的映射，问题域的划分如图 15.5 所示。

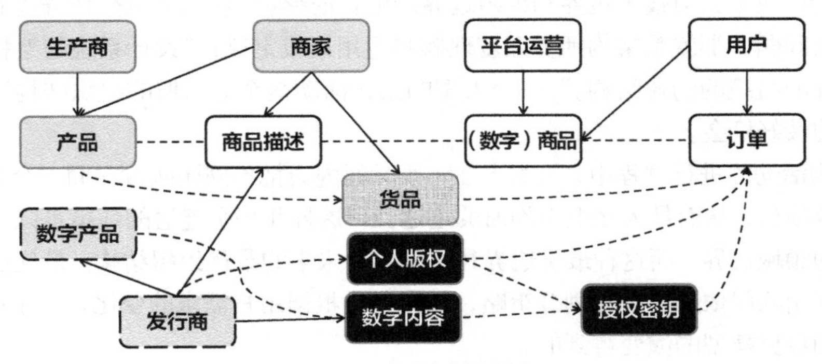

图 15.5　问题域的划分

图 15.5 中不同的实体框代表不同的问题域：白色底色框代表数字商品和实物商品整合之后的商品域，浅灰色底色实线框代表实物商家域，浅灰色底色虚线框代表发行商域，网格底色框代表货品和履约域，黑色底色框属于数字商品域。

在理想情况下，问题域和执行域是同构的，也就是说，如果把这张图复制一份，就可以在每个问题域上标注出相应执行团队的名字，但实际情况有所不同。在一家合并后的公司或者部门里会看到一个问题域对应多个执行域的情况，在一家收缩的公司里会看到多个问题域对应一个执行域的情况，在一家架构和管理混乱的公司里还会看到多个问题域对应多个执行域的情况。

如果某些问题域有多个执行域，就会出现多个团队争抢任务的情况。反过来，如果某些问题域没有任何已知的执行域，就会出现任务无人认领的情况。所以，问题域和执行域的划分以及映射关系的确认过程往往需要多次迭代，有时候甚至必须管理层介入。这个映射过程就是帮助架构师发现这些风险多发的领域的过程。

15.3.2 最小必要需求的筛选

接下来，架构师的主要关注点就是锁定**最小必要需求**，即与项目目标形成因果关系的强依赖需求。

我之所以把这个梳理过程放在问题域和执行域划分之后，是因为把一个需求从架构活动中删除是非常得罪人的事情。一旦每个需求有了对应的执行域的负责人，这个负责人和架构师的利益就是一致的。每个执行域负责人要通过最小化需求来控制自己负责的执行域的交付风险，而架构师则要控制全局的交付风险。在这个过程中架构师和执行者的共同关注点有以下几个。

（1）**需求的必要性**。任何一个需求，不论其价值有多大，只要它不是实现架构活动的必要条件，就应该排除在架构活动之外。

（2）**需求的正确性、合理性和可达性**。需求的正确性、合理性和可达性的论证与之前提到的在整个架构目标层面的论证相似，只是在更细粒度上思考。

（3）**需求的承接方**。这个需求是否有且仅有一个团队承接，是否有更好的同样有能力但是能承接更多任务的承接方。

完成这个梳理过程后，架构师就应该对需求与架构目标之间的因果联系有信心了。

15.3.3 需求的充分性验证

架构师梳理完所有最小必要需求后，还需要整理需求的充分性，也就是验证是否与架构目标相关的需求已经完整，最终能够带来预期的结果。

对于多数架构活动，这个过程并没有标准答案，否则架构师就成了能够预知未来的神。但是，对于某些可以拆分目标的场景，这种可能性的确存在。例如，与稳定性治理相关的架构活动就可以拆分到每个独立部署的服务和集群之上。只要能够保证所有核心链路上的服务的高可用，并做到这些核心链路所有弱依赖可以优雅降级，就能保证整个系统的高可用。

对于无法通过枚举方式获得确定性的场景，架构师在充分性验证环节则主要保证现有计划的功能完整性。这个过程是从用户视角出发，确保交付给用户的是一个完整可用的系统，而不是一个残废的软件。

对于这个过程，架构师需要构建一张需求从问题域到执行域的映射大图，如图 15.6 所示。这是一张示意图，架构师不一定要画出一样的图，但必须有一个完整的梳理体系，例如，通过脑图来梳理从整体到部分的分解和跨领域的映射关系。

如图 15.6 所示，架构师需要从架构活动目标出发，先思考系统的目标用户和这些用户的核心场景，然后针对每个核心场景的核心用例，思考是否相关的需求都有确切的承接方。

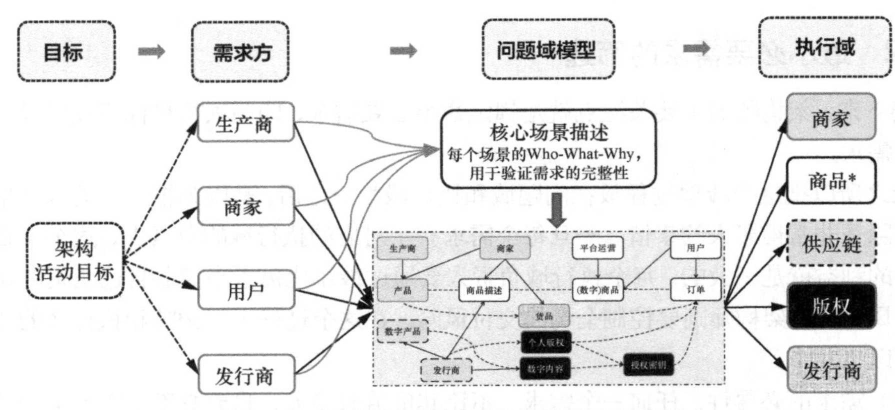

图 15.6　需求从问题域到执行域的映射大图

虽然架构师不能预测未来，但是架构师的确要询问每个需求的提出方和承接方为什么需求实现之后会有预期的商业回报，这个过程其实就是一种目标拆解的过程。在这个过程中架构师特别要关注商业需求背后隐含的技术需求，例如，电商网站新上线一种新的支付方式，而且会有大型商业活动，那么需求方给出的是功能性需求。但是，这里还有大量与性能和稳定性相关的技术需求，甚至还有一些隐性的功能需求，例如，支付渠道不可用时要有一定时间的"蓄洪"和延迟重试的能力，这些都会影响对整个系统的完整性的预期。

如果一名资深架构师主持的支付项目在上线后因第三方依赖宕机而导致不可用，他是不可能把责任推给提出需求的产品人员的，因为这是架构师的责任。

在需求充分性的验证过程中，架构师还需要确保从问题域到执行域的映射无歧义。如果出现没有承接方或者有多个承接方的情况，必须在这个阶段升级解决。

15.3.4　处理问题域和执行域中的冲突

在统一语义和确认需求的过程中，架构师会发现不同角色在不同的语境中隐藏了很多冲突。日常工作时这些冲突可能并不明显，因为执行者都在自己的隔离语境中工作，但是在把不同语境中的概念拿到一个统一的语境中来抢夺有限资源的时候，这些冲突就会全面爆发。

执行域的划分关系到管理者和团队的利益，是一个极为敏感的问题，也是冲突多发地带。既然这些冲突是客观存在的，避免不了，架构师就没必要畏惧这些冲突，因为这些冲突越早暴露对架构活动越有利。

最常见的冲突有以下几种。

(1) **边界的冲突。**多个需求方或者执行团队负责的领域边界不够清晰，不确定到底"谁说了算"。边界冲突主要源自以下 4 个方面。

- 不同垂直执行域在定位上本身就有重叠。例如，商家团队和商品团队之间，交易团队和资金团队之间，流量团队和导购团队之间。

- 水平分层上有模糊性。例如，前端团队和后端团队之间的分层，业务团队和财务团队之间的分层。
- 技术进步带来执行域边界的迁移。例如，前端工程师转为全栈工程师导致前端工程师的职能范围拓展到后端去，业务中台化导致业务线的研发任务迁移到了一个共享的中台上去，前端低代码化导致之前由前端工程师完成的任务变成由产品人员或者后端工程师来完成。
- 不同角色的组织关系混乱。例如，一家企业中业务团队和产品团队已经完成重组，但是技术团队的整合还没有完成，那么订单域从需求到执行就可能形成一对零、一对多、多对零、多对一、多对多的状态，造成设计和执行过程的混乱。

（2）**优先级的冲突**。这是互联网企业最普遍的冲突，在资源有限的情况下，每个需求方都从自己的视角出发，期望得到最大的支持，导致各方在需求优先级上无法达成一致。

（3）**决策权的冲突**。在规划和执行决策上，有的角色非常强势，导致本来属于某个团队和个人的决策权被另一个领域的团队或个人抢夺了，从而形成架构冲突的热点。例如，某个大企业长期存在这样的现象：对某个领域有控制权的共享技术团队，涉及他们管辖的领域，需求必须由他们承接，设计也必须由他们决定，谁都不能替代或者更改。这就导致任何由这个团队参与的架构活动，一旦涉及这个团队的需求，设计就全都变形了。

（4）**人际关系的冲突**。团队或者个人之间也会有敌对情绪。有的公司喜欢赛马，针对同一个垂直领域，会让几个部门或团队用不同的方式竞争。这些定位大致重叠的团队往往会因为竞争摩擦而变得不和睦。

（5）**定位的冲突**。不同角色之间天然就是互相制约的。一家企业必须有某种形式的监督和制约机制，以确保整个企业的决策有完整且相对平衡的视角，而不只是单一视角中的最优。举个例子。商家运营的定位是商家增长，吸引尽可能多的商家到平台上，而网络规划和风控团队的定位是减少平台风险，尽可能地打击作弊和劣质商家。这就是一对矛盾。

我在15.2节中定义的5个架构信条中的前三个，就是分别针对以上冲突而设定的。信条一“任务划分可以打破现有的组织边界”针对的是边界的冲突，信条二“通过客观的判断标准比较多个候选方案”和信条三“最小化架构目标之外的技术投入”针对的是优先级的冲突。整个信条机制就是把权威的决策转化为基于信条机制的决策，是解决决策权的冲突的有效方式。

人际关系的冲突非常特别，这种冲突非常棘手，我也没有很好的普遍适用的处理经验可分享，我建议遇到这种情况要尽快向管理层汇报。

定位的冲突是天然形成的，一个架构活动在这一点上肯定有倾向性。例如，大促这样的架构活动肯定是以成交额为第一优先级的，相比之下商家运营需求的优先级会高于风控团队的需求，而诉讼和侵权引起的公关事件的平台治理的架构活动的优先级就会反过来。

解决冲突需要时间，但时间是互联网架构活动最稀缺的资源，所以架构师一旦没办法解决冲突，就要及时将其向上汇报给赞助者、决策者或者更高层管理者，通过他们的介入来及时解决。

15.4 划分边界：在架构活动中重组执行域边界

在日常研发过程中，任务边界的划分完全基于现有执行域。这种划分导致架构设计会受到现有执行团队组织结构的约束。

架构师可以通过需求拆分和任务分配过程重新定义系统边界，因而这个过程是架构师对长期系统架构产生最大影响的一个环节。我在信条一中强调了任务划分可以打破现有的组织边界，在信条五中强调了架构决策要面向未来最优，这两个信条同时给了架构师重组执行域边界的权力和目标。

15.4.1 市场竞争决定最优执行域边界

尽管面向未来最优是一个很宏大的命题，并没有确切的解法，但是面向此时此刻的竞争态势最优却有解。假设架构师有能力做出这个判断，并且有能力通过划分边界来加速竞争壁垒的构筑，就可以通过自己的决策为企业注入外部适应性（见第 9 章）。

在这个过程中，架构师最主要的判断就是以下 3 个。

（1）判断企业相对竞争对手最大的竞争优势在哪里。

（2）判断如何通过架构布局来放大这个竞争优势。

（3）判断在当前的架构活动中如何通过任务分配和划分边界来加速相关领域的技术建设。

这是一个架构思考的过程，不同于产品经理和项目经理的以需求驱动的划分过程。

举个例子。如果一家电商平台以商品品质作为主打心智，强调自己的商品质量控制远超过竞争对手，商品风控就是一个非常重要的领域，需要加速技术壁垒的构筑。那么，当下架构师就应该把这个领域独立成一个领域，而不是打包到另一个商品域中作为一个附加的需求，因为风控和商品的技术发展方向完全不同，只有把领域分开，未来才能通过康威定律产生软件架构、专业技术和人员能力的分支。

不过，像所有的互联网决策一样，任何正确的决策还必须发生在正确的时间点。那么，什么时候才是正确分支时刻呢？这是由市场，更准确地说，是由用户当下的需求密度决定的。少数用户已经要求高质量的风控，风控的建设周期要半年或者更久，而且判断建设完成之后会有规模效应，现在启动就是好时机。但是，如果没有用户需求，风控能力上线 A/B 测试看不出任何结果，那么持续维护相关领域的研发投入就违反了我在第 7 章中提到的最大化经济价值的原则。因此，架构师的专业判断在这里就非常关键了。

这个例子表明，架构师的取舍不是一门艺术，而是**基于商业和技术环境的理性决策**。

15.4.2 任务分配过程中要关注系统最软肋

每个任务分配到执行域都是架构师的一个优化机会，这个过程中最重要的优化机会除了15.4.1节提到的外部适应性，还可以是交付确定性、交付质量或者其他架构师认为比较重要的维度。这个优化过程可以通过局部范围内调整任务分配的方法实现。

架构师的作用就是从技术角度决定一个任务能否有更好的办法拆分或能够更加地合理分配，以便在其他指标不受影响的情况下交付质量（或者其他任何一个技术维度）变得更好。

这种优化机会普遍存在。项目分配的原始策略就是基于团队的定位和现有的领域划分，没有任何关于人员能力、工作饱和度、架构规划、未来走向等因素的考虑。这就是架构师在这个领域的思考和干预一定会给一个架构活动带来更高成功概率的主要原因。

从我个人经验来看，这个优化过程多数时候满足以下独立性假设：**假设每个任务都是独立的，一旦开始，单个任务执行成功的概率将不受其他任务的影响，当然，它也不会影响其他任务的执行。**

可以证明以下两点。

（1）在独立性假设之下，每个领域的任务分配可以单独优化而不影响其他领域。当每个子域都达到最优时，就得到全局最优解。

（2）在独立性假设之下，真正导致整个系统失败的最软肋是架构活动中成功概率最低的强依赖。这个强依赖才是架构师最重要的关注点，而不是所有人都注意的光环点。

有了独立性假设，架构师就可以采用分析思维，以优化机会从大到小，各个击破。这样就可以在有限时间内给架构活动带来最大的增量价值。

例如，大促的交易营销链路就是一个光环点，但是往往大促出问题的地方不是交易营销链路，而是像获取物流费用这样的下单页面的强依赖。因为任何一个强依赖失败都会导致整个架构活动失败，所以离聚光灯越远、投入越小、保障力度越低的强依赖，越容易成为整个架构活动失败的诱发点。

15.4.3 锁定所有最小必要需求的交付资源

一旦确认了任务边界，就必须迅速锁定所有与最小必要需求相关的资源，除了研发人员，还包括业务人员、产品人员、流量入口、发布窗口，甚至营销资金池，但最难锁定的还是研发人员。在互联网企业中，每个研发人员都是多个必保项目在身，不是一个团队主管说锁定就能锁定了。

那么怎么办呢？我的建议是，一旦确认了项目的可行性，立即把大家聚在一起做技术规划。当然，在这个过程中，架构师也会重点讲述技术机会和前景，其实就是常说的“画大饼”。有些架构师很看不起这个描绘技术愿景的过程，认为这不是脚踏实地的工作作风，但事实恰恰相反，真正能看清机会且看清每个研发人员的诉求，并能把这些诉求和架构活动中的当前任务联系起来，最终映射到未来的技术机会，才是符合人性和技术环境的最佳工作方式。这个过程是一个四维空间，即个人诉求、技术趋势、当前任务和长期技术架构。这是高度个性化定制的沟通，需要大量的深度思考和探索。

架构师通过这个思考过程为研发人员提供了最大化的成长机会，因而这些研发人员才能最大限度地投到架构活动中。这个是思考过程是架构师价值创造的一部分，而不是靠画饼的欺骗过程。这也是我在第 10 章中提到的过程正义的做事方式。

我在我的极客时间专栏中调研过这样一个问题：“最让你兴奋的目标是什么？”几乎回答者都有自己的选择，没有一个人持有“别人指派的目标会让我兴奋”这样的态度。

关于用人，我经常被问及一个问题：“某个研发人员有很强的意愿，但是他当前能力不足，我的项目里是否要用这个人？”我个人的经验是：除了一些极少数的、半年一遇的技术挑战，多数时候一个项目的成功概率跟研发人员的意愿度和投入度的关系更大一些，跟一个人的能力的关系要小很多，所以我更倾向于把机会留给那些意愿更强的人。

关于人员分配的深度讨论有两个价值：一个是会帮助架构师及早发现更多细节问题，另一个是会帮助架构师和核心研发人员尽快建立信任，以便在减少风险的同时增加项目的成功概率。

15.5　确认规划：通过建设反馈闭环提升交付确定性

在任务分配完成之后，各领域的架构讨论启动，架构师就需要对整个架构活动的规划做确认。这个环节的价值在于控制风险和保障交付。这也是为企业沉淀知识的重要时机。

这个环节除了是一个被动的沉淀文档的过程，还是一个设计实施阶段反馈闭环的主动的过程。在这个过程中架构师要通过文档中制定的详细时间进度、测试用例、预期业务指标等内容在交付过程中预先设下检查点，这样才能在未来通过项目经理、项目管理工具和监控工具来发现交付过程中的失误。这也是基于价值思维的做事方式。架构师不是在完成任务，而是要为架构活动的成功概率带来实质性的提升。

15.5.1　通过保障文档到现实映射的真实性提升交付确定性

在确认规划之前架构师收集并且整理了几乎所有与架构规划相关的文档，所以说确认规划也是定稿架构规划文档的过程。

我在 11.3 节中提到了文档除了记录决策，也有驱动决策的作用，但在确认规划环节，文档最大的作用是提升交付确定性。一个虚拟的文档之所以能够提升交付确定性，最重要的原因在于**这个虚拟的文档与现实形成了映射关系**。架构师在这个生成文档的过程中要的就是映射的真实性。我多次见过甚至资深架构师都在犯的重大错误：**一个华丽的文档后面没有任何真实的任务、代码、算法和测试承接。**

架构规划中的每个交付项，如用例文档、必保任务列表、领域模型、数据模型、前端埋点定义、API 设计、消息和数据流、整体交付计划等，都指向同一个目的，即提升交付的确定性。这也是架构规划的实质。从交付确定性来看，这些交付项具体的价值在于以下 5 方面。

（1）**确保交付内容和目标清晰**：关于交付内容的最简洁的描述的作用是描述架构活动中某个团队或者小组要为某个用户角色在某个场景中创造出某种价值，目的是确保所有研发人员都能对各自交付的目标和内容有清晰的认知。

（2）**确保必保任务的交付节奏**：交付计划和交付计划的管理工具从某种程度上能够确保文档到现实能够形成映射关系。例如，通过项目管理工具收集所有用例、相关的必保任务，确认任务分配和交付排期，跟踪所有必保任务的交付情况，等等。

（3）**确保交付的质量**：领域模型、数据模型、API 设计、测试用例等文档确保交付过程中的设计质量和理性思考。项目管理工具也会收集代码提交、自动化测试质量、缺陷数等其他指标来反馈真实的代码和设计质量。

（4）**确保交付结果可观测性**：像埋点等任务的价值，就是确保项目上线之后我们能够跟踪业务趋势，确保走向与预期一致。

（5）**确保长期架构的合理性**：领域模型、数据模型、消息和数据流、API 设计等都反映了具体被落地的架构设计理念。这些文档帮助架构师确认自己对技术趋势的判断是否真正落地为具体设计，也就是企业面向的技术壁垒建设到底是真正启动还是停留在口号中。

接下来我就解释一下具体执行过程中架构师需要关注的细节。

15.5.2　通过用例文档保障分解和传递的无损

用例文档简洁地描述架构活动中某个执行团队需要交付的任务内容。用例文档的最大作用就是用来传递第 5 章中强调的唯一目标。

用例是一个用树状结构组织的从粗到细有数百个节点。顶层节点就是由决策者和赞助者共同确认的最小必要需求，这些需求都服务于整个架构活动的唯一目标。

架构师在目标确认环节投入大量精力锁定目标，接下来就要通过用例来确保做到两个无损。

（1）**分解无损**：在需求层面，从顶层用例到最底层用例层层分解的过程中没有偏离整个架构活动的整体目标。这里要防止团队私下添加与目标无关的任务。

（2）**传递无损**：在人员层面，每个研发人员都能对整体目标和各自所交付的单元目标有既准确又精确的理解。

之所以用例是达成这两个无损的最佳手段，是因为它是整个架构活动中最粗粒度的控制手段。在用例层面上做梳理能够确保目标被最大程度地无损分解和传递到个人。

对顶层用例的描述可以合并成一两页纸的文档，这样的话几乎所有人都能通过阅读这些顶层用例的描述来迅速无损地获得宏观视角，每个场景的下一层用例和完整的需求文档可以用链接形式引导相关研发人员去获取更多细节。

例如，在一个以整合多个业务的商家工具为目标的架构活动中，大家可能会看到这样一个顶层用例："为中小商户提供有明确行动点的经营建议，从而提升商家的经营效率和满意成交额。"这就表明，生意参谋这样的功能是一个整合后的商家工具中的一个顶级产品功能。这种通过用例完成对优先级和目标的传递就是最简单直接的方式。

我曾经见过上百页的用例和需求文档，大家很快就会迷失在细节中，反倒无法感知到整体的交付目标。

15.5.3 通过提升项目数据的及时性来保障交付节奏

从用例到任务交付节奏的把控一般是项目经理的职责。项目经理需要重新梳理从需求到任务的映射、任务之间的依赖关系和任务最终的交付节奏，并确保这些交付计划录入到项目管理工具中。架构师可以借助项目管理工具，跟踪顶层必保用例的最终执行情况。这是标准的研发流程，这里就不赘述了。

如果没有专职的项目经理，架构师在这个环节最需要关注的就是数据的完整性和及时性。多数时候，研发人员没有意愿录入数据，即使录入数据之后出现突发情况也不去及时更新项目状态，最常见的就是研发人员的时间被高优先级任务抢占，核心研发出现突发个人事件、任务梳理疏漏等。如果这些数据失真，就无法确保虚拟文档和现实世界的一致性，交付节奏也自然无法保障。

15.5.4 通过统一的领域模型来保障需求侧语义无损

我在前面强调了统一语义的重要性。在架构规划阶段，架构师必须把整个架构活动的所有实体整理到一个问题域模型中，确保绝对的语义无损。

这件事情必须由架构师亲力亲为，不能拆分给多个团队独立完成，因为只有在单一语境下才能发现语义冲突，而保障单一语境的最好办法就是架构师一个人整理整个架构活动的顶层领域模型，就像图 15.5 所示的那样。当然，一个架构活动的完整的领域模型会有上百个实体，需要划分成多个子域，一个领域有数百个子域的情况并不少见。

梳理完之后，架构师必须同时找需求方和最终的执行方确立语义模型的准确性。

15.5.5 通过正式的 API Spec 提升软件架构的长期合理性

有了用例文档、必保任务和领域模型，接下来就可以请每个执行团队锁定基于形式化语言的 API 规约（specification）了。这个过程必须使用一种形式化语言，如 Swagger。选用形式化语言的价值在于以下 3 点。

（1）**有约束性**。文档内容即现实承诺，保真性好，文档可测试性好，对研发人员的交付内容有约束性，也可追溯。

（2）**易读易用**。对大多数程序员来说，形式化语言更易读且更方便。

（3）**研发人员有动力**。API 有明确的作者，好的研发人员会非常在意自己的口碑，因而会在 API 的定义上下功夫。

推行基于形式化语言的 API 描述的价值还在于软件架构的长期合理性。

（1）**发现语义不一致性**。API 是对领域模型中的语义的直接表示。架构师需要比较实现与领域模型定义，迅速发现 API 和领域模型中不一致的地方。

（2）**发现架构缺陷**。架构师在 API 评审的过程中会发现架构缺陷。例如，多个实体的读写接口出现在一个非聚合性服务中，或者不同优先级的接口混杂在同一个服务中（如对整个业务至关重要的下单接口和不影响成交的历史订单查询打包在同一个服务中）。通过评审，架构师会发现并记录这些缺陷，并在适当的时候建议团队修复这些缺陷。

15.5.6 通过优化数据流转提升项目结果的可观测性

在确认好 API 之后，接下来架构师就要去确认数据流转机制了。在这个环节架构师要确保整个架构活动的可观测性。

可观测性有以下两个方面。

（1）**业务可观测性**，就是架构活动的业务能够准确地被度量。实现这一点要求架构师必须确保线上收集的埋点数据能够准确反映架构目标的达成情况、线上数据埋点完整且正确、线上数据可以及时流转。

（2）**技术可观测性**，就是为了保障技术系统的健康性而搭建的系统可观测性能力，如日志、监控、报警等。

大多数架构师在技术可观测性上做得比较到位，这也是多数架构相关图书的重点。不过，从互联网企业的整体重要性来看，业务可观测性更重要。

要提升一个架构活动的业务可观测性，架构师的重点工作有以下 3 项。

（1）确保从目标映射到可以统计和实时观测的数据流上。

（2）确保数据流的准确性。多数时候，像埋点的准确性这样的问题不是架构师的关注点，但是业务方最关心的。

（3）确保相关的执行者理解自己的模块对业务目标的影响。系统上线前，相关的研发人员要关注核心数据是否被完整采集，系统上线后，相关研发人员要关注业务数据走势是否与预期一致。

事实上，最后一个环节的完成才表明架构师为业务目标建立了研发闭环。这个看起来似乎很显然的动作却很少有架构师能做好。

过去 10 年，我几乎每个季度都会不止一次看到重大业务项目上线之后最核心的指标在某个 A/B 场景或者转化漏斗环节跌到零的情况。这里强调一下，不是某个指标，而是整个项目最核心的指标，如订单数，出现跌到零的情况而没有被及时发现。

最后我再分享一个提升确定性的重要工作。在一个大型企业里，在梳理数据流转的过程中架构师通常会遇到数据共享障碍：数据的拥有者不愿意把数据共享给兄弟团队，有时候是出于管控和数据安全的担心，但更多时候是为了维护自己团队的利益。如果出现这种障碍，架构师最好向上汇报给决策者，由决策者亲自推动数据共享。

如果数据的共享机制要通过一个数据中台或者数据仓库实现，那么架构师就必须确保相关人员参与到确认环节中来，让数据生产方、处理方、存储方、权限管理方和使用方能够在各个方面达成一致，包括埋点要求、指标定义、必须支持的分析场景、模型定义、数据的及时性和准确性、数据清洗的分工和数据权限管理等。

对于互联网企业，追逐商业结果永远是重要的目标，而形成商业指标的观测闭环是这个过程所必需的，架构师必须把大量注意力放在提升业务可观测性上而不是只放在技术可观测性上。

15.5.7　通过测试用例梳理确保最终的交付质量

保障交付不能单靠研发人员的承诺，而要靠测试人员的持续验证。验证的质量是靠测试用例和这些测试用例的执行节奏来保障的。因此，架构师要评审顶层测试用例，确保最核心的场景以及这些场景的强依赖任务能够按时高质量完成。各执行域的测试用例由领域负责人完成梳理。

在这个过程中架构师要确保测试用例的通过代表任务已经完成。例如，一个有大流量的核心服务在完成改造之后不能说仅靠单元测试和功能测试就证明工作完成，还必须有压力测试验证相关功能可以真正承接线上流量。

15.5.8　通过文档的完整性保障整体交付的确定性

上面提到过的这些环节都有大量的细节需要架构师介入，因此完成每个步骤之后架构师必须从细节中跳出来，从宏观角度验证整个架构规划的完整性。

我发现多数架构师很擅长细节或者很擅长宏观，但是很少有架构师能够及时切换自己的观察模式，而这种切换对架构师来说是生存的一个必要条件。不看细节架构师就没办法发现问题，但是不看全局架构师就可能忽略一个全局性的大风险。

所以，这个最后环节就是要求架构师在自己的脑海里或者文档中记录的图 15.6 所示的大图上去发现宏观问题。在这个环节中，架构师要跳出细节、边界条件和个别异常情况梳理，而要从核心用例出发，思考到底整体风险在哪里。

这种宏观的风险也可以从不同的维度去发现。例如，某个领域的整体文档完成度低，可能意味着相关研发人员的能力或投入度低，风险就大；或者某个领域的整体文档重点集中在流程设计，缺乏对数据模型和业务结果的关注，可能要思考是否这个领域的模型和数据会是执行风险高发的领域。

15.6　小结

架构规划是架构师任务最重且价值贡献最大的一个环节，我在本章中给出了非常多具体实操的建议。

在统一语义环节，架构师要确保需求方和执行方能够在一个语境下做无损的交流。架构师能邀请各种角色到同一个语境下做深度的讨论就是一个非常美妙的聚会，因为那才是灵魂之间的深度交流。这里，架构师的目标是让所有参与者在真正值得共同去解决的问题上建立深度共识。

在建立架构信条环节，架构师要确保整个架构活动能够有一个安全的、最终能够收敛到长期最优的决策环境。在一个充满冲突的环境中，如果没有任何信条的指引，可以说架构师就堕入了万劫不复的深渊。所以，这些信条就是架构师的护身铠甲。

在确认需求环节，架构师要确保从需求到业务目标之间的充分必要关系，也就是在目标问题的分解上建立深度共识。这里特别要强调一点：在整个架构规划环节中，架构师的职责不是让项目更宏大，而是要确保交付风险的最小化。我见过太多激进的架构师了，他们不但不控制项目的范围，反而会在规划环节持续放大需求范围。这么做既不符合互联网时代小步迭代的原则，也不符合系统论中复杂度控制的原则。

在划分边界环节，架构师要优化执行域边界，使软件架构能面向未来最优。

在确认规划环节，架构师要通过文档来提升整个架构活动的交付确定性。确认规划环节要通过精细规划来控制风险，保障全面启动前交付风险的最小化。

在整个架构规划过程中，首先，架构师要从批判思维出发，以真正的事实和完整的逻辑来实现以上目标，不能简单相信权威或者把工作委托他人；其次，架构师要不断地在分析思维和全方位思维两种模式下切换，通过分析思维发现细节问题，通过全方位思维确保思想实验的全面性。

我相信，在学习本章内容的过程中你会发现，在每个环节架构师都是从技术角度通过深度思考来直接创造价值的，而且这种价值是真正的商业结果确定性。这就是有实力的架构师是所有企业都梦寐以求的人才的原因！

15.7　思维拓展：从细节上做宏观决策

架构师在很多环节上都需要做决策。例如，问题域和执行域应该怎么划分，具体一个任务应该如何分解，某个任务应该分配给哪个团队，等等。在发生冲突的时候，这些决策不论从哪一个选择方案上看似乎都是合理的，争论的双方似乎都对，架构师似乎不论怎么做决策都会得罪其中一方，也没有错对之分。

多数时候，发生这种似乎没有对错的争论的原因就是所有的争论者对细节的了解都不够。例如，本章中提到的电商领域模型，实物商品域和数字商品域的概念与模型看起来非常类似，两个角色都是在处理产品、货品和商品之间的关系，但是看到细节（如商品上下架环节），大家就会发现上下架的动作在两个角色中是完全不一样的。

（1）对于售卖实物商品的商家，上下架的动作是填写商品详细描述，上传图片文字和视频，选择和确认类目，验证商品描述清单的属性标准，风控审核价格和内容，以及绑定商品描述清单到商品的关系，等等。

（2）对于售卖数字商品的商家，上下架的动作是填写数字商品的元数据，从第三方获取数字商品的图片和文字信息，验证信息质量，从供应商指定的文件传输渠道获取源文件，对源文件进行编码、转码和加密，分发源文件到内容分发网络，等等。

根据上面的描述，我们很容易发现实物商品和数字商品领域的技术都不属于计算机科学分支。对执行团队的要求也不一样，计算特性也不同，很显然，把这两个功能合并到一个中台去不但不能节省人力，反倒会大幅增加系统的复杂度且降低系统的稳定性。这么做是得不偿失的。

对比之下，我曾参与过国内某个大企业的某个中台设计的讨论。这家企业的最高决策者在讨论会议开始之前发表了一席讲话，主旨是“所有看不到中台未来的人都不是我们想要的人”。他随后离场请大家自由讨论，但显然在这种定调之下影响上千人的宏观决策都没有经过任何细节的讨论就结束了，一个错误的宏观决策就这么做出了。几年后，这家企业陷入困境，近千人的中台组织解散。

15.8　思考题

1. 如果不解决语境的分歧，那么由歧义产生的问题最终会透过架构方案，一直渗透到代码和数据模型的底层，导致代码实现里出现很离奇的函数名、表定义、依赖关系和消息传递。你见过最离谱的类似的案例是什么？
2. 你见到过最清晰的领域建模是哪一个？这个模型最终带来了什么样的价值？
3. 领域建模是为了定义要解决的问题，很多人号称自己在做领域建模，但往往是在代码都上线了去晋升的时候才开始画领域模型。不过，即使是这么做往往也有价值。你做过这种事后的建模吗？建模过程帮你发现了什么问题？
4. 问题域和执行域不需要同构，因为执行域可以是多个问题域的抽象。你见到过比较好的抽象是什么？

5. 你做过任务边界的划分吗？有了本章中提到的信条，你觉得你的任务边界的划分会变得简单吗？为什么？
6. 在你参与的项目中有没有边界划分不合理的？在划分之初你是如何判断边界不够合理的呢？为什么你会做出这个判断？最终的结果是什么？
7. 架构活动成功概率的天花板就是成功概率最低的那个强依赖，而这种最弱节点也应该是架构师的思考关注点。你经历过的让你最难忘的最弱节点是什么？
8. 计划永远赶不上变化，哪怕是再完美的规划也敌不过变化。你见到最夸张的变化是什么？这种变化可以通过规划来应对吗？为什么？

第16章 项目启动

架构师确认了架构规划之后，接下来就可以着手准备项目的启动了。这是架构活动中极具里程碑意义的一个节点，项目的启动标志着企业开始正式向一个架构活动投入各种资源。

在项目启动时，架构师和所有参与者就像组建了一个大家庭，大家齐心协力开始朝着目标努力奋斗。这个环节经常会举办一个庆典：领导致辞，参与者喊口号。但是，架构活动多数是高风险的。

在本章中我会讲一个经验老到的架构师要在项目启动环节做好哪些工作，才能最大化架构活动的成功概率，有一个完美的结局。

16.1 项目启动前的准备工作

事实上，项目启动的真正目的是让所有参与者完成一次有约束效应的目标与任务确认。这个过程与合同签约的过程十分类似。

在项目启动之前，架构师只是跟各个参与者起草了合同条款，这是在口头上达成的约定，并没有真正的约束性，架构师还需要与各方签约，确保合同生效，在此之后，参与者才会对合同中的任务和条款负责。签约并非再也不能更改合同中的细则，只是双方都有了承诺，任何参与者都不能单方面更改条款，要想更改条款需要通过一个确定的流程。

在互联网时代，项目启动环节要以终为始，公开架构活动的明确目标，以清晰的语义阐述参与者的责任、权力和架构环境，保障参与者对目标的全力投入。这个过程中架构师就需要设立保障机制，来保障这个合同是真实有效的，从而最大限度地提升架构活动的成功概率。

在项目启动之前，架构师和项目经理要完成以下工作。

（1）**定义架构环境**。将之前搭建的架构环境，尤其是架构信条的细节，整理成完整的线上文档，分享给所有参与者。

（2）**整理架构文档**。完成整体的架构规划，初步完成不同领域的细节规划文档，整理并分享给相关参与者。

（3）**梳理重大风险**。完成整体风险的梳理，并且完成重大风险预案确认。

不过，即使完成了以上梳理，架构活动依然会面临着一系列挑战，最常见的挑战有以下3个。

（1）**技术方案的确认比较随意。**多数技术方案的确认停留在口头上，设计文档不存在或者不完整，核心领域和强依赖中仍然有大量处于争议状态的设计评审，子域层面的架构方案可能存在尚未解决的冲突。

（2）**资源、优先级和交付节奏尚未得到官方确认。**架构活动使用的运营资源、产品资源、技术资源、数据资源等尚未得到官方锁定。

（3）**缺乏重大问题预警机制和冲突解决机制。**在互联网这种舍命狂奔的状态之下，如果没有自下而上的问题预警机制和相应的响应流程，没有冲突的升级和解决机制，那么架构项目必然会因各种突发问题和冲突而最终以崩塌收场。

根据这3个挑战，架构师需要完成的任务项依次是：架构方案的正式确认，核心资源的官方确认，以及问题预警机制和冲突解决机制建设。

16.1.1 架构方案的正式确认

你可能会感到疑惑：在架构规划这个阶段不是已经完成了架构方案的确认吗？为什么还要再验证一次？架构方案的两次确认中，第一次有点儿像在大学操场上被恋人问："我们永远在一起吧，好吗？"第二次则像在西餐馆里被谈了5年恋爱的对象问："我们这个十一就领证吧，好吗？"

也就是说，如果执行者意识到这次公开做出的交付承诺，哪怕是晚一天也会被项目经理和部门领导追查，那么他做出交付承诺的信心就会有所变化了。当然，这里也会有客观的原因。例如，项目启动之前会有大量细分领域的架构规划和评审，有时候也会做专门的外部评审，如果这个过程中收到了大量不利的结论，那么架构师必须重新审视之前的整体架构规划和与重大风险相关的结论，判断是否之前的可行性决策是错误的。

除此之外，还有一些比较常见的异常情形。例如，在验收子域的架构规划时，架构师可能会发现细分领域的取舍不符合最大化项目整体交付确定性的原则，某个子域为了节省迁移成本，选择先完成服务拆分的技术子任务，再实现其他团队强依赖的API。虽然这么做在这个子域节省了几个人日的工作量，但是整个架构活动会因为这个服务的上线延迟而导致超过3天的延期。

架构的正确性验证本来就是逐层分解且随着项目进展而逐步细化的过程，而项目启动又意味着架构规划的确认将从非正式变成正式。因此，之前没有暴露出来的问题会在这个时间点集中涌现出来。

需要注意的是，这个验收环节必须由架构师亲自完成，不能移交给他人。这次验收环节相当于飞行员在飞机起飞前的检查，虽然地勤人员会对飞机做彻底的检查，但是飞行员还要从自己的视角出发再次确认，才能让飞机起飞。

16.1.2　核心资源的官方确认

多数研发人员都参加过项目启动会，也肯定见过这种仪式：某位领导把一个具有象征意义的物品，通常是旗帜，交给某个领域的负责人，在转交的过程中两个人会握一下手。遗憾的是，大多数项目的启动仅仅停留在了握手这个仪式上，所有参与者就像开了一个派对，吃吃喝喝之后就散了，什么状态变化都没有发生。

事实上，项目启动环节真正想达到的目标是**深度握手**，各个参与者对所建立的架构目标、架构方案、架构环境、任务边界、交付节奏和资源投入，完成一次**有约束效应的正式握手**。架构师必须把握手这个环节做成一个真正的技术协议，就像TCP协议中的三次握手协议一样。架构师的目的是获取一个能提升交付确定性与交付质量的、毫无歧义的技术确认（ACK）。架构师除了要公布已经建立共识的架构目标和刚刚完成正式确认的架构方案，还要从技术层面对所有的交付内容做公开确认。

所有架构活动的参与者都要确认从某天起到另一天为止，将保障投入相关的资源，完成约定的任务，达到预期的质量，且承诺一段时间的支持和维护。在这个过程中应该是架构师起草要承诺交付的资源和服务，由执行方公开宣布，这也是执行方认可并保障完成的承诺。这样就完成了没有歧义的合同签署的过程。

不过，极端情形下也会出现核心依赖拒绝做出承诺的场景。这时候，**放弃**可能是一个选项。或许你会认为，在项目启动之前退出多丢人啊！但是，在项目启动前退出相对来说是一个更负责任的行为，可以避免造成更大的损失，因为在架构启动之前公司投入的成本很低，很少能到百万元人民币的级别，但在大规模的项目启动之后一旦有损失就少则百万美元，多则上亿美元。

就像生活中的许多行动一样，**放弃也需要勇气**。

16.1.3　问题预警机制和冲突解决机制建设

最后，为了保障架构活动的成功，架构师还要为架构活动引入问题预警机制和冲突解决机制。

所谓**问题预警机制**，就是在架构活动启动后，在所有参与者和核心决策者之间有一个畅通的沟通渠道，以确保重大问题能被及时地传递给决策者。这种机制和线上服务的报警机制和故障处理流程类似。在重大问题发生时，确保参与者有高效且及时的沟通渠道向架构师或核心决策者反映问题。

我见过最离奇的缺少预警机制的情况，就是一个为4个业务部门建设中台的架构活动，最终竟然在9个月后交付了一个有4套代码分支的中台。这个有几百人的项目团队在压力之下竟然没有一个人把这个严重偏离架构活动目标的问题反映给管理层。

如果预先有一个预警机制和反馈渠道，就可以避免这种情况的发生。在互联网时代，大多数公司都处在舍命狂奔的状态，导致项目失败成了常态。因此，对于重大问题，必须有发现、沟通、响应和“迅速止血[①]”的流程。

接下来我介绍一下**冲突解决机制**。冲突解决机制是指两个或多个合作方之间出现争议，并且无法自行化解冲突的时候，需要紧急启动的升级决策流程。一般情况下，升级后形成的决策，参与各方无论如何都必须遵守并坚决执行，不能反复申诉和辩论。

虽然这种决策方式可能会导致重大失误，但是在互联网时代，时间是最稀缺的资源，这种决策方式的时间成本是最低的。一般的做法是几个人小范围讨论，如果不能达成一致就需要升级到更高层级再次讨论，如果依然达不成一致就需要升级到决策者，形成一个最终的结论，最终结论一旦形成，各方须立即执行。

问题预警机制和冲突解决机制的意义是什么呢？任何人都是在巨大的时间和交付压力下工作的，边界模糊是常态。在一个高风险项目的后期，尤其是整体交付出现重大困难的时候，团队之间的冲突就会频繁发生。

那么搭建的问题预警机制和冲突解决机制，就是要确保所有参与者不会把技术问题“政治化”，确保重大问题不会被隐瞒，冲突不会被长期拖延。在这个过程中，架构师要向所有参与者传递一个态度：**技术问题和团队冲突不可避免，但我们有确定的沟通机制和处理流程来帮助大家解决问题。**

更理想的情况下，这些机制应该在架构环境搭建这个节点就充分讨论并建立，架构师只需要在项目启动环节向全员宣布即可。一般来说，这种机制在企业内部的重大项目中可以被多次复用。

至此，架构师才帮助执行者和决策者签好了“婚前协议”。

16.2 项目启动

如果架构师完成了以上工作，就可以召开启动会了。

有的架构师喜欢开大会，无论项目大小，恨不得把整个公司的管理层都邀请过来。在这个内卷的时代，尤其是在大公司，开一个高调的项目启动会的确是提升项目成功概率的有效手段。

我在我的极客时间专栏中调研过这样一个问题：“怎么判断做事的优先级？”有近一半的专栏读者的答案里提到了项目的重要性，由此可见大公司中启动会的明星阵容的确能彰显一个项目的重要性。

不过，项目中的大小会议都会占用参与者的时间资源，我建议架构师要尽量坚持我在第 7 章中提到的最大化经济价值的做事方式。

在启动会上，架构师应该通过完整的架构目标描述、清晰的问题预警机制和冲突解决

① “迅速止血”指的是为了减少损失而迅速修正软件系统的行动。

机制、宏观的架构方案和顶层用例、分模块的架构设计和交付方案、重大的集成时间点、细节设计文档 Wiki 链接等高质量的技术内容，取代单纯地喊口号和作秀。只有这样，架构师才能为参与启动会的一线程序员提供全局视角和技术干货，这才是架构师能为项目启动带来的增量价值。

既然请来了“明星阵容”，那么“明星们”也要为启动会创造价值才行。我建议，架构师可以邀请高层决策者和赞助者来分享项目背后的思考和动机，他们为什么启动这个项目？他们从这个项目里看到的前景和未来是什么？

16.3　小结

项目启动不是一个庆典，而是合同正式签约的过程。签约前肯定会暴露出很多潜在的问题，架构师要做的就是从技术视角审视两个问题：一是哪些问题会导致系统性的风险，让整个架构活动失败，二是哪些冒险值得一试。

同时，在整个过程中，架构师要从技术视角审视合同的有效性，也就是前面提到的深度握手这个步骤。

架构师也要为整个架构活动控制风险，建立问题预警机制和冲突解决机制，确保执行过程中发生的问题能够被及时解决，团队之间的冲突能够被迅速化解。

有了这些准备，架构师就可以用高质量的技术干货来充实项目启动会了。

16.4　思维拓展：用合同来保障命运

很多武侠小说里的大侠都有一个共同特征：做好事信手拈来，从不需要签字画押。然而，在现实生活中，我们听说的故事都是反过来的，几乎都是某某大侠因轻信合伙人、投资者、供应商而如何如何被坑了。

可能写武侠小说的人都没有读过博弈论。在一个信息不对称的世界里，如果合作双方都无法准确预测对方的行为，而且如果对方不遵守承诺给你带来的损失要大于对方遵守承诺给你带来的回报，那么最后的纳什均衡是双方都收敛在不能轻信对方的状态上。因此，合同是信息不对称状态下合作所必需的。简单来说就是，因为输不起，所以需要签合同。

16.5　思考题

1. 你经历过印象最深刻的项目启动会是什么？为什么？
2. 在项目启动会中，你最关注的内容是什么？你从中得到的最大收获是什么？这些内容能帮到你吗？
3. 我在本章中提到了问题预警机制，你参与过的架构活动有问题预警机制吗？它们起到预警的作用了吗？为什么？

第17章 价值交付

对企业来说，交付阶段是成本最大的阶段，因为大量的研发资源开始投入架构活动中。

有的架构师认为，到了这个阶段，就主要靠项目经理深度介入每个团队的交付过程中来保障任务的完成，有的架构师甚至认为，从现在起，就要把自己的角色转换为项目经理。这种想法是错误的。

在本章中我将介绍架构师如何从价值思维视角去整理和优化交付路径，从而最大化架构活动带来用户价值，并且在交付过程中持续降低交付风险。

在本章中我还将介绍互联网企业应该采取的基于原子价值单元的交付方式。这种交付方式要在保证结论有效性的前提下，尽早把一个完整的功能发布给目标用户，同时向他们及时收集反馈。这种交付方式的目标是把问题尽早提给市场，让市场来指点迷津，而不是靠推测来判断一个功能的市场反馈。收集市场反馈主要有两个目的：一是帮助团队将目标锁定在正确的目标上，避免偏离；二是验证预期增值是否满足期望。依据这些反馈，架构师就可以对架构目标、架构方案、任务边界和交付节奏做出调整，而每次反馈也都能让团队得到更好的数据，以便更准确地估算项目的投资回报率，甚至找到新的增值空间。

这种交付方式就是我在第3章中提到的基于实用主义思维的交付方式。

17.1 什么是原子价值单元

架构活动不仅庞大，而且任务错综复杂。不过，它也符合“二八原则”，即提供80%的用户价值的功能的开发量占比一般不会超过20%。架构师的目标就是找到那20%功能点，确保这部分的交付万无一失。这个过程就是定义**原子价值单元**（atomic value proposition unit，AVPU）的过程。**原子价值单元**指的是从架构活动中分离出最细粒度的、有增量价值的交付单元。

在传统的大型项目中，一般都会有项目经理的参与。项目经理的工作就是将项目拆分成几个更小、更容易跟踪和管理的交付模块，以降低团队之间的耦合，最大化项目成功的概率。项目经理一般采用按自然时间段交付的方法来拆分项目。这种按时间拆分项目的交付方式其实忽略了不同功能的用户价值差异，说得不好听一点儿，是一种外行采用的交付方式，是一种忽略互联网企业现实和违反价值思维的交付方式。

但是，因为多数项目经理都是从传统行业来的，所以多数大企业里的项目交付都遵循这种交付方式。不信的话，你可以随便问问公司里进行了一半的某个大项目的架构师："我们拿到了用户对我们的价值反馈了吗？"得到的回答肯定是："等到项目上线就会看到了。我好兴奋啊！"每当这时候，我既替他惋惜又替他担心。

我之前就提到过，互联网企业的很多尝试都是有很大风险的，多数架构活动都是以失败收场。如果没有在项目前期及早看到用户对价值的反馈，等到项目全部完成上线的时候才看到事与愿违的结果，这种打击对架构师个人、整个团队，甚至公司都是很大的。

这里提到的原子价值单元的交付方式就是，**把架构师的注意力转移到交付的用户价值上，而不是交付功能或者交付代码上。**

区别于敏捷开发里面的最小可行产品（MVP）的概念，原子价值单元不是一个独立的产品，只是一个交付单元。它具备以下 3 个性质。

（1）**独立性**：从用户视角看，这个单元可以被单独识别。

（2）**可度量性**：这个单元为目标用户创造的价值可以被数字化。对于"原子价值单元是不是达到了预期的价值目标"这个问题，得到的回答应该是可以被精确量化的，而不能是定性的。

（3）**结论的完整性**：从阶段性交付价值的角度看，从这个单元得出的结论是完整的。例如，对于"这么做的价值足够大吗？"这个问题，得到的答案必须为"是"或"否"，而不能是"很难说"这种模棱两可的回答。

这个定义跟传统的交付是有很大差异的。**传统的交付**按项目时间平均拆分阶段性交付目标，可以最小化集成风险，但交付的价值是拼凑出来的；交付原子价值单元交付的是一个用户可见、可尝试的独立功能，可以独立提供完整的可度量的用户价值。

架构师在交付过程中的作用就在于：能够基于对整个架构活动的目标、经济价值和用户价值的理解，基于对整个架构规划的全面了解和所有顶层用例的清晰认知，判断出整个架构活动中的一个或者几个最大的用户价值点，从而把自己注意力放在对应的原子价值单元的交付上。

互联网企业不能追求延迟满足，如果有多个原子价值单元，就要从预期价值最大的那个原子价值单元开始交付。

17.2　以用户价值为终极目标的交付方式

度量价值的方式有很多种，以电商大促为例，至少有以下 3 种常见的度量方式。

（1）**从经济价值的视角，看项目能为企业带来哪些重要的经济价值**。对大促而言，比较重要的指标有 GMV 和总订单数。

（2）**从用户价值的视角，看项目能为用户带来什么重要的价值。**对大促而言，度量用户价值的常规指标有新买家数、买家满意度、成交用户总数等。

（3）**从技术价值的视角，看项目能为企业带来哪些重要的技术价值和常见的技术壁垒。**对大促而言，指标是每秒峰值订单数、机器人会话转人工率、大促会场转化率等。

除此之外，还有一些其他的附加价值，如市场渗透率、员工价值、企业的社会形象等。

有这么多价值度量的方式，为什么要选择用用户价值来衡量原子价值单元呢？主要有以下两个原因。

（1）**用户价值容易度量和监控。**互联网企业往往可以直接通过端上行为度量用户价值，通过量化指标度量功能的价值，并通过 A/B 实验逐步提升这部分的价值。

（2）**用户价值是输入指标，有执行抓手。**用户价值是产品人员和技术人员能够直接改变的东西，而经济价值是结果指标，架构师可以通过追求用户价值而带来更大的经济价值。技术价值则是追求用户价值的附加结果。

下面回顾一下我在第 7 章中讲的性能优化的案例。我跟团队最初就是把项目切割成了最细粒度的价值交付单元，以最小成本验证最初的假设的。等做出来一两个案例并确认回报后，我们固化了方案和工具，并加速推广。越做到后面，技术方案越健壮，接入越容易，尽管这时候增量回报变低了，但是实现成本也会降低，最终技术会得到一个比较高的渗透率。不过，性能优化的案例比较特殊，我们直接采用经济价值为目标，因为这个项目的经济价值可以被直接度量。但是，通常的技术项目经济价值不太容易直接度量。

以用户价值拆分和验收原子价值单元有时会带来意想不到的惊喜。之前我们认为要等到项目结束之后才能拿到的结论，现在在项目进行到一半的时候就能拿到，这就好像通过一个水晶球提前看到了未来一样。

17.3　阶段性价值交付面临的挑战

相比于里程碑式的交付方式，原子价值单元的交付方式还面临一系列的挑战，主要有以下观点。

（1）**原子价值单元破坏了整体结构性。**有些人非常反对对架构活动进行拆分，认为这么做会破坏项目整体的结构性。持这种观点的人一方面认为只有项目完整交付之后项目的价值才能体现出来，另一方面又担心将价值较大的项目拆分后剩下那些价值较小的项目就可能烂尾。对于前者，这种担心我认为并不成立。我很少见到一个完全不可拆分的项目。对于后者，这种考量的确成立，有些价值不够高的项目永远没人管。比较常见的就是网关。人人都需要，但是放在自己的团队中怎么做都不划算。对于这种情况，我建议专门起一个项目来做网关改造，而不是把网关项目附着在另一个大的项目上。

（2）**原子价值单元拆分带来浪费。**很多架构师认为拆分会浪费测试和联调资源。的确，拆分之后联调和上线成本会增加不少，不过我认为必须基于总成本来做这个决策。如果说整个项目大概率会失败，那么拆分其实是明智的选择，因为提前验证的成本远远低于整个项目失败的成本。做原子价值单元拆分想解决的主要问题就是**减少缺乏提前验证而导致的浪费，而不是减少提前验证自身的浪费。**

（3）**原子价值单元缺乏大规模验证。**有一种说法是“没有规模化部署之前，得出来的结论不靠谱。哪怕提前验证，得出的结论也是错误的。”这种说法在某些大数据和氛围烘托的场景下的确有一定的道理，如“双 11”大促和春晚红包，但在工程领域中，哪怕是“双 11”这种有数万人日投入的架构活动，其实也可以拆分成子项目，然后做提前验证。有些验证的确需要看规模效应，那就可以放在小一点儿的大促中做验证，如“618”大促。

（4）**原子价值单元会压缩研发人员的自由度和探索空间。**大项目本身是高风险的，如果太早验证，得到的负面结论会让赞助者丧失信心，项目很容易被取消。这个担心的确是有根据的，我也见到过被取消的项目。不过，我认为这种情况下的取消是基于长期主义的正确做法，从公司的视角来看，避免一次浪费就多给研发人员一次未来的尝试机会。架构师和研发人员的命运应该是与公司长期深度绑定的，而不是绑定在单个项目上。

不过，有些大项目有专门的项目经理在负责整体交付，由项目经理决定交付方式可能还是他所推崇的里程碑式的交付方式。从组织管理、团队协调、资源配给等角度来说，传统的交付方式协调更简单，所以也是更常见的交付方式。在这种情况下，架构师还是要服从整个公司的管理理念和执行方式，更多的是从原子价值单元的视角出发，保障最重要的用户价值模块。

17.4　从价值交付的角度做原子价值单元拆分

本节介绍架构师具体如何从价值交付的角度完成原子价值单元拆分。

17.4.1　依照用户价值点拆分交付目标

架构师要先把需要交付的内容以用户价值点切分为多个原子价值单元，这个拆分动作的起点是在确认规划环节中梳理好的顶层用例。

举个例子。在一个电商大促项目中，对于每个顶层用例，架构师都可以试图把它们拆分成一个或者多个原子价值单元。拆分的原则很简单，该用户可见功能在上线之后可以独立得出有效结论。例如，电商大促的用例的数量以千计，高度复杂，但是，如果拆分成原子价值单元就简单许多，大促的一个“通过算法优化和场景集成让大促智能客服机器人的案件承接率超过 90%”的顶层用例，可以拆分成售前商品咨询项目、售后订单取消、售后物流状态查询等独立的原子价值单元来定义。

当然也有特殊情形。例如，大促项目中订单中心的研发可能跟很多项目都形成了耦合。那么，架构师的问题来了，到底订单中心团队先开发支付营销相关的需求，还是先开发会话机器人集成相关的需求？我在第 7 章中已经给出了答案：架构师要以最大化经济价值为原则来做这方面的决策，应该先选择完成回报最大的场景。

在这个选择过程中，我不建议架构师太多考虑风险的大小。我的逻辑是，高回报永远伴随着高风险，既然迟早都要面对风险，还不如早点面对，这样自己还能有更多的思考时间，避免走太多弯路。

在真正的竞争压力面前，这种投资回报率最大化的原子价值单元路径，是我经历过的最有效的项目推进方法。

17.4.2 以实用主义思维发现最短交付路径

定义了多个原子价值单元之后，下一步就要发挥架构师能力来发现最好的交付路径了。**策略就是实用主义：选择最短交付路径。**

架构师要在不破坏项目整体结构的前提下，圈定原子价值单元的所有强依赖，大胆地舍弃所有的弱依赖。当然，强依赖除了技术模块，可能还包括一些非技术的依赖，如招募参与前期实验的商家、营销费用和培训内部运营人员等。

很多架构师对这个取舍过程有非常大的顾虑。下面我就用大促中比较常用的反向招商来演示这个取舍过程。所谓“反向招商”，就是根据最近成交的订单，选取销量和满意度较高的商品，然后邀请这些商品背后的商家参加大促，将商品拿到大促上打折售卖。技术人员可以通过现有数据、商品圈选逻辑、一个活动报名页面转化率，商家推广计划的力度，对反向招商的预期 GMV 贡献有一个估算。

不过，这个估算有以下两个比较大的不确定性。

（1）**商家的意愿**。有多少商家愿意把自己的爆品拿到大促上做深度的打折售卖？

（2）**用户的意愿**。这些商品是否属于小众商品？小众商品意味着转化率在特定人群中较高，一旦放到大促主会场面对所有买家做推广，转化率就不一定能保证。

这两个不确定性就是这个原子价值单元需要在线上验证，而没办法从现有的数据中估算出来。

不过，想排除这两个不确定性也没那么难，极端情形下，只通过调查问卷的形式就可以大致估算商家的参与意愿和最大折扣力度，而用户意愿可以通过给不同的用户群分别以不同折扣力度的定制页面做投放来估算出转化率。

调查问卷和一组定制的活动页面就是这个原子价值单元的最短交付路径。前者不需要开发，后者在前端技术成熟的企业中运营人员可以通过活动页面搭建工具自行完成，也不需要开发，即使企业不具备这种工具，也可以由外包人员开发完成。所以极端条件下，大促反向招商的最短交付路径都不需要任何固定开发资源。但是，事实上，架构师并不需要做这样极端的取舍，因为大促反向招商的项目往往有固定的研发资源保障。

所以说，**多数时候决策者给予架构师的资源和时间远远大于以上最短路径所需**，所以架构师还是有很大的腾挪空间的。

17.4.3　从结构性和成本出发优化的交付路径

有了部分腾挪空间，架构师就可以优化整个架构活动的结构性、研发成本及交付顺序的合理性。

虽然架构师需要尽早交付原子价值单元，但是并不期望破坏整个软件系统的结构性，所以架构师需要梳理强弱依赖关系，控制联调的成本和节奏，把握速度和结构性之间的平衡。

如图 17.1 所示，多个原子价值单元和功能模块之间形成了网状关系，一个原子价值单元是它所有强依赖的组合。很明显，这是一个树结构的遍历问题。

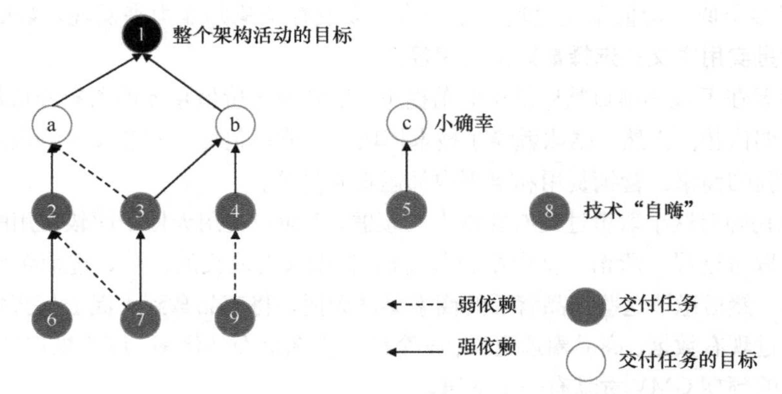

图 17.1　架构活动中原子价值单元与交付任务之间的依赖关系

在图 17.1 中，节点 1 是整个架构活动的目标；节点 a、b、c 是 3 个原子价值单元，它们各自依赖的交付任务用带箭头的线来表示，例如对原子价值单元 a 来说，任务 2 是它的强依赖，任务 3 是它的弱依赖。

一个原子价值单元是一个树状结构，比较容易计算总交付成本和交付时长。例如，图 17.1 中的 c 节点与整个架构活动的目标无关，它只是附属在架构活动上的一个“小确幸”，不应该作为原子价值单元的选择。如果说一个节点始终没有通向节点 1 的路径，那么这个节点应该砍掉或者作为低优先级任务处理。

要交付原子价值单元，相关的依赖模块就需要提前做联调。很多技术人员非常讨厌中途停止编码去配合其他团队做联调，所以不能把原子价值单元的交付做得过于频繁，因为大项目的联调成本很高，交付过于频繁会打乱研发节奏。我的建议是交付周期在两周到一个月之间，因为如果超过一个月还没有交付任何原子价值单元，积攒的风险就会变得很高。

最后，架构师还要把握速度和结构性之间的平衡。还是来看我在第 7 章中讲的性能优化的案例。我们第一个原子价值单元的交付完全没有考虑结构性，只想看清楚价值是否成立，确定价值成立后我们才开始设计更稳定的架构。

从成长思维来看，我认为多数时间架构师应该选择先做投资回报率最大的项目，以最小投入验证最大回报的可能性，未来再逐步投入人力做工具的打磨和优化。但是，如果架构师主持的是一个大规模的系统重构项目，那么整个架构活动的结构性跟我们确定的最短时间内交付价值最大化会形成一对矛盾。

从系统结构性上考虑，架构师应该选择从底层依赖逐层向上的里程碑式的交付方式，这样才能在整个项目上线之后最大限度地保证结构性。但是，从价值思维来看，架构师似乎又应该选择原子价值单元的交付方式。

我自己的经验是，哪怕是重构项目，架构师依然应该选择原子价值单元的交付方式，因为**里程碑式的交付方式的前提假设在互联网企业中不成立**！没有人能保证架构活动会给予最初承诺的时间和资源，架构师始终要面临一个现实的问题：**架构活动是随时可以被抢占的**。事实上，架构活动多数时间也的确被抢占了，在这种现实的情况下，架构师应该选择原子价值单元的交付方式。确切地说，架构师应该先选择重构那些需求最为频繁的链路，而不是选择比较常见的以风险从小到大的顺序去重构的方法。

在一个原子价值单元带来的小确幸、项目的整体结构性、最终确定能带来的用户价值这 3 个选项中，哪个更重要？答案是：最终确定能带来的用户价值更重要！这就是我们持续强调的价值思维理念。

17.4.4　交付进度反馈和交付路径调整

确定了最终的交付路径后，架构师还需要跟踪每个原子价值单元的进度，在原子价值单元上线之后把实际观察到的结果跟预期目标反复做校准。

多数时候，架构师会发现目标没有达到预期，这是很正常的。架构师的假设往往过于乐观，逻辑也不够严谨，这是一个非常重要的决策点，因此必须找出目标不满足预期的原因，看看问题出在哪里，是否有解。

例如，用户转化率远低于预期，那么研发人员、BI 分析师、用户调研员、市场分析师都可以来帮忙寻找根因。在这个过程中，技术人员可能会发现设计和算法实现的问题，营销人员可能会发现营销方案的设计问题，用户调研人员可能会发现用户群的定位偏差，等等。不过，无论如何，这个排查过程都会影响交付的进度，这也是很多项目经理选择不做拆分的原因。

发现重大问题给了整个决策团队一个调整的机会。有些重大发现，如用户没有意愿或者商业模式不成立，需要决策者做大范围的目标或产品方案的调整。这种调整的一个可能就是，取消剩余的整个架构活动。这种结果是许多研发人员难以接受的。但是事实上，这的确是企业层面上最理智的、最具长期意义的做法。相比之下，国内有相当多企业跟风做大项目，最终以大规模裁员收场的情形比比皆是。在我看来，这是一种浪费人才的行为，比起一条道走到黑，提前止损是企业更负责的行为。

更常见的挑战是产品细节和技术实施、竞争对手的干扰、合作伙伴出现问题和用户恶意行为等，这些挑战都有很多应对方案，越早发现问题就越有时间调整，从而提升整个架构活动的成功概率。

举个例子。我曾经经历过一个叫作 SABbc 的项目，业务场景是：出口控货商 A 从国内供应商 S 那里拿货（S2A），卖给另一个国家跨境的进口商批发商 B，这个批发商 B 再卖给当地零售商 b，最后零售商 b 卖给终端用户 c。

我听到了这个想法后，立刻意识到这种长链路的商业模式注定会失败，因为在此之前我所在企业的任何商业尝试的供给侧角色最多不超过两个。这种跨两个国家 4 种供给角色一环套一环的强依赖式的合作很难成功，因为任何一个角色的失败都会带来整体的失败。我硬着头皮向老板表达了我的不同意见，被骂了个狗血喷头。最终，在老板给的压力下，全团队还是冲上去了。

这个项目的业务一号位还是比较聪明的，他没有跟老板硬抗，他建议团队先做了 S2A 的环节作为原子价值单元，很快公司根本找不到愿意拿货的供货商 A。老板看到这个结果，就意识到自己的想法不靠谱，不过老板还是坚持继续尝试，只是老板决定缩小尝试的范围和投入。

结果，好几百人日的大项目，最终上线后跑了两个多月，得到的所有订单收入加在一起还不够给参与项目的研发人员每人买一杯咖啡。不过，也多亏业务一号位先做了 S2A 的环节，尽管项目最终失败了，但浪费还是比之前的规划小了一个数量级。

这个例子其实比较有代表性。在一家大企业里，哪怕做分阶段的交付，也很少有架构活动会在一个原子价值单元上线效果不满足期望的时候选择立即停下来，因为在一些人员排查问题时，项目组的其他成员还在持续交付。互联网企业动作快，等到观察几周结论出来了，项目基本全部上线了。

既然这样，为什么还要耗费时间做分阶段交付呢？原因是这样还是节省了整体的成本，尤其是商业资源上的成本，而且及早暴露重大风险给决策者可以使他们有时间思考改进策略。

架构师虽然没有权力去调整决策，但是有义务让所有参与者看到决策的失败之处，这是对信任架构师的决策者、赞助者和参与者的一个交代。

17.5　完成阶段性交付

最终整个交付过程就是逐个遍历之前定义的原子价值单元树，依次完成整个架构活动的交付任务。这个树遍历的过程就是依照投资回报率从大到小排序完成该树上每个节点的原子价值单元交付的过程。

17.6　小结

我在本章中提出了阶段性价值交付的概念，并强调了架构师要持续关注和创造经济价值。这是我在第 7 章中已经拆解过的话题，所以我在本章中所讲内容其实是对第 7 章所讲的生存法则的具体应用。

不同于项目经理的里程碑式的交付方式，架构师应该从用户价值视角出发优化交付路径。这个过程其实在最大程度上保护了活动参与者和赞助者的利益。即使架构活动不能满足预期，一个真正有价值的原子价值单元也是可以独立存活的，从而减少项目的浪费。

在原子价值单元的交付方式下，架构师选择在架构活动的进行过程中随时交付用户价值，而不是把所有的系统集成之后在架构活动交付的最后期限完成价值交付。在互联网时代，这么做的好处在于给企业赢得了宝贵的试错机会和调整方案的时间。

我希望通过本章的学习，你能意识到原子价值单元的交付方法的优势，并能在自己主导的项目中认真尝试，相信一定会有惊喜！

17.7 思维拓展：持续发现并交付原子价值单元

本章中还隐藏着一个职场人士必须具备的思考习惯：要时刻关注当下要做的事情，发现并且为企业交付最重要的原子价值单元。

架构师在交付阶段就是要找到最具用户价值的原子价值单元，放弃那些不是原子价值单元的任务，这是架构师的核心注意力所在，其他事情虽然也重要但算不上核心。

有些人能把事做成持续“拿结果”，是因为他们找到了工作中每时每刻最需要自己投入全部精力的原子价值单元。

据我观察，那些职业非常成功的人，往往在原子价值单元选择上超越他人；相反，许多职业上不太成功的人，一个显而易见的共性就是相信“勤能补拙”，试图靠大量不分重点的高强度投入补救在原子价值单元选择上的短板。但我认为，**正确地选择原子价值单元远比持续努力更重要**，持续把全部精力投在最具用户价值的原子价值单元上的人对原子价值单元的判断力也的确在不断提升，而这种能力的提升又帮助他们开启更大的一个成功可能。

17.8 思考题

1. 在你的职业生涯中，你有没有因为找错重大的原子价值单元而错失了重大机会？什么样的思考方式会让你避免再次做出这样错误的决策？
2. 在你经历的架构活动里，你有没有碰到非常成功的原子价值单元？这个原子价值单元为企业带来了哪些价值？
3. 有的项目自始至终都没有度量过经济价值、用户价值和技术价值。你参与过这种项目吗？参与这种项目的感受是什么？是轻松、意外，还是失落？
4. 估算一下，在你参与过的项目中，原子价值单元占项目总投入的比例大概是多少？描述一下项目背景，并给出以“人日”计算的大致成本。

第 18 章 总结复盘

在本章中我会介绍整个架构活动的最后一个阶段——复盘。

完成交付之后，架构活动就基本完成了。这时候，许多企业会迅速进入下一次紧张的架构活动，甚至有些研发人员和管理者会以自己连轴加班而产生出自豪感。但作为架构师，你或许要像卢瑟福一样发问："如果你不停地加班，那你什么时候思考呢？"经历了一个充满不确定性、信息不对称、高度紧张的架构项目后，架构师不能没有深度思考的过程。这个过程就是复盘。

确定架构目标是认知的开始，而复盘是认知真正固化的起点。

一个在互联网残酷竞争中最终胜出的企业，肯定不是靠企业成立之初领先对手的认知和决策能力，而是靠在竞争过程中持续发现自己认知的不足并不断地改进。而这个改进最大机会就来自复盘，因为**复盘的终极目标是企业层面的认知提升**。

18.1 复盘的目的和视角

复盘是通过还原并深度思考架构活动的完整历程找出可以提升未来架构活动成功概率的机会点的过程。

任何一个架构活动，不论成败，都是复盘的对象。不过，通常更强调从失败中总结经验，原因是多数人对成功案例有着较为主动的学习动机，也就是经常提到的路径依赖，而对于失败案例，多数人有选择性遗忘的倾向。事实上，企业中的架构尝试大多数都是以失败告终的，所以从失败案例中学习的机会其实更多，对避免未来出现同类型的失败也至关重要。

那么，如何才能最大程度地从复盘中获取经验呢？最好的办法是以上帝视角来深入思考。所谓"上帝视角"，就是无处不在的视角，从各种可能的方向上去审视架构活动，从而发现深藏的因果关系。很显然，"上帝视角"成本太高，很难实现，架构师要以某种方法最大程度地逼近"上帝视角"。这种方法就是通过协调**所有参与者**同时最大化两种视角的洞察：第一，对他人缺陷的审视，即发现从他人的失误到整个架构活动失败的因果关系；第二，对自我缺陷的审视，即发现从自身的失误到整个架构活动失败的因果关系。

如果所有参与者都能同时把以上两种审视做到极致，并且架构师能够高效地汇总所有参与者的洞察，就能逼近“上帝视角”了。最终我们期望做到多维度的审视，如决策逻辑层面、执行过程层面、组织和文化层面等。

一个项目的失败，尤其是灾难性的失败，基本上都是多个维度的因素叠加造成的。架构师的审视哪怕做不到多维度的极致，只在一个维度上做到极致，也有很大的概率避免未来的失败了。

18.2 复盘的三大误区

有了上面的复盘定义，我们会发现，许多企业的复盘都走进了误区。最常见的误区有以下 3 个。

（1）**止于问责**：复盘过程就是为了找出某个最大的责任人，让他来“背锅”，而不是帮助企业找出避免再次发生类似问题的长期改进措施。

（2）**止于个人意识提升**：复盘过程中每个人都试图找出自己做什么能避免个人重复犯同样的错误，而不是公司层面如何通过系统化的手段避免同样的失误。

（3）**止于损失回捞**：复盘的目标限制在如何最大程度地挽回本次架构活动的所有损失，而不是未来如何避免类似的失败再次出现。

我依次来解释一下这 3 个误区。

1. 止于问责

在一个重大问题出现后，很多公司的做法是先在公司内部找到第一责任人，然后对责任人处以与失败相同量级的处罚，甚至开除。这种机制的目的是防止复盘参与者互相包庇，最后大事化小、小事化了。

问责机制的确可以用于在复盘环节中帮助公司发现问题的真正根因，但是我已经明确阐述了，找到或惩罚责任人并不是复盘的目标，也不是复盘的终点。从这个视角出发，问责制的以下 3 种缺陷就会暴露无遗。

（1）**偏离复盘的真正目标**。问责制会导致复盘时大量的时间耗费在“谁的责任更大一些”这个问题上，而不是“未来如何有效地避免类似失败”这个更重要的问题上。

（2）**遗留隐患**。问责和处罚之后，因为把责任归属到一两个主要责任人身上，所以只是这一两个责任人的相关隐患被排除了，其他隐患却被完全忽视，遗留在系统里，因此整个系统依然脆弱。

（3）**人才流失**。高风险的项目本来就容易失败，一旦斩了先锋，再也没人敢为架构活动担责冒险了。这样，避免风险就会成为所有项目参与者的默认选项。

在我看来，失败是一家公司必须交的学费，不失败反倒是公司在行事上过于保守的侧面证明，问责制并不能帮助企业从复盘过程中获取最大程度的认识提升和未来更高的成功概率。

2．止于个人意识提升

在复盘的过程中肯定会涉及自我剖析，让参与者寻找各自的提升点。但是，项目复盘更重要的是整个公司能力的提升，而不是参与者个人能力的提升。

这两者的区别在于，个人能力的提升并没有固化到团队或公司中。例如，某个参与者如果离职，对公司来说，就失去了仅仅存在于他个人的能力。而公司的目标是公司的软件系统、流程、制度和文化等在个人之外的能力也能够通过复盘得到提升。

当然，哪怕仅仅做到个人意识上的提升，其实也非常难，尤其是经历过问责制的个人，出于对自我的保护和对自尊心的维护，不自然地会放弃在个人视角上的深度洞察。所以真正的意识提升需要参与者都能保持正确的心态。

关于什么是正确的心态，这里我引用印度禅师圣•尤地斯瓦尔（Sri Yukteswar）的一句话："只有靠粗暴的意志才能击碎坚硬的自我。"

最完美的复盘是个人和企业的认知和能力同时得到提升。

3．止于损失回捞

复盘的所有后续跟进动作的目标就是在最大程度上挽回所有已知问题所造成的损失。这些跟进动作很显然对企业是有价值的，因此企业也需要，但它们是针对已经接近完成的架构活动的补充，是一个收尾动作，并不能对未来的架构活动形成任何助力。

理解了本节讲到的这3个误区，你应该对复盘有了较为清晰的认知：复盘就是通过对失败根因的深度剖析，找出真正能够提升企业未来架构活动成功概率的行动点。

所有参与复盘的人员都应该有这样的心理准备：如果不能拿到一个非常有洞察的、能真正提升未来架构活动成功概率的行动点，复盘就没有结束。

18.3　建设一个包容且视角平衡的复盘环境

想做到真正高质量的复盘，不能没有一个包容且平衡的复盘环境。所谓包容，就是第10章中提到的企业对失败或错误的包容。具体如何做到在第10章和第12章中有详细介绍，这里不再重复。

不过，我需要特别解释一下架构师在执行问责制的企业中如何做到这一点。

问责制是一个不包容的企业文化。在问责制下，参与者没有安全感，可能会互相指责、互相包庇、隐瞒事实。尽管架构师往往改变不了整个企业的大环境，但是架构师可以把架构活动复盘与官方要求问责环节隔离。

架构师主持的复盘，无论是定位、时间和举办地点，都要跟官方的问责完全区别开。如果有必要，架构师可以把复盘定位成一个共创会，安排在官方问责会结束一两周之后。邀请参与者对架构活动做出思考，对未来提出有建设性的建议。在这样的安排下，架构师才有可能创造一个包容的环境，最大化参与者的安全感。

除了包容的环境，架构师还要确保复盘过程能够维持视角平衡。视角平衡有以下 3 层含义。

（1）**内外的平衡**：也就是平衡向外对他人的审视和向内对自我的审视。对他人的审视和对自我的审视其实是矛盾的，在一个视角上的思考做到极致后难免忽略另一个视角。例如，从他人身上找到了能解释自己失败的充分原因，就很难正视自己的失败，反之亦然。

（2）**决策层级间的平衡**：不能把改进机会集中在公司里一线员工的思考和决策上，而是在一线员工、管理层和最高决策者中同时寻找各自改进的机会。最高决策层的错误不可能靠一线执行者的行为来补偿。

（3）**职能的平衡**：技术人员做复盘的时候，话题往往是从技术上如何改变和提升，而从整个公司来看，每种职能都有自己的机会和有效手段。所以，复盘过程中必须有不同职能的代表参与，以确保获取最全面的改进手段。

复盘过程中，架构师需要对复盘的内容持续做引导与控制，尤其要防止两点，一是参与者在复盘时把未来的知识（如项目失败后得到的观察）作为复盘的输入而得出对未来没有任何帮助的行动点；二是参与者把注意力和时间花在回报极小的认知提升上，而不是思考宏观层面的大机会。

18.4 明确复盘的目标

前面已经提到，复盘的目标是，发现在架构活动中错失的本该最大程度地提升架构活动成功概率的行动点是什么。从这个过程最终得出的结论就是可以提升企业下一次架构活动成功概率的一个或者多个行动点。这些行动点就是第三部分中所有章的内容的来源。例如，要为架构活动设立一组正确的信条，设定一个正确的目标，完成有效的可行性探索，等等。这些都是来自我对过去多次架构活动失败的思考总结。

不论行动点是如何被发现的，它们必须满足一个条件：**行动点最终必须与更高的成功概率形成一个因果关系。**

例如，在某个架构活动中，架构师发现训练数据集准备在以数据驱动的架构活动中是最大的风险点，架构师复盘中发现的行动点就是未来这类架构活动的启动必须在训练数据集完全准备好之后。这个行动点和提升这类架构活动的成功概率的因果关系在于：这类活动中 AI 模型是架构活动中的最长板且是最大的风险点。因此，通过数据集的提前准备，能确保 AI 模型在架构活动一开始就被离线训练，而且模型的线下训练环境与未来线上的环境基本一致。因此，AI 模型上线之初就基本可用，进一步在线上训练也容易收敛。这样我们就能够让整个架构活动强依赖的 AI 功能有更高的成功概率，从而给整个架构活动带来更高的成功概率。

18.5 从多个平衡的视角回放整个架构活动

有了一个正确的目标作为指引，架构师就可以正式启动复盘过程了。这个过程的第一步是架构活动回放。所谓回放，指的是以时间顺序对架构活动进行多种视角的客观描述，包括主要决策、宏观思考、整体计划、重大事件、重大变更等。

在架构活动的进行过程中，如果架构师遵循了我在第11章中提到的沉淀知识的建议，那么在这个环节他就不需要做太多工作，只要把线上文档中记录下的重要决策和动作总结出来即可。

不过，这种回放只是架构师的视角。任何一个决策，尤其是错误决策，都有多种输入，在回放的过程中需要18.4节中提到的内外、层级和职能上的视角平衡。

在回访过程中，架构师要从复盘的目标出发合理分配权重，如果某个参与者的回放与架构活动中的重大失误无关，那么他的回放不太可能带来高质量的行动点，那么这一部分就需要快进；反过来，关于重大决策失误的回放需要看慢动作，不能放过任何细节。

这个部分不能变成“脱稿演讲”，因为架构活动耗时长，复盘活动参与者众多，一旦变成毫无目标的自由发言，三天三夜也做不完。

我的建议是要求每个参与者写一个命题作文：“这个架构活动最令你惋惜的决策是什么？你为什么这么认为？你认为在架构活动中做什么样的改变可以避免这个错误发生？”这样，回放的过程就成为一个快速阅读文档并且发现重大改进机会的过程。

18.6 以发掘有效行动点为目标来引导复盘路径

通过快速回放过程，找出1到3个重大的改进机会点，就可以在这几个机会点上发现可以改变的地方了。

例如，之前提到的国际化中台的可行性决策上的失败就是一个大的机会点。接下来，复盘活动的参与者就需要思考那些可能改变这个结果的动作点。这其实是一个头脑风暴的过程。我们召集了和这个决策相关的所有角色的代表，从CEO、CTO、架构师到参与研发工作的一线员工。

复盘开始，CEO发言：“这个决策的最大问题出在我，我当初判断国际化中台是一个有百利而无一害的事情。这个判断是错误的。而在这个错误的判断上，我要求大家以‘因为相信，所以看见’的心态去执行，其实就已经注定这个架构活动必然会以重大悲剧收场。”可想而知，接下来的复盘会有多少人会踊跃表达，帮助企业发现各种能够提升决策质量的办法，如第3章中的批判思维和第14章中的可行性探索的办法。

不过，一般CEO不会出现到架构师组织的复盘会上。

但是，如果复盘会上层级最高的国际化中台的负责人若先站出来这样表态：“国际化中台的失败最大责任人在我。虽然是 CEO 确定了中台项目，但是我作为项目领导者在各种问题一而再、再而三地暴露的时候依然强行推进，最终参与项目的研发人员在巨大的压力下甚至开始对内、对外、对上、对下隐瞒问题，这些结果其实是我的决策失误和拒绝接受事实的行为而导致的。”接下来的复盘过程中就会收集到各种改进的想法。反过来，如果参与复盘会的最高层级的管理者这样表态：“公司领导信任我们，把这么重要的工作交给我们，我们却辜负了领导的期望。我们一定要抓住这个机会，认真反思我们的错误，每个人都要从自己的角度找到改进点！不要只看到别人的问题！”那么所有参会者会突然间觉得一冷，甚至会怀疑架构师这个复盘会是不是请错人了。

也就是说，架构师请来参会的最高层级的参会者必须有自我批评的勇气和决心，否则整个复盘会重新变成一个问责会。

这里你可能有疑问：如果做出中台决策的 CEO 和国际化中台的负责人同时表示太忙无法参会，那么架构师请一帮“虾兵蟹将”来复盘还有价值吗？有的！即使这个复盘只有一线员工参与，最高层级就是架构师本人，这个复盘还是有价值的。想想看，一名架构师指导了五六百人连续加班近一年，最终企业颗粒无收。这么大的判断失误，架构师作为重大决策唯一的专业决策者，难道不值得去深度复盘，反思一下自己应该怎么帮助决策者避免将来再出现这样的重大决策失误，或者怎么帮助赞助者减少损失？

也就是说，复盘会上必须请到那些发自内心地想把事情做成的领导者来展开复盘，而这个领导者不排除是架构师本人。不论是谁，这样的领导者的存在都给了团队最需要的包容、安全和平衡的复盘环境。在这种环境下，架构师就可以引导复盘的路径了，这个路径就是从架构活动中最大的问题点开始，发动所有的参与者以各种可能的视角去寻找能够带来改进的行动点。

在引导与控制的过程中，架构师要帮助参与者梳理思考维度，而不是梳理分支，因为在一个具体的分支上，改进动作的想象空间越来越小。

架构师的目标是尽量放大参与者的全方位的思考能力，在以下高维空间上找到可以最大化未来成功概率的行动点。

（1）**整体流程**：从目标设定到架构环境搭建，再到最终交付，有什么动作可以避免最大失误？

（2）**决策质量**：如何能够从不同层次上提升决策质量？

（3）**架构规划**：为什么架构规划没有暴露重大决策缺陷？架构规划是真正可行的吗？如果是可行的，为什么这个架构规划最后又变得不可行了？

（4）**执行和实施**：实施中为什么还是没有意识到重大的决策缺陷？如果意识到了，为什么决策层没有及时调整决策？

（5）**质量控制**：质量测试真正起到作用了吗？为什么在长达数月的架构活动一直没有

发现潜在的巨大问题？

（6）**组织维度**：是我们团队的问题吗？换成另一个团队悲剧还会重演吗？

（7）**文化维度**：公司文化对暴露架构活动的巨大问题有帮助吗？

看到这些问题，我相信一个有良知的架构师会吓出一身冷汗来。

事实上，对于一个灾难性的失败，警报会以不同的维度以各种方式涌现：原定的可行性探索流程被忽略，决策过程不允许任何反对声音，架构规划评审中的质疑声音被忽略，执行过程中提出问题的研发人员被扫地出门，所有的验收测试全部延期到最后，团队成员被勒令不允许内部转岗后离职率飙升，公司上下在失败之后对问题避而不谈，等等。这些警报其实就是从不同维度能够收集到的能够改进重大决策的信息流。

多数时候，不是找不到提升决策的办法，而是不愿意找。正如大家常说的：永远叫不醒一个装睡的人。但是，一家公司里总是会有一些具备成长思维的参与者的，找到他们，和他们一起复盘，让他们看到最大的问题，打开他们的思路，不断互相挑战对方的想法，那么不出几轮的讨论就会有一大把的行动点。

这样的复盘能保证所有想从失败中学习的人都能得到成长。

18.7　挖掘根因

不过，很多时候，一开始找到的行动点还是来源于简单的思想碰撞。这些行动点往往不能实质性地提升未来架构活动的成功概率，甚至是干脆不适用。真正有价值的行动点应该是一个非常有价值的发现，往往要持续深挖才行。

这个过程就要使用我之前提到的分析思维。我们必须不断挖掘问题根源，突破问题的表面现象，最终才能找到一类问题的根因，也才能找到真正的解决方案。

接下来我就以故障复盘来模拟这个发现过程。

一般出了故障，第一层问题总是："为啥出问题了？"最开始的答案总是很浅层："因为没有及时发现或者及时响应问题。"而很多故障复盘就到此结束了，结论就是大家最常用的故障防控三板斧："加监控报警，加响应及时性考核，加灰度发布能力。"结果呢？报警太多了，不但没什么用，而且未来新的问题会淹没在海量的报警里面。我曾经见过一家大公司里，上万名研发的人均电话报警个数超过每天 400 个，连短信费都让人咋舌。也就是说，这种在最浅层寻找问题和解决方案的行为不仅不能解决问题，反而可能会把问题搞得更糟。

继续往下问第二层问题："为什么你没有事先意识到问题，而是要通过监控报警才能发现问题呢？"答案往往是："我没有意识到这里会出现问题。"很多问题就在这里停止了，似乎就是能力问题啊！没解了，除非换人。这时不能放弃，再问下去："但是为什么你没意识到呢？"答案往往是："我没有想过，或者我没顾不上想这个问题，实在太忙了。"这时候继续施加压力："你没想到，是因为没有时间，还是说给了足够的时间也想不到？难道再遇到这样的问题你还是会想不到吗？”这时候，答案往往会发生变化：“如果给我足够的时间，我应该能想得到。”那么再继续往下问：“那么你为什么能想到这里会出问题呢？”这时候就可能会得到一个有价值的答案了：“因为这是个单点，而且是项目的强依赖，一旦它彻底失败了，整个项目也就失败了。”

很多人到这可能就会停下来。但这是整个复盘中最重要的一个机会点，应该继续问下去。先从一个分支开始：“为什么是这个点会成为单点呢？”这时候可能会听到很多不同的答案：“因为业务同事就只谈了一家支付渠道。”“因为研发资源不够，联调太麻烦了。”“因为接口抽象没做好，谈好的渠道接不进来。”答案都挺好的，已经发现很多行动点了。接下来，再探索另一个分支：“为什么是强依赖呢？”可能同样会听到很多个答案：“因为这是一个支付服务，是一手交钱一手交货。”“因为就应该是强依赖啊，大家都是这么设计的。”“因为没有支付成功的消息，流程就走不下去啊。”

这时候我们就会发现，这种**深挖根因的过程，最终都会止于一系列的假设、外部约束和既定的流程**。这时才找到了一组真正的终极问题：“这些假设正确吗？我们的商业模式就应该是这样吗？我们的流程就应该是这样吗？我们的设计就应该这样吗？”很明显，不是的。

18.8 寻找新的模式与机制

我们多数时候都在缺乏思考中忙碌，默认当前的做法、模式、流程和设计就是理所当然的。但是，很多时候我们都被自己过去的认知所束缚。一旦突破这些束缚，我们就能提升未来架构活动的成功概率了。

再看刚才的例子。电商系统似乎都是支付成功之后才能开始履约发货，但是事实上生活中不是这样，门口的小店可以赊账，支付失败了还可以重试，甚至没钱的时候还可以用信用支付。支付服务并不是完全不能降级的强依赖，降级之后也有很多风控的办法。支付既不需要单点，也不需要同步进行，所以有很多方法可以避免由支付问题带来的失败。

这还不是全部。我们的目标是找到那个能够提升架构活动成功概率的行动点。

前面提到了，我们并非要做一个故障复盘，复盘的目标是提升企业未来架构活动的成功概率。所以作为架构师，一定要把从复盘中发现的个例转变成一种模式和机制。

还是继续支付的例子。这个复盘可能会引导产品人员和业务人员引入新的模式。例如，延迟支付就是在支付渠道发生故障的时候等待一段时间之后再批量重试失败的支付请求。

从宏观的解决问题思路来看，我们应该要求整个部门梳理所有的故障单点（single point of failure，SPoF）。基于这个梳理，业务产品人员和技术人员从宏观到微观依次讨论通过各种手段消除故障单点。可能的方法包括改变商业模式和与第三方依赖的合作方式、改变产品设计、改变调用第三方接口的设计和故障降级策略、改变故障发生时的响应流程等。

这样才能最终保证彻底消除由第三方依赖造成的故障单点。

是否可以把这种被核心服务强依赖的服务设计成可以降级或者异步调用的服务，是架构师在未来的架构设计中必须问自己的问题。

整个过程中，**架构师要尽量找到一个可以反复应用的模式或机制**，而不是解决一个单点问题。仅仅做到后者我们就陷入了“止于损失回捞”的误区，而前者才能帮助我们持续提升未来架构活动的成功概率。

18.9 产出跟进项

在其他梳理的机会点上继续重复以上的过程，就能产出非常多的跟进项。

架构活动一般都是长而复杂的。我们的分析不仅有多个维度和多个视角，还有多种职能的参与。多数时间，我们并不是没有跟进项，而是跟进项太多。

我的建议是：最多保留 3 个跟进项。最多保留 3 个跟进项并不是说公司在一个大型项目失败后，接下来只需要跟进 3 件事，而是指架构师最终建议整个部门或者公司层面做出改变的事项，绝对不应该超过 3 项。因为参与这个架构活动的每个团队都可以有自己的跟进项，所以跟进项的总数绝对不止 3 个，但从部门或者企业层面来看，跟进项的数量不应该超过 3 个。

一方面，模式或机制的调整对企业有着非常长期的影响，哪怕是变化非常频繁的互联网公司，在模式与机制上也必须保证一定的连续性。因此，不能生产大量新机制或新模式。另一方面，推演根源是单个案例。从单个案例中推导出的结论必然有一定的局限性，也就是说，即使结论看起来万无一失，推进之后肯定也会再发现新问题。因此，只有集中精力认真分析少数几个跟进项，才能有效提升这些跟进项的存活率。

18.10 完成复盘和整个架构活动，释放资源

项目上线之后并且在多数线上缺陷修复之后，就必须完成一件最重要的收尾工作：资源释放。

有些项目的组织者在一个大项目结束之后会找各种理由扣押资源，要求做一些项目之外的附加需求，类似这种扣人甚至是挖墙脚的行为都是非常不道德的，会严重影响团队的文化。所以，架构师要督促所有的项目组在各自领域的工作完成后立即释放相关资源。

18.11 小结

架构活动的复盘是架构师跟其他参与者深度学习的好时机。这是一个**集体思考**的过程，不是我们日常的习惯性行为。所以，必须通过一系列的方式方法来确保这个思考过程能够最大化未来架构活动的成功概率。

我认为这种方法成功的关键就是让所有复盘参与者的心态都能够摆正：复盘是为了更好地应对未来。“所有过往，皆是序章”这句话放在互联网这个高速迭代的行业里再恰当不过了。

本章中花了很大的篇幅强调复盘的 3 个误区，即止于问责、止于个人意识提升和止于损失回捞。如何避免这 3 个误区呢？答案就是明确复盘的目标且为复盘提供包容且有安全感的环境。

复盘的目标不仅仅是为了挽回损失，更重要的是为未来铺设一个成功路径，找到提升成功概率的具体行动点。所以，复盘过程的所有准备、讨论和产出都是为了寻找可以长期应用的新机制和新模式。

不论国内外，很多项目在失败之后都没有任何官方的总结。但我认定，哪怕是个人通过非官方的渠道和参与者讨论总结，也可以从失败中总结经验和学习提升。事实上，我在本书第三部分中分享的知识，都来自我这些年在大项目中不断思考、总结、抽象并试验后的提升大型架构活动的成功概率的方法。

事实上，我认为复盘不只是总结架构经验的办法，甚至可以扩大为一种理念，它可以应用到日常生活中去，在个人经历和观察中找到提升自己的办法。

18.12 思维拓展：从实践发现新的理论

至此，我完成了第三部分的介绍。我在授课和线上发表的文章里经常会看到这样的回复：“我要是早读到这些文章就好了，可以避免一些大错误。”尽管这样的回复让我很开心，但是我自己的学习体验还真不是这样的。

架构活动满足一句最朴素的话：“实践出真知。”什么是真知呢？我认为就是我们坚信并且知道在什么时候以什么方式去应用的知识，这个知识是我们可以驾驭并且用来产出增量价值的。

我在本书的前言中就提到过，我们处在一个信息泛滥的年代，接收了太多的理论，这些理论就算能够全部记住、可以分享给别人都很难的。但是，不论学习多少，只要不实践，这些理论就不会内化成我们的个人认知，也不会对我们的命运产生任何影响，只有实践过了，这些理论才能真正变成能够指导行为的真知，为我们所用，最终内化成为我们的个人工具。

事实上，正是那些有过架构实践和惨痛失败的读者，才会发自内心地感慨：“要是早一点读到了这些内容就好了。”我期望每个认真学习了这一部分内容的读者，都能尝试在大大小小的项目中实践。

18.13 思考题

1．你参与过的对公司产生最大价值的复盘是什么？这个价值是怎么被发现的？你认为这种发现方式可以复用吗？为什么？

2. 你参与过的最好的复盘氛围是什么样的？为什么觉得这个氛围好？这个氛围是如何搭建的呢？
3. 在复盘的过程中参与者或多或少会有些难以逾越的心理障碍，对此你有什么好的应对方法吗？
4. 在你经历过的复盘中，有获得什么深刻洞察吗？这个洞察为公司带来了什么样的变化？
5. 在你经历的复盘中，阻碍参会者达到深刻洞察的最大障碍是什么？你发现了什么克服的方法吗？无论是成功的还是失败的经验，都可以分享一下。
6. 在你经历过的复盘中，完成最好的一个跟进项是什么？为什么？

第四部分 架构师的职业规划和能力成长

架构师的成长是一个漫长的过程。我工作过的企业里有不少工作了几十年的架构师。我也见到身边的工程师，很多人年年都在立志明年要成长为一名架构师。但三五年过去了，他们还在原地踏步。这些人不是不努力，也不是没有意愿，只是他们似乎总是摸不到门道。

我的个人观察是，他们中间多数人没有意识到自己到底缺乏什么能力，也没有系统性地培养这些能力。

我认为架构师在成长过程中要具备 5 种重要的能力，分别是结构化设计的能力、解决横向问题的能力、解决跨领域冲突的能力、构筑技术壁垒的能力和为企业创造生存优势的能力。同时，我把具备这些能力的角色也分为 5 种，分别是程序员、兼职架构师、跨域架构师、总架构师和 CTO。也就是说，架构师的成长就是能力跃迁的过程（见前言中的图 0.1）。

每个角色都面临自己的挑战，如程序员的思考多数时间局限在自己的执行域内。那么，当一名程序员试图过渡到兼职架构师的时候，他就会面临一个新的挑战，他需要解决自己之前没有解决过的基础域的问题，如性能、稳定性、可扩展性、可维护性等。从每种能力到下一种能力的过程中还需要跨越障碍，程序员要跨越从解决执行域问题到解决基础域问题的障碍，兼职架构师要跨越从解决技术问题到解决人际冲突问题的障碍，等等。

在本部分的学习中，我建议你把注意力放在每个角色的具体挑战、要跨越的障碍和每种能力代表架构师能够解决什么类型的问题上，着重学习从现有能力到下一种能力所必须跨越的障碍以及跨越障碍的方法，最终帮助自己的职业成长。

第 19 章

结构化设计的能力

在本章中，我会和大家一起研究一下从程序员成长为架构师所必需的核心能力，也就是结构化设计的能力。

我跟很多资深的研发管理者和 CTO 交流过，我们的一个共同观点是：一个缺乏结构化设计的能力的程序员，永远都成不了好的架构师。

19.1 结构化设计的能力是架构师成长的必要条件

我先给出软件架构能力的定义，从中可以看出结构化设计的能力的关键作用。**软件架构能力**指的是为相对复杂的场景定义并引导实施结构化软件方案的能力，其中**结构化**代表这个软件在其设计范围内的设计理念、代码结构和实现方式上是同质的。

我用了**同质**（homogenous）一词来形容结构化，指的是软件在设计范围内处处一致。与**结构化**（structured）相反的是缺乏一致性，也就是说结构是**混乱的**（chaotic）。

在这个软件架构能力的定义中，我并没有锁定适用的人群范围和架构活动的规模，即适用范围可大可小。也就是说，一个新入行的程序员，即使没有做过任何架构规划，也完全可以培养自己的软件架构能力。

程序员可以在自己的决策范围内，也就是自己写的代码里，寻找并给出结构化的解决方案。这种结构化的实现往往不是产品需求的一部分，也没有人考核，更不会为此直接发放奖金。但是，你会发现身边的一些程序员对代码有一种几乎偏执的洁癖。在我看来，这就是对软件结构性的追求。这里我用结构性泛指对结构化程度的一种客观度量，高的结构性代表高程度的结构化。本书不定义结构性的具体度量方法。在软件工程领域，软件结构性的度量方法很多，你可以参考相关文献。

这种对结构性的追求，在一个程序员的职业发展中是连贯的。从程序员到 CTO，刚开始可能是对代码结构性的追求。随着职业的发展，这种结构性会扩展到软件结构性，再延伸到软件相关的各个方面，一直到整个线上系统的结构性，甚至包括跨国家或地区层面的线上服务的结构性。最终到了 CTO 层面，这种结构性会延伸到研发组织结构性。这个从微观的代码层面到宏观的组织层面对结构性的追求是一致的，而这种一致的追求最终转化为实现架构师对软件和研发组织的结构性的识别、改进和前瞻性的设计能力，贯穿一名架构师的整个职业生涯。

我观察很多资深的软件工程师和管理者，他们的职业成长过程其实就是把结构化设计的能力从一个作用域迁移到另一个作用域的过程。一开始是代码，接着是数据模型，然后是 API，再后是微服务定义，后来到了团队和组织结构，最终是商业模块。

可以说，对于一个以架构师为职业发展方向的程序员，结构化设计的能力是一个基础能力。所以，提升程序员架构能力需要从结构化设计开始。

19.2 如何提升程序员的结构化设计的能力

我前面提到过，试图做架构师却没有进展的程序员往往会有以下 4 个障碍。

（1）新手程序员没有意识到结构化的价值。

（2）新手程序员不具备对软件结构性的鉴别能力。

（3）多数程序员不理解结构化的客观度量和逻辑。

（4）多数程序员很难在业务成长周期下思考合理取舍。

接下来我就分别解释一下这 4 个障碍。

19.2.1 意识到结构化的价值

正如在任何领域的学习一样，我们往往不是学不会一种知识，多数时候是不愿意在这种知识上分配足够多的注意力。我们之所以不愿意分配注意力，是因为我们还没意识到它的价值。

遗憾的是，新手程序员往往就意识不到结构化的价值。

例如，当一名程序员刚加入一家公司的时候，他每天被分配一个小需求。这个小需求和整个软件系统的关系他也不太清楚。团队的主管只关注他的代码是否按时提交，提交之后是否有缺陷。结构化看似与他的考核、奖金和晋升无关。

我之前还提到过，互联网企业很多业务尝试以失败告终，局部代码缺乏结构性并不一定会给企业带来多大损失，所以多数互联网企业的研发人员会忽略软件的局部结构性，而长期忽略软件局部结构性的研发人员往往也不会重视整体结构性。

直到某个业务尝试出现曙光、需求集中涌入、多个研发人员同时参与开发的时候，软件的结构性缺陷才会集中体现出来。

我自己也是经历了这个过程才真正意识到结构化的价值的。我的第一份全职工作是在甲骨文公司。我在甲骨文公司发起了一个内部创业项目，后来成了 Oracle 数据库的一个主要功能。由于商业上比较成功，有很多人参与到项目中来。这时候我才发现自己的最初设计有很多瑕疵，同时我也收到了很多来自内部和外部的批评。对于这些批评，一开始我非常抵触，直到最初的代码被重构两三次之后，我才意识到结构化对大型企业中多人长期高效合作至关重要。意识到这件事情的价值之后，我才开始真正追求这方面的知识，我的能力才逐渐有了提升。

假设我没有试图提升自己，那么我可能会像很多程序员一样。虽然工作中有灵光一现的想法，但是当真正的机会来临的时候，自身代码结构性不好，自己的结构化设计的能力又欠缺，因此没办法主导后续的升级改造工作，这样的机会也就被别人抢走了。

所以，结构化的价值不仅仅在于写出漂亮的代码，更在于帮助你抓住未来的机会。

19.2.2　培养对软件结构性的鉴别能力

那么，当一名程序员意识到了结构化的价值，有了分配注意力的意愿时，他应该如何快速提升自己这方面的能力呢?

事实上，刚从初级程序员起步的时候，我们并不知道什么样的代码和设计才算是结构化的，哪怕看到了结构化的代码也识别不出来。

我的建议是，新入行的程序员应该把培养对软件结构性的鉴别能力作为最高优先级任务。对一个初级程序员来说，培养对软件结构性的鉴别能力比学习公司业务、业界新技术和基础域的知识更重要，因为交付代码是程序员很长一段时间的主要工作，提高代码的结构性可以减少未来投在维护代码和修复缺陷上的时间，为学习其他提升能力的加分项赢得带宽，而只有能鉴别出非结构化的代码的丑和结构化的代码的美，才可能在将来的某天写出结构化的代码来，继而能够保证其长期的代码产出质量。

大量地阅读同事的代码，找出其中结构性比较好的，然后向更资深的程序员或者主管确认你的判断是否正确，或者与阅读设计模式和软件架构相关的图书、公认的高质量代码以及 W3C 发布的最佳实践等，都可以提升对软件结构性的鉴别能力。通过这个过程，程序员开始了真正的结构化思考，也就正式开启了架构师成长之路的第一步。

19.2.3　找到结构化的客观度量和逻辑

我在 19.2.2 节中提到了丑和美，这里要防止我们走入一个误区。有些人误以为软件架构设计是一门艺术，不存在客观的和逻辑的判断。

对艺术有所研究的人可能认为我这么比喻也不恰当。艺术其实也有客观和逻辑的成分。例如，俄国著名画家、几何抽象画派的奠基人马列维奇的名作《黑色正方形》就是在一块白色的画布上画了一个黑色的正方形。这幅让普通人摸不着头脑的画作被几乎所有的艺术评论家公认为是一件划时代的作品。他们的共同认可的逻辑是：这幅作品真正的价值在于它挑战了当时以东正教治国的沙皇俄国的圣像画画风，反对艺术服务于政治或宗教，强调了艺术追求表象之外的含义和追求自由表达的价值。这幅画被认为是传统绘画时代的终结标志，也是抽象画派诞生的标志。

也就是说，哪怕是多数人认为很难懂的现代派艺术，背后的评价也有非常强的逻辑性，而不是完全靠个人喜好。

靠个人喜好的缺点在于没有客观的标准。在刚入行的程序员可以向资深程序员学习，也会相信他们的判断，但是他可能很快就会问自己一个问题："为什么他们对结构化的审美就是正确的呢？难道就没有一个客观的标准吗？"

你如果研究一下与软件结构性度量相关的文献就会发现学界对软件结构性并没有一个统一的定义。在本书倡导的价值思维下，软件结构性是存在一个客观标准的：**软件结构性是对一个软件系统在未来适配目标市场的竞争所需的总成本预测的自变量。**

如果说一段代码在上线之后，我们发现其背后的商业假设不成立，以后再也不会被调用，那么这段代码是否有足够结构化其实并不重要。只有那些真正产生了实用价值，成为未来需求的集中点，且成为性能瓶颈、维护瓶颈、扩展瓶颈的代码，才是软件结构性真正产生价值的地方。

也就是说，如果可以度量软件结构性，它应该是从现在开始的一段时间内，一段代码被频繁使用的情况下，总的改造成本和维护成本的一个无量纲表达。前面对结构化的定义，**即软件在其设计范围内的设计理念、代码结构和实现方式上是同质的**，其实是期望能够达到的终极目标。也就是说，我们对未来的正确判断和基于这个判断的合理设计能够让我们的软件在未来的一段时间内维持同质。

带着这个思考，再研究一下关于软件结构性的图书，我们就会发现，几乎每种设计模式或者架构建议背后都有一组隐含的假设，就是未来对软件架构带来冲击的需求都符合某些分布。在这种特定的分布之下，只要我们采用某种设计模式，我们的架构设计就能够维持长期的结构性。

举个例子。工厂（Factory）设计模式就是假设我们没办法预测未来所有要创建的类类型，因此采用工厂设计模式来让未来新创建的类不需要了解或者改变现有类的实现。而工厂设计模式也有其隐含假设，就是这些集中创建的类能够符合同一个创建函数定义的 API 且在创建时可以提供相关参数。

如果场景不符合以上假设，就需要引入其他设计模式，如抽象工厂（Abstract Factory）设计模式或者构建器（Builder）设计模式，才能维持同样的结构性。

所谓某个人擅长于结构化设计，其实是指他对当下场景和未来需求的判断足够准确，使得他选择了面向未来正确的设计。这样他的设计在后续的需求涌入的时候才能保持足够的结构性。

有了以上的思考，我们就能理解一个优秀的设计师所要面临的取舍了：他既不能过度设计，导致当前的实现成本过高，也不能缺乏设计，使未来的改造成本和维护成本过高。而这个判断其实来自更深层次的能力，就是对我在第 7 章中提到的对经济价值的判断。

19.2.4　做到在业务成长周期下思考合理取舍

软件设计中的合理取舍在于平衡预期回报和当下实现成本。接下来，我就通过一个案例来解释如何在软件设计的过程中做好结构化的取舍。

电商平台的商品一般都保存在一组商品数据库里。在一个电商平台发展的初期，商品一般都会被建模成普通的业务对象，通过一个数据访问对象直接访问数据库内容。运营人员对商品价格和描述做出变更后，这种变更可以迅速同步到客户端。实现简单，没有数据同步延迟。

不过，业务很快增长后，多数架构师会对商品数据库做一个读写分离的操作。因为一个趋于成熟电商业务的用户总体访问量要远大于商家发布和变更商品的频次，所以商品库会被分成用于记录商品变更的写数据库和保障大容量读取的读数据库。这时候面向用户展示商品会被建模成一个只读的业务对象，通常会包含一个只读的数据传输对象。只读商品对数据库的压力要小很多，架构师还可以加入更多层的分布式缓存或者内容分发网络和客户端缓存来进一步提升性能和高并发的读访问量。

第二种设计是读写分离，这是很经典的设计模式，也是有大企业经验的研发人员经常采用的设计。事实上，这种读写的不对称性在业务初期就存在，但是出于交付压力或者缺乏思考，多数程序员不会一上来就做读写分离的设计。

不过，这个思考还没有完成，要想到达优秀的软件工程师的层次，还要再深入思考一层：读写分离会不会带来某些局限？企业中是否有合理的场景需要把面向用户展示商品不设计成只读对象？事实上，这种场景在电商领域的确存在，就是定制商品，例如T恤衫，有的电商会在每个用户的展示界面上显示个性化定制的图案，例如在给我的T恤衫上显示我在系统里定制的头像和昵称，这么做对定制商品的转化率的提升超过20%。

在这种商业模式下，读写分离的设计不再适用，而是过渡到了一种新的动态内容生成的设计。每个商品的图片和描述在请求时在服务器端个性化生成，这是由 AI 驱动的内容生成技术创造经济价值的直接体现。

此时，一个成熟的软件工程师就需要作出判断了："我们公司正处在哪个阶段？需要这么具有前瞻性的设计吗？如果我认为不需要，但是竞争对手都采用这种设计，对我们公司的生存空间挤压会有多大呢？这两种设计成本相差有多大呢？假设我采用了读写分离的设计模式，我还能过渡到动态内容生成的设计吗？"

如果你日常就在做这种深度思考，那么可以说你已经在频繁思考从设计结构化到长期回报取舍了。重点在于，这是一个面向未来可能的需求集的思考，而不是如何最快实现当下需求集的思考。

值得一提的是，假设一名优秀的程序员把每个商品都设计成服务器端生成的独立对象，那么他的设计似乎更接近之前不假思考的程序员的设计。但事实上，这两种设计的使用场景完全不同，具体的设计细节也不一样，这印证了我在第 15 章的思维拓展中提到的"从细节上做宏观决策"的理念。

这种日积月累的结构化思考会积累成架构师的结构化设计的能力，是一个基于对问题本质、长期经济回报和软件结构性的研发成本和维护成本的长远思考。这才是第 7 章中强调的最大化经济价值的思考方式。

19.3 日常研发中的结构化设计行为规范

那么一名程序员在日常工作中，想做好结构化设计，应该具体关注什么呢？我认为主要是专注以下 3 点。

（1）**设计理念**：在设计理念上必须与公司的整体设计理念保持一致，不能特立独行。

（2）**外部结构性**：软件模块对外要有明确的宏观语义结构。

（3）**内部结构性**：内部结构要面向未来逐渐演化，目标是趋向最优。

我进一步解释一下。

（1）个人的设计理念必须与公司保持一致，不能自作主张，改变设计理念，否则写出来的代码既难理解又难维护，也难以被别人复用。

（2）外部结构性是指 API 的结构性，软件模块的对外界面要有比较明显的**语义结构**。也就是说，暴露给其他调用方的 API 要有条理、表达准确且易于理解，否则 API 在被使用环境中会让调用方的代码变得晦涩难懂、结构混乱。具体而言，API 的结构性体现在以下 3 个方面。

- **语义表达的结构性**。如果把 API 理解成一段文字，那么这段文字需要有内在的顺序和结构，也就是我们强调的语义结构。
- **功能组织上的结构性**。如果一个 API 可能为多个用户角色服务，每个用户角色又有多个场景，每个场景还可能有多个功能，那么这些功能就应该组织成 3 层的结构，即角色、场景和功能。不同的用户角色和不同的使用场景都应该有不同的设计粒度。
- **数据模型的结构性**。如果 API 会暴露数据给调用方，那么暴露出来的数据就要有清晰的结构，遵守一定的规范。假使说你在使用 JSON 传递数据，那么 JSON 就要做到可读且合理。所谓可读，就是只看 JSON，就能很快明白这些数据的含义及其内部对象之间的关系。所谓合理，就是包含在 JSON 中的数据结构符合最小必需原则。

（3）模块内部的结构性是指代码的结构性。如果程序员现在使用的是 Java，他就要在包层次结构、包、接口、类和函数的设计上下功夫，主要出于以下几个原因。

- 包层次结构和包的设计体现程序员对领域的理解和对领域的封装能力，即对软件结构性长期思考的能力。
- 接口的设计体现程序员对 API 的抽象和封装能力。
- 类的设计体现程序员对实体、状态和数据模型的理解。
- 函数的设计体现程序员对计算封装的思考。

不过，这里有一个常见的问题：“如果队友水平不高，那么我是不是要降低自己的标准来与他们对齐？”

以下是我的观点。

（1）在模块内部的结构性上，完全不需要这样做，因为这是你的私域，更好的结构性不仅可以帮助自己，还能帮助未来接替自己维护模块的人。

（2）在 API 的结构性上，可以尽量追求 API 的结构性，前提是不能与整个研发团队现有的设计冲突，尤其在 API 的命名和 JSON schema 的定义上，如果与团队的主流选择冲突，你的设计就会渗透到其他人的代码里，影响其他人代码的一致性和可读性。

（3）在整体设计的理念上，你没有权力做任何的发明创造，否则会增加公司整体架构的混乱程度。这时最好的选择是想办法去影响决策者。

从我的观察来看，只要认可结构化设计价值的程序员，他们的设计能力必然会提升，这种提升甚至在半年内就能显现出来。

19.4 小结

总结一下，我们身边有大量代码和图书帮助程序员提升结构化设计的能力。但是多数程序员在这方面依然有欠缺。这里最根本的原因在于很多程序员没有意识到结构化设计的价值。只有程序员自己意识到发展结构化设计的能力的重要性，他的这项能力才会得到提升。

新入行的程序员往往缺少高质量的指导来帮助他们识别出结构化的代码。因此，他们很难快速提升自己对软件结构性的鉴别能力，这也导致他们没办法做出结构化的设计。这个过程需要资深程序员的指导。已经具备一定编程经验的程序员需要深度理解结构化的本质，即面向未来变化稳定的软件架构。程序员一旦理解了结构化的本质，就可以根据自己对未来业务走向的判断来选择最合理的架构设计。

在日常研发中，程序员要尊重公司层面或者大团队的设计理念，不能偏移。同时，他应该在不与团队主流设计冲突的情况下提升面向外部的 API 的结构性。他还应该最大可能地提升内部代码的结构性。

19.5 思维拓展：成长的关键在于发现障碍

第四部分中关于架构师成长的几章，都遵循图 19.1 所示的模式。

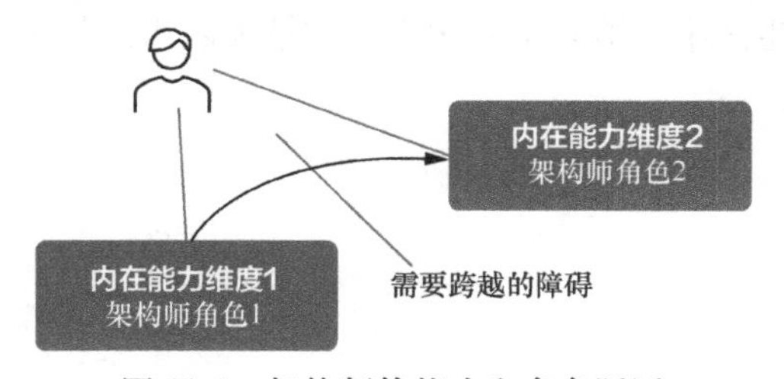

图 19.1 架构师的能力和角色跃迁

图 19.1 展示了一个架构师如何完成从一个角色到下一个角色的跃迁。同一名架构师，他从架构师角色 1 跃迁到一个为企业创造更大价值的架构师角色 2，通常意味着他已经获得了新角色所必需的一组内在能力维度 2，而这组内在能力维度往往不同于之前角色所必需的内在能力维度 1。

任何一个人想要在当前的能力维度的基础上获取一组新的能力维度，都必须跨越一些障碍。这些障碍可能是一个人自己的认知盲点（例如，本章中提到的很多程序员意识不到结构化设计的价值），也可能是客观条件的限制（例如，本章中提到的一些新手程序员没有得到足够的关于设计结构性的指导，因此无法鉴别结构性的设计），还可能是缺乏认知上的突破（例如，本章中提到的多数甚至是非常资深的架构师误以为软件结构性是一门艺术，不具有客观性）。

我的观点是，一个人获取一个技能的最大的难点在于他意识不到自己的障碍在哪里。其实，一旦突破了这些障碍，获取相应的技能并不难。

例如，本章提到的软件结构性，其实一般人都能通过多种渠道找到大量资源去提升这方面的能力，但是多数程序员在这方面的能力并没有得到提升，原因在于他们没有主动地发现并突破障碍。

在我看来，这种通过发现并突破障碍来获取新能力的方式是一种非常有用的提升自身能力的模式，可以在不同的场景、行业和职能上复用。这是一种先找到问题的本质，再寻找解决问题的方法的学习手段，希望你能尝试一下。

19.6　思考题

1．我们本章中提到的开源代码中也有不少的设计瑕疵。在比较常用的开源软件中，你发现过什么设计瑕疵吗？如果换作是你，对于这些有瑕疵的地方，你会怎么设计？
2．API 的延续性是 API 结构性中非常头疼的问题。为了保证现有用户的习惯，新的系统必须提供与过去兼容的接口和设计。你碰到过类似的场景吗？你可以举几个例子吗？具体是怎么设计的？
3．数据模型的结构性是经常被程序员忽略的地方，哪怕是所有程序员都常用的 GitHub，它的 JSON Schema 中也能找出很多问题。你能找出其中的一两个瑕疵吗？
4．在你的程序员职业生涯中，追求结构化设计的最大阻力是什么？是怎么克服的？有什么经验可以分享吗？

第 20 章 解决横向问题的能力

在软件架构这个上下文里，**程序员**指的是能够结构化地完成需求的一线软件工程师，**兼职架构师**指的是能够解决自己所负责领域的横向问题的软件工程师。

从定义的描述中，我们可以看到两个角色的差异主要是在横向问题上。也就是说，兼职架构师这个角色除了需要关注自己的代码，还要关注横向问题。

在本章中我就来解释程序员如何提升解决横向问题的能力。

20.1 跨越执行域到基础域的障碍

横向问题，简单来说就是软件内部与业务无关的技术债，如性能、可扩展性、可用性、可测试性、可维护性和安全合规等问题。这些问题都属于非功能性需求，也就是说，产品经理一般不会把这些问题直接写在需求文档里。

技术债的产生一般有两个原因：一是研发人员在横向问题领域内有认知盲区；二是由日常研发过程中的优先级取舍导致一些技术债被短期搁置，日积月累，这些技术债成为整个团队的负担，影响软件的整体质量。这时候横向问题就成为整个团队的工作优先级。不过，对初级程序员而言，自己还没有解决横向问题的能力。如何获取这种能力呢？

我们前面提到了，从程序员成长为兼职架构师，主要的能力障碍就是个人知识体系从执行域到基础域的跨越。和我在第 19 章中提到的一样，这个障碍往往也有程序员个人意识的因素：很多程序员缺乏突破自己责任边界的意愿。

在多数企业里，解决横向问题并不是一般研发人员的责任。一般研发人员的职责就是实现领域内的产品需求，尤其是资历较浅的技术人员，企业对他们没有这方面的要求。

多数人在碰到这类任务的时候往往是能躲就躲，因为解决这类横向问题搞不好还会闹出大故障，不但没有任何经济回报，甚至可能会有损失。但是，解决横向问题是程序员向架构师过渡的必经之路。因此，在这个节点上程序员必须有成长思维，不能只看眼前，要把解决横向问题的任务当作机会来对待。既然是额外提升自己的机会，那么做不好甚至要付出一些代价也是值得的。有了这样的心态，做事情的方式就发生了变化，就会更主动地学习，提升自己在基础域的知识水平，而不是单纯地以最小成本完成一个横向问题相关的任务。

接下来，在解决问题的过程中就要以分析思维去深入研究问题的本质，而不是简单地解决问题的表象。于是，解决问题的过程就变成了提升基础域知识的过程了。

20.2　程序员提升基础域能力的策略

本节介绍一下程序员提升基础域能力的策略。

20.2.1　架构师成长策略：先优化宽度还是先优化深度

我先讨论一个最紧迫的问题。假设你职业生涯刚刚开始，业绩考核压力非常大，日常研发工作已经很吃力了，这时候是应该优先提升日常研发的能力，还是分一部分精力去提升横向能力呢？答案是你必须优先提升日常研发能力，因为如果你的日常工作做不好，你都不一定能保证自己不出现在下一批被淘汰的名单里。在这种情况下，上级不可能把任何真正有挑战的横向问题交给你。所以，你的首要任务一定是先把日常的研发工作做好。

当你的日常工作已经比较顺手了，你依然面临一个选择：是先把精力放在提升本职工作的深度，还是及早分出部分精力去提升解决横向问题的能力。

我认为这个问题的答案是和你的职业规划密切相关的。就像我在前言中提到的，如果你的个人成长的战略意图是做一个优秀的架构师，那么你肯定要尽早启动架构师能力跃迁的过程，解决横向问题。

20.2.2　学习解决横向问题，该从哪里开始

即使我们愿意牺牲个人休息或娱乐时间，做选择也并不是一件容易的事情。横向问题有很多，包括性能、可测性、可扩展性、安全等，从哪一个问题开始会是更好的选择呢？还是每样都学一点儿呢？

做这个决策，我建议依次从以下 3 个方面来综合考虑。

（1）**个人兴趣**。我们肯定要花费一部分个人的休息娱乐时间来学习这个基础域的专业知识，提升自身能力的稀缺性。如果没有足够的兴趣，这个过程肯定是不那么愉快的，也很难坚持下来。

（2）**经济价值**。如果说我们还不知道自己会对哪个领域产生兴趣，那么我们就应该选择市场需求最大的领域。我们可以咨询公司内外资深的管理者，问问他公司内部和市场上最急需解决哪一类横向问题的人才？我们给公司带来的价值越大，我们能获得的机会和回报也就越大。甚至，公司还愿意花钱来加速我们的能力提升。

（3）**竞争环境**，也就是公司内部在这个领域的人才密度。如果人才供给过剩，那么一个初学者就很难获得好的实践机会。没有高质量的实践，我们的成长很难有保障。

最终无论选择什么方向，都要看清楚自己的相对优势所在。作为一个兼职架构师，最重要的价值就是帮助团队中被某个横向难题挡住的程序员清理路障，其相对价值越大，获

得的实践机会就越多，横向知识的雪球就会越滚越大。

不过，如果现在还没有特别感兴趣的方向，公司内部的机会也差不多，只是单纯想找一个领域先提升自己。在这种情况下，建议从稳定性开始。

20.3 从稳定性开始提升自己的横向能力

之所以从稳定性开始，有以下4个原因。

（1）互联网软件企业不论从成本还是从用户体验角度考虑，都需要稳定的软件。

（2）稳定性会先让研发人员自己受益。如果一名研发人员负责的服务更可靠，他就不用半夜和周末接报警，这样他工作压力相对就低一些，能有精力去研究一些更有深度的问题。

（3）稳定性问题和程序员日常代码工作的联系较大。程序员可以一边提交日常需求，一边做稳定性相关的改造。因此，一名程序员获取稳定性相关的实践机会几乎不需要任何额外的授权，他能从迅速提升的基础指标（如大量减少的报警）中获得快速且直接的回报。

（4）稳定性也是一个可以通过不断积累总结而提升自己能力的领域。一旦水平提升了就会比别人有更多机会接触到更具挑战的问题，因此属于一个有复利的基础域。

关于这个领域，我在极客时间的专栏中分享了自己的一些经验总结。这些经验总结和架构师的生存法则类似，你可以借鉴一下。

20.4 小结

像生活中的很多事情一样，从程序员过渡到架构师，需要有足够的意愿和投入。具体怎么做，我相信随着技术的变化也会一直发生变化。在这个过程中，主动规划更重要。

从整体策略来看，程序员首先要做好本职工作。在此之外，程序员如果以架构师为职业目标，应该选择一个横向领域提升自己的深度。这个领域最好是自己喜好、公司需要且竞争不大的领域。

20.5 思维拓展：从兴趣中放大自己的稀缺性

我在本章中介绍了一个最大化横向能力成长的策略。在这个策略中我建议把个人兴趣放在第一位，因为兴趣会帮助你最大化投入度，而投入度最终会提升能力的稀缺性。一旦有了稀缺性，你就会成为马太效应的受益者。

如果你是个利益驱动的人，那么回报就决定了你的投入度。回报是由解决横向问题带来的经济价值决定的，人才供给竞争则是人才市场对回报的自然反应。也就是说，市场会带来人才供给的弹性，高回报的场景必然会有更多的人才涌入，最终回报和投入趋于理性。但无论如何，你的兴趣都可以让你以更大的投入来维持你自己的稀缺性。

图20.1展示了这个增长闭环的放大作用。一个人因为个人兴趣，增加了自己在某个专

业领域的投入度，这种超乎寻常的投入度提升了其能力的稀缺性，稀缺性又提升了他在企业内外的影响力，影响力的提升会使他能够获得别人得不到的解决重大且疑难问题的机会，从而进一步提升他的兴趣。这个闭环往往也意味着回报的提升。

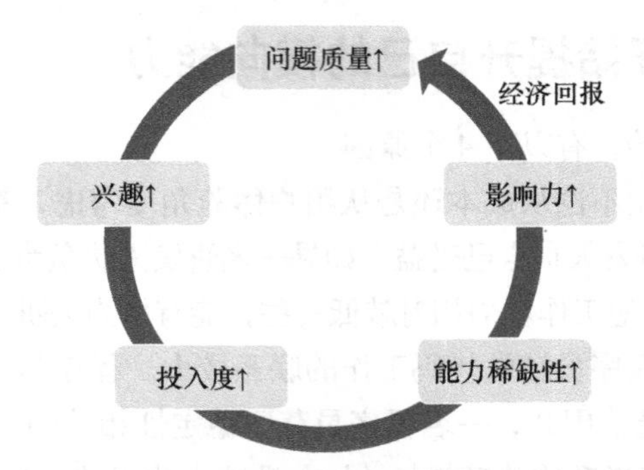

图 20.1　从兴趣到能力稀缺性的增长闭环

20.6　思考题

1．如果你跨越了从程序员到兼职架构师过渡的这个障碍，能分享一下最大的心得吗？
2．思考一下，在你现在团队的横向领域中，最大的技术机会在哪里？为什么是这个机会呢？其他人扑上去了吗？

第 21 章

解决跨领域冲突的能力

在第 20 章中我讲了如何通过提升解决横向问题的能力完成从程序员到兼职架构师的跨越。不过，在兼职架构师这个角色中，架构能力是一个加分项，写代码实现需求仍然是程序员的主要工作。我在本章中介绍的架构能力就不再是加分项了，而是架构师的主要工作。

这是架构师职业成长过程中的又一次重要的能力跃迁。在跨域架构师的角色中，代码产出并不是架构师的主要价值所在，反而变成了一个加分项。角色转换如此之大，以至于很多人虽然多年顶着架构师这个头衔，但从未完成这个角色的真正转变。

在本章中我先从分析跨域架构师的角色挑战开始，讲解为什么跨域架构师是一家企业必需的角色；然后分析跨域架构师该如何应对这种挑战，高效地解决问题；最后分析架构师如何能够应用这种能力持续提升整个软件系统的结构性。

21.1 跨域架构师的缘起

我先在概念上区分一下跨域架构师和兼职架构师这两种角色。

图 21.1 展示了在软件企业或者企业的研发部门中，不同职能在软件研发过程中的分工和合作关系。这里我特别对跨域架构师和兼职架构师这两种角色做了拆分，以强调这两种角色的定位差异。

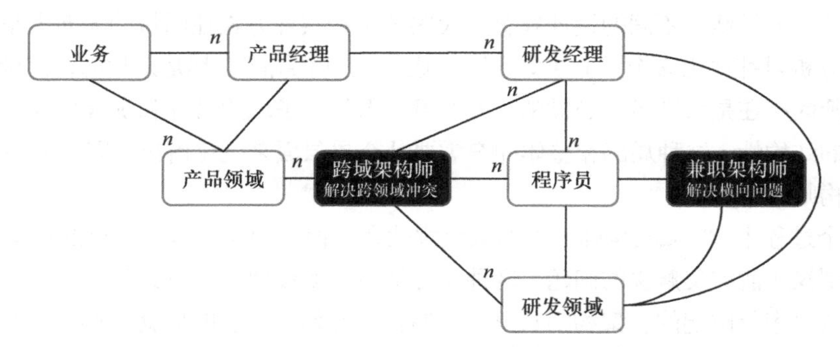

图 21.1　兼职架构师和跨域架构师的定位差异

由图 21.1 可见，一个业务中（也就是一家大公司的业务部门或者一家小公司）有多个产品领域（产品线），每个产品领域都有各自对应的产品经理，每个产品经理往往对应着一个或多个研发经理，每个研发经理带领一个研发领域的研发团队，研发团队中有多名程序员，每个程序员负责相应研发领域的一个或多个模块。程序员和研发经理则分别与研发领域形成一对一的关系。如果某个程序员同时具备兼职架构师身份的话，这名兼职架构师就和研发领域也形成了一对一的关系。

跨域架构师则不同。跨域架构师和产品领域、研发经理、程序员和研发领域都形成了一对多的关系。这正是我把这种角色命名为跨域架构师的原因。

图21.1表明，从兼职架构师成长为跨域架构师，需要完成从一对一关系到一对多关系的跨越。

也许你会有这样的疑问：假设某个研发总监兼任架构师，有多个研发经理向他汇报，那么他负责的领域也很多。在软件架构这个上下文中，他这个兼职架构师和他所负责的研发领域是不是形成了一对多的关系？这里有个巨大的差异。虽然他是兼职架构师，但是所有领域的需求分析过程、研发设计过程和研发团队都由他管理，并且可以直接干预。也就是说，他对所有领域都有直接的话语权。在兼职架构师这个身份上，他还是在处理一对一的关系，只不过他负责的大领域包含了多个独立子域。

分析到这里，我们就找到了跨域架构师这个角色的真正特殊性：**跨域架构师对多个领域的软件架构间接负责**。他只能通过各领域的研发经理来间接影响自己所负责的领域架构。

我们可以结合第1章中的架构师的定义来思考跨域架构师面临的挑战：**架构师是为复杂场景设计结构化软件并且引导多个团队来实施它的人**。结构化代表这个软件在其涉及范围内的设计理念、代码结构、实现方式上是同质的。假设一名架构师负责多个研发领域，不同领域的设计理念、代码结构和实现方式不是处处一致的。每个领域有各自的领域目标、挑战和架构理念，要是它们都一致，反倒奇怪。

这时候，跨域架构师的价值就会体现出来：**跨域架构师要持续抵抗多领域组织中必然的熵增**，将多个子域中不同的设计理念、代码结构和实现方式往同质的方向上整合。

上述分析对那些由多个独立决策团队构成的大型组织而言都是适用的，这就意味着，**跨域架构师的存在是大型组织必需的**。大型组织内每个子域的目标和挑战各异，因而无法保证全局的结构性。这种局部和整体冲突需要从全局层面来优化解决，因此大型组织才需要跨域架构师。

在这个过程中，跨域架构师面临的最大挑战在于他必须在没有控制权的情况下解决一些需要控制权才能完美解决的问题。这种能力是绝大多数架构师不具备的。几乎所有的架构师都是从程序员做起的。架构师从第一天写程序开始，所有的成就感都来自亲身实践，哪怕是解决横向问题，也是靠自己查bug、做优化、重构代码。在成为跨域架构师之前，个人能力成就了一名程序员！如果把写代码比喻成“武力”，在成为跨域架构师之前，一名程序员或者兼职架构师就是一个百分之百靠个人“武力”生存的人。

但是一名程序员从兼职架构师过渡到跨域架构师，他过去积攒的“武力”就不足以应对新的挑战了。这时候，他的社交能力突然间取代“武力”，成为他最需要的核心能力。因为这名跨域架构师的代码写得再好，他也不能把某个领域的程序员推开后直接去改代码，所以现在只能靠说服他人来作出正确的判断，才能让他的想法变成现实。

这时候，架构师需要把全局的架构理念和全局的结构性优化目标传递给每个团队。同时，架构师需要先发现局部的理念和现实与全局结构性目标之间的冲突，然后再想办法说服每个执行域团队，改变他们的理念和现有架构，以实现全局层面的同质性。

可以想象，对自认为自己的架构和技术都领先于其他人的程序员，让他们放弃部分或者全部架构理念和现有实现来推进全局的结构性将是多么大的一个挑战！这时候，**架构师已经不再是面临一个单纯的技术难题，而是要调和不同人群间的理念差异。**

21.2 从背锅来分析跨域架构师面临的领域冲突

你可能观察过这样一个现象，对于在大企业里工作多年的跨域架构师，“背锅”是他们口中的高频词。其实这并不是一个偶然现象。我们接下来就分析一下“背锅”的真正根因。

假设你是交易域的跨域架构师，一周前刚刚接手一个烫手的山芋，背景是 3 个独立的团队分别负责公司的交易领域、支付领域和资金领域的开发。昨天公司出现资金损失问题，最直接的原因就是交易团队调整了交易模式，并通知了支付团队。支付团队完成了自己的改造，支付成功后，支付模块将通过调用资金的接口做结算。但是，因为资金团队没有收到任何交易模式调整的通知，所以没有做相应的账户配置变更，导致资金计算错误，公司遭受了不小的损失。

在故障追责的时候，3 个团队互相掐架，彼此责怪来责怪去，谁都不愿承担故障责任。

（1）资金团队不承认问题是自己的，认为自己都没发布变更，没理由承担这个责任。

（2）交易团队也认为问题与自己无关，因为他们不直接调用出现资金损失的代码，要怪也只能怪支付团队做变更时没有通知资金团队。

（3）支付团队同样不认账，认为支付代码没问题，问题根因也与支付无关，尽管自己团队与资金团队沟通不到位，那也是交易团队的问题，毕竟变更是交易团队发起的。

同时，讨论中还有人提起架构师也有责任：前任架构师没规划好，你们俩交接不畅，导致沟通不到位，你也有责任。讨论来讨论去，你也不知道谁该负责任，似乎造成这个资金损失故障的责任只能由你承担，也就是由你这个架构师来背锅。

当然，你也可以选择不背锅，但是 3 个团队的大佬就会要求你以中立方的身份来建议应该由哪个团队来承担责任。你想了想，似乎哪个团队你都得罪不起，最后你还是只好认命，自己来背这个锅。

这时候，恰好有一个刚入职的校招生兴冲冲地来找你，希望拜你为师，学习软件架构。你长叹一声："学啥学，学到头不也就是像我一样天天背锅？！"

我先分析一下这名跨域架构师到底遇到了什么挑战，为什么他会背锅？

（1）**领域割裂**：本来属于一个大领域的交易支付和资金被分割成多个子域，各自有独立的团队、数据模型和实体状态。但是，这些子域之间互相影响，它们的数据和状态之间有一定的联系。子域之间需要同步变更才能保障整个大领域处在一个自洽的状态。

（2）**决策割裂**：每个子域都有各自的决策者，但没有一个能为3个子域做统一决策的人。

（3）**执行割裂**：每个子域各自独立执行，缺乏执行过程中的同步。

（4）**沟通割裂**：每个子域的内部决策无法全部同步给其他子域。

图21.2展示了这种跨领域问题的本质。

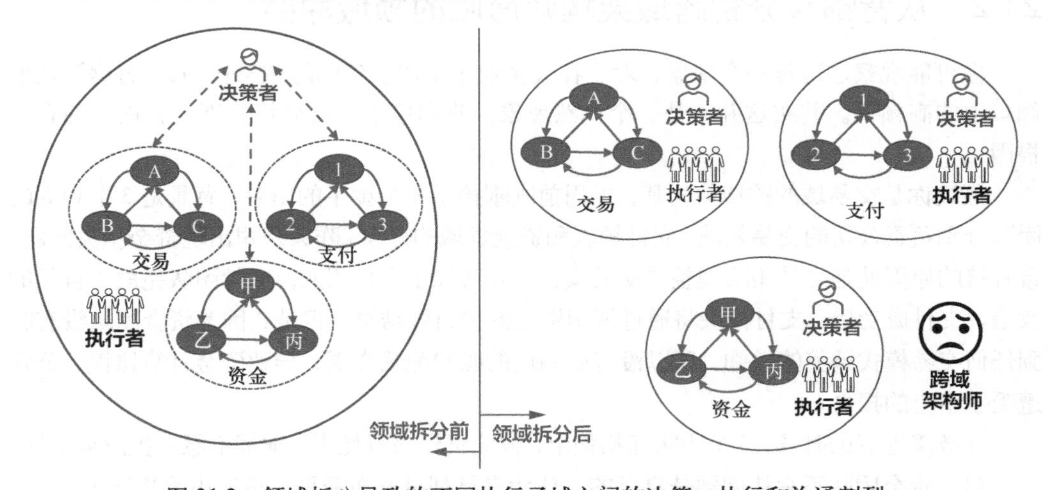

图21.2　领域拆分导致的不同执行子域之间的决策、执行和沟通割裂

图21.2展示的是一个领域被拆分之后的割裂状态。图左侧的3个虚线圆圈代表了3个子域的实际关系。在拆分之前，这3个子域应该只有一个决策者和一组执行者。决策者能够感知每个子域的状态变化，指挥执行者协调执行。各个子域之间不存在执行和沟通的割裂，因为它们同属于一个决策者和一组执行者。

图21.2右侧的3个实线的圆圈代表一个领域被完全拆分成3个子域的状态。这3个子域原本应该和左侧的虚线圆圈一样，相互之间是紧密关联的，但是拆分之后，每个子域独立决策、独立执行，内部信息和状态变化也对外不可见，因此这3个子域的沟通就是割裂的。在这种状态下，处在这3个子域之外的跨域架构师只能干着急。

割裂的状态会导致刚才提到的因为决策、执行和沟通割裂而导致的故障。而故障发生之后，依然割裂的团队肯定不能建立共识。处在争议漩涡中的弱势架构师就自然而然成了背锅人。

那么，跨域架构师该如何突破这个困境呢？

21.3 如何为割裂的多个子域注入全局架构视角

我们换个角度思考，“背锅”其实是跨域架构师的价值的另一种体现。

可以思考一下图 21.2，与左侧的团队布局相比，右侧的团队布局有它的独特优势。右侧的团队更大，每个子域能够钻研得更深、执行得更快。公司成长到一定体量，这么做是必然的选择。

但是，每个独立的子域的决策者面临不同的挑战和长期目标不同，因此每个决策者做出的决策也不同。不同的决策意味着不同子域开始逐渐分化，而每个子域的分化越彻底，子域才越符合其自身的特性，才能越高速地迭代。而分化后高速迭代的子域因为各自的目标、挑战和需求不同，在执行上也不可能一致。高速迭代同时也意味着子域之间沟通减少，这也是为最大化子域增速而付出的必然代价。这个过程形成一个正反馈闭环，子域加速分化，同时决策、执行和沟通的割裂更加严重。

割裂的团队之间整体结构性变差，容易发生故障。有了故障之后，因为割裂而达不成共识，因此最弱势的架构师成了背锅人。也就是说，企业在选择细分领域专业化和高速迭代后必然要付出代价，而背锅则是这种代价的一种表现方式。

既然是必然代价，那么跨域架构师的增量价值也就清晰了，他的存在其实是为了子域之间重新建立有效的沟通，从而确保决策和执行的正确性，使他所负责的子域组成的整体比割裂状态下更高效，如图 21.3 所示。

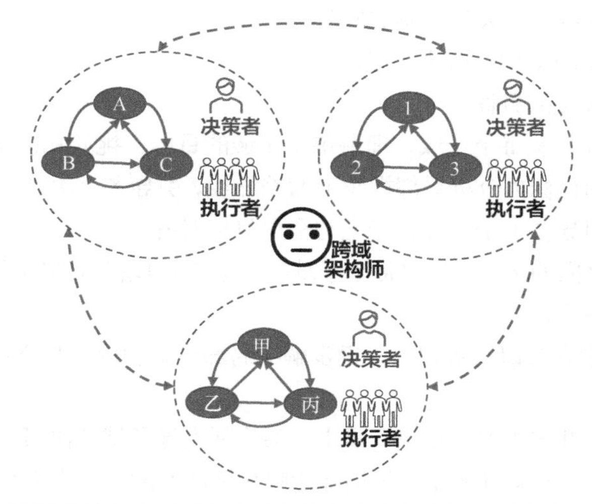

图 21.3 跨域架构师在割裂的子域之间维持高效沟通和正确的决策与执行

在图 21.3 中，我把每个子域的边界改成虚线，并在子域之间建立决策、信息和状态流转的通道。跨域架构师的作用就是在其中协调子域的决策和执行，从而让新的沟通结构更接近图 21.2 中左侧拆分前的沟通结构。**跨域架构师的存在就是协调子域之间的决策、执行和沟通，从而调和整体结构性和局部个性化之间的冲突，最终最大化整体结构性。**

这个目标其实和架构活动的目标是类似的。也就是说，跨域架构师在没有大型的架构活动任务时，应该把注意力放在跨领域的日常项目的决策和执行上，通过第三部分中描述的一些具体方法来提升自己所负责领域的结构性。

架构师其实是永远在大大小小的架构活动中，或者官方的，或者他自己驱动的。由跨域架构师自己驱动的项目，往往就是某个基础域的治理项目，用来提升该领域的结构性。

事实上，多数企业有日常的沟通机制，如微信群、邮件组、Wiki、会议、架构规划会等。图 21.2 中显示的拆分前后的多个领域中的大多数研发人员肯定都互相认识，所以研发人员中间缺少的并不是沟通的渠道和机会，他们真正缺少的是沟通的动力。因为领域分化后各自不同的目标、挑战和需求不同而导致决策和执行的差异，这种差异导致了各子域的研发人员之间缺乏共同目标，因此才会减少沟通。

而架构师需要做的就是让这些领域团队意识到他们在业务上天然存在的耦合，因为这种耦合使系统之间形成了强依赖，而这种强依赖又使系统整体上必须具备足够的结构性。

架构师的价值就在于判断有哪些信息和状态必须在子域之间流转、这些信息的颗粒度需要维持在多大、沟通频次要多高才能保障整个大领域维持在长期自洽的状态上。

那么，如何做到这一点呢？

就像我在第三部分中给出的案例一样，全局最优的架构需要架构师在考虑全局的同时也能理解局部，引导参与者共同发现那个最优架构。跨域架构师要靠真实可靠的技术论据和完美的逻辑来说服参与者采用正确的判断。

现在总结一下跨域架构师解决领域冲突的步骤。

（1）理解整个领域的目标。

（2）最大程度地熟悉每个子域，理解每个子域的目标、挑战和需求的差异性。

（3）围绕整体的目标去分析局部视角上的差异性，引导各个决策者和执行者从全局视角上看问题，最终引导多个子域在目标上与全局目标对齐。

（4）促进子域之间的沟通，使得每个子域的决策者和执行者能够看到其他团队的影响整体结构性的重大决策。

（5）在第三步建立共识的基础上，逐步解决局部决策和设计与全局决策之间的冲突，达到全局最优。

第 3 步和第 4 步非常重要。在第 3 步中，架构师引导子域的决策者，让他们同时意识到整体结构性的价值。在第 4 步中，架构师能够帮助所有的决策者发现那些会影响整体结构性的个别决策。有了第 3 步中建立的共识，在第 4 步中发现与全局相冲突的决策时，就不是跨域架构师一个人在抵抗熵增了，而是所有其他子域的决策者都会帮助架构师共同解决这种冲突的决策，抵抗熵增。

这时候我们就明白跨域架构师的成功关键了：**跨域架构师要建立的是联合多数决策者控制系统长期熵增的一种合作机制。**

这里特别强调一下**长期**。假设某个子域的决策者或研发人员意识到了一种新的架构实现会是面向未来最优的，虽然在这个子域内引入这种架构实现在短期内可能会引起熵增，但是长期来看，在其他子域升级之后，整体结构性又会变好。这时候架构师要有足够的判断力，认识到新架构的长期价值，帮助这个子域和整体快速过渡到新的架构上去。

如果一名架构师能持续不断地重复上面的过程，不断提升他在子域的知识和全局视角，那么他最终的架构设计整体结构性才能达到最优，这将使他成功地跨过从兼职架构师到跨域架构师的障碍。

21.4 尾声：这个锅谁来背

如果理解了上面的分析，我们就能看透跨域架构师这个职能的本质，可能对背锅这件事情也没有那么多负面情绪和不解了。

我们继续分析一下刚才的案例。

我期望你从接下来的案例分析中学会通过合理思想实验做出正确决策的方法。在多个团队争论不休的情况下，这是我以架构师的身份做故障裁决时常用的思考方法。

案例中的 3 个团队有各自的局部视角，但是每个团队都缺乏完整的全局视角。站在各自的局部视角中，很难判断谁对谁错。对于类似的多个割裂团队之间的冲突，都可以这样思考：如果没有 3 个团队，只有一个具备超级大脑的人实现了整个系统，那么这个人是在什么阶段引入了这个故障呢？

虽然交易团队不直接调用资金团队的接口，但交易团队对资金团队形成了一个隐含依赖。交易的变更必须和相关的资金变更同步，才能保证全局业务语义的一致性。

也就是说，交易团队发起了一个开始事务的语句，却没有实现结束事务和失败回滚的逻辑。根据这个思想实验，我会判定故障的责任人是交易团队，因为交易团队发起了事务但没有保障相关支付变更和资金变更的完整性。也就是说，在交易团队发起一个没有保障的事务的那一刻，这个故障就产生了，所以交易团队应该负主要责任。

具体到这个案例，如果团队足够大，线下交流无法保障，那么跨域架构师就要在未来系统的设计上，通过机制来保证类似变更的原子性。你可以对交易模式设置版本号，要求相关资金逻辑必须引用对应的版本号才能实施操作。如果一个订单的版本号校验不通过，就不允许对这个订单做资金流转的操作。

我要特别强调一下，**跨域架构师千万不能充当和事佬**。也就是说，你明知道交易团队应该负责任，但还是决定自己来背这个锅。这种态度会影响你发现根因，最终无法为负责的领域引入正确架构。这是在第 10 章中提到过的架构师必须具备的勇气。如果一名架构师没有勇气，最后不但他自己一次又一次地成为一个花式背锅侠，而且本应该就地解决的问题，最终变成一个跨领域的无人认领的顽疾，也害了整个团队。

从我的观察来看，**缺乏解决跨领域冲突的能力和勇气**是很多非常优秀的横向领域专家不能成功成为跨域架构师的主要原因，而勇气是更为主要的原因，因为前者可以通过训练、学习，甚至是失败后的修正来补齐，而勇气来自架构师自己。

也许有程序员会想："我为什么要做跨域架构师呢？我做个兼职架构师不是挺好吗？我钻研技术，有什么问题自己动手解决，也不用去求别人。解决好了都是加分项，解决不好也没人责怪我。"

我在最初 10 年的职业发展中也是这种思维，但我觉得时代不同了。2000 年我刚进入软件行业的时候，互联网行业的竞争远没有今天这么激烈，团队间的协作复杂性也没有今天这么大。

现在，多数互联网公司越来越大，协作也从公司内部跨越到公司外部，企业对跨域架构师岗位的需求数量远远超越了以前。我认为这是个趋势，也相信这是多数读者学习架构思维的原因。

21.5　小结

跨域架构师为多个子域的软件结构的合理性负责。跨域架构师是为冲突而生的，负责处理一个组织内在的，也就是局部和全局之间的冲突。

跨域架构师是一个存在多个协同子域的复杂组织的需要。每个高度分化和高速迭代的子域的内部目标和决策往往与更大领域的整体目标不一致。这种冲突必须从整体层面上看清楚，并且通过持续的架构活动来维持整体的结构性。

跨域架构师的价值就是让领域整体的结构性维持在合理的水平。跨域架构师设立跨领域的沟通和冲突解决机制，让不同子域的决策者和执行者能够预见、避免，并最小化子域与全局之间的冲突。此外，跨域架构师还要通过统一全局目标，引导所有子域整体的结构性。在这个过程中需要跨域架构师有足够的勇气去发现、面对和解决这些冲突。解决冲突的过程，就是跨域架构师创造增量价值的过程。

21.6　思维拓展：社交能力对架构师也很重要

社交能力是让一个人在处理复杂的关系的过程中达到个人目标，但又没有给其他人带来很大不适或者为未来埋下祸端的做事能力。

我自己没有多少社交能力，但我观察到我周围的确有不少具有优秀社交能力的架构师。这些人在处理冲突时都能够巧妙地获取同盟，委婉但准确地表达自己，掌握沟通的节奏和压力，这使他们能够在妥善地解决冲突的同时不给自己树敌。同样的问题，我处理的时候可能会发火，甚至得罪人。我剖析我的问题在于感知他人、控制自己的情绪和以更有技巧的表达上做得都不够好。

社交能力强的人有很大的优势，他们能够获取那些更难以处理的伴有复杂人际关系的架构挑战，而且往往会因为这项能力能够比其他人更早获得更大和更复杂的架构机会。

社交能力是我没有掌握好的一项技能，我也没有任何可以分享的学习技巧，但我希望你能找到一些办法提升自己的社交能力。

21.7 思考题

1. 学完本章的内容，相信你已经比较清楚跨域架构师和兼职架构师的差异了。请为未来的你，也就是一个跨域架构师，设计一个小工具，帮助你自己更轻松地从兼职架构师过渡到跨域架构师。
2. 一家成熟的企业经常像本章中提到的那样，将一个大领域拆分成多个子域。可以观察一下你所在的企业中的这种拆分案例，分析拆分前后每个子域直接的业务和技术优先级的差异，每个子域和之前的合并域之间的业务和技术优先级的差异。你能根据这些差异预见未来的冲突吗？你能想象出这个团队需要什么样的架构信条才能解决这些冲突吗？

第 22 章 构筑技术壁垒的能力

多数读者都不是企业的总架构师，并且可能离这个角色还比较遥远。不过，如果一名技术人员能理解总架构师是怎么思考和决策的，他就能更好地帮助总架构师解决他所面临的问题。如此一来，这名技术人员就更容易获得总架构师的器重，从而加速职业成长。

在本章中我将解释一下总架构师为企业创造的价值。哪怕你现在还是一名程序员，也期望你能通过本章的学习，理解如何帮助企业的总架构师创造更大的价值。

22.1 总架构师的核心能力：构筑技术壁垒

总架构师也是跨域架构师，只不过总架构师作为跨域架构师有一个特殊性。在公司技术决策上，跨域架构师之间会形成上下级关系。但总架构师不一样，他在技术决策领域并没有上级。也就是说，总架构师要为整个公司软件架构的正确性负责。

这种正确性有一个客观的标尺，就是第 9 章中提到的外部适应性：**软件架构的正确性，其实是面向未来的技术不确定性下的外部适应性**。

总架构师在面临诸多不确定性的情况下，为企业做出了正确的技术决策，这种技术决策最终会成为企业的**技术壁垒**，就是企业通过技术创造并且强化的竞争优势。

这种正确性与还技术债和去除局部次优的架构缺陷不同。还债和去除架构缺陷都有明确的问题定义和解决办法，所以没有不确定性的挑战。但是互联网企业面临持续的外部技术环境变化，面向未来的架构正确性几乎永远没有明确的答案。所以，从跨域架构师成长为总架构师，必须**跨越不确定性的障碍**。

互联网技术的创新层出不穷。在过去 20 年的 Gartner 技术成熟度曲线中多数热词和它们背后的技术发展就是昙花一现，这就意味着，在这些领域的技术投入都不可能成为一家企业的竞争壁垒。因此，总架构师必须能做出高质量的技术决策，只有选择性地投入那些能真正为企业带来竞争优势的技术，才会为企业创造长期的价值。

在第 9 章中我提到过，决定一家企业的技术选型和架构是否长期正确有诸多因素。这些因素包括技术本身的发展、相关人才的供给、技术和企业定位的匹配度和企业内外部的环境。

正确的技术决策来自总架构师对长期技术趋势、风险和收益的准确估计。

顺便提一下，这个持续做出正确决策的能力在亚马逊被叫作“经常正确”（Are right a lot）。不过，这种能力不是专指给架构师的，而是亚马逊领导力原则（leadership principle）中的一条，是每个人都要具备的领导力原则之一。

总架构师的这种**正确决策**的能力常常叫作**技术嗅觉**。

22.2 跨越不确定性的障碍

一名跨域架构师如何跨越不确定性的障碍来提升技术嗅觉，最后成为一名合格的总架构师呢？答案是要**不断寻找高风险决策的机会**。

正确决策的能力不是凭空出现的，与其他能力一样，都需要在不断试错的过程中反复打磨。既需要时间，也需要机会，更需要我在第 10 章中提到的相对友善的企业文化。

因为架构师只有做了决策，并跟踪这个决策最终为企业带来的价值，才能确定自己的决策质量，最终通过分析思维来发现决策过程中的缺陷，提升自己未来决策的质量。

我认为对大公司的架构师来说，这一点尤其重要。在大公司环境下成长起来的兼职或全职架构师，往往以解决实际问题为主，很少有做决策的机会。在重大的技术不确定性场景下，多数时候都是他的上级在做风险和利益的权衡，然后给出架构决策。我在大公司里见到过很多优秀的跨域架构师，也为他们长期蜷缩在大公司里而感到惋惜。他们没有获得与自身思考力相匹配的决策机会，时间长了，不但决策能力退化，连勇气这个宝贵的品质也逐渐消失了。

这种做决策的机会对一个组织架构稳定和业务尝试机会不多的大企业来说非常稀缺。因此，很多时候，架构师需要离开一个大企业，在小企业内担任更高的职务来换取高风险决策机会。

不过，如果一名架构师因为各种考虑无法离开一个相对稳定的环境去冒险，那么他就要思考如何去帮助总架构师做一些决策，让总架构师每次做重要决策的时候都能想到他。

这里有一个必要条件：架构师在某个特定领域拥有明显的优势，能在公司层面胜出。例如，架构师是公司里的稳定性大拿，对业界流行的方案有深刻的认知，那么总架构师在做稳定性相关的决策时肯定会叫上他。

我们在帮助他人做高风险决策时，要做以下几件事。

- 理解整个决策的背景。
- 理解决策的制约因素。
- 在你所精通的领域提供尽可能多的依据，在最大程度上降低决策的不确定性。
- 从你所精通的领域出发，为最终决策做出建议（也就是拍个板）。
- 尽可能多地参与决策讨论，了解其他领域的不确定性和收敛方法。

- 无论最终决策是否与你的建议一致，都要尽可能地理解最终决策背后的逻辑。
- 在之后的数月甚至是数年，持续关注决策的后续进展，反思自己提供的决策建议中那些缺失和误判的部分。
- 在之后的数月甚至是数年，关注其他领域后续的变化，思考最终决策的正确性，注意，不仅要看最终效果，还要看判断决策逻辑和过程的对错，如果决策是对的，其中有多少成分是靠运气，有多少成分来自对当前环境和未来趋势正确的判读；如果决策错了，那么其中有多少是假设错了，有多少是方法错了。

在一个相对开放和包容的企业文化中，如果一名架构师有足够的实力，他肯定会被注意到。这种情况下，他就有机会通过上述方法来提升自己的影响力。

22.3　通过正确的职业选择获取高质量的决策机会

长期来看，对一名想成为总架构师的技术人员来说，获取高质量的决策机会的更关键的一步就是要做出正确的职业选择。

这个过程有两个环节，一个环节是选择正确的企业，另一个环节是选择正确的行业。

22.3.1　从技术型企业的生命周期来思考职业选择

古人云："良禽择木而栖。"其中"木"指的不是自然环境，而是生存环境。从前面关于风险决策的反馈中我们已经得到了这样的结论：架构师需要非常长的成长周期。对一名架构师而言，"木"就是他自己未来 5 年甚至 10 年的工作环境。

所以，架构师择业，必须观察企业的长期趋势，不能单看企业当下给出的薪酬和职位。

1．企业的生命周期

想看清楚什么是真正的机会，需要研究技术型企业的生命周期。图 22.1 展示了企业的生命周期。

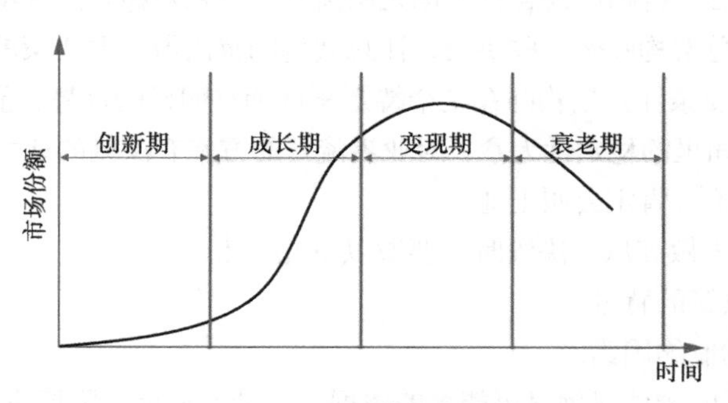

图 22.1　企业的生命周期

图 22.1 中的横轴表示企业经营的时间，也就是一家企业的生命周期，纵轴表示企业的市场份额。不过有些企业的生命周期图会用纵轴表示销售额。在我看来，如果是大企业，

用市场份额更合理一些；如果是小企业，可以用销售额。

具体来说，企业的生命周期可以分为 4 个阶段。

（1）**创新期**。创新期也就是企业的初创期，企业市场份额非常小，固定成本和可变成本都比较高。很多企业都活不过这个阶段。

（2）**成长期**。极少数幸存企业可以进入高速成长期，这时企业的可变成本逐渐降低，销量开始增长，且开始有部分净利。一家企业往往是在高速成长期上市，因为在这个阶段，企业可以凭借高速增长的曲线来获得非常好的估值。

（3）**变现期**。企业上市一段时间后就会进入成熟期，市场份额基本稳定。而资本市场开始向企业要利润，用来保障估值，继续增长。迫于压力，这时企业会开始通过“提效”和“降本”来扩大利润。

（4）**衰老期**。企业最终会步入衰老期，依靠缩减成本来继续抽取利润，但是销量和市场份额势必开始下滑。

图 22.1 中的曲线像一个躺倒的“S”，所以这条曲线又叫 S 曲线，就是第 8 章中提到的塔尔德的创新传播曲线在商业领域的应用。

这条 S 曲线其实代表了一个技术型企业的成长过程。技术型企业的成长规律其实是受创新传播的基本规律所约束，这就和塔尔德的 S 曲线不谋而合。

现在让我用创新传播的理论重新解释一下技术型企业的生命周期。

（1）**技术创新期**，是企业发现和打磨一个核心技术的过程。

（2）**技术成长期**，是企业利用技术优势高速扩张的时期，也是这项技术被业界所关注、学习和改进的时期。

（3）**技术变现期**，是技术已经逐渐被社会大量复制，且基于原有技术再次创新的过程，优势企业在这个阶段将开始最大程度地榨取技术红利。

（4）**技术衰老期**，是技术已经逐渐落后于时代，成为被新技术颠覆的对象的时期。

这里我特别强调，是技术本身经历了一个完整的周期，而多数企业可能并不会经历图 22.1 中所示的所有阶段。

这条曲线虽然被称为企业的增长曲线，但是它的本质是一项技术的经济价值的曲线。企业在掌握了某项技术后能把这项技术相关的市场做彻底的变现，那么这家企业的成长就会更符合 S 曲线。

当然，也有少数企业能**找到第二条增长曲线**。但更多的情况是，大多数企业都不一定能走完一个生命周期，更别说找到第二条增长曲线了。

图 22.2 描述了在一项技术的不同生命周期下相应的高科技企业数量。也就是说，如果按生命周期统计分布的话，参与同一个高科技竞赛的企业数量与钟形曲线是非常接近的。

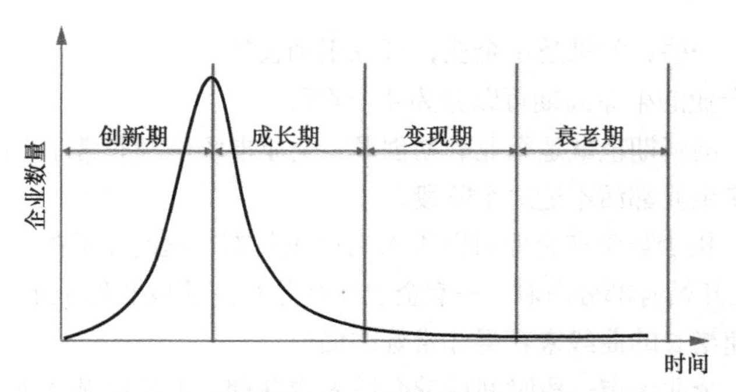

图 22.2　不同技术生命周期下的高科技企业数量

图 22.2 表明，一个新技术或新商业模式被发现后，会有大量企业涌入。整个行业进入技术创新期。然后行业同时迈入技术成长期。不过这个阶段，参赛者会被大量洗牌，仅有几家企业能活到变现期。

国内移动互联网的几次大战，像“千团大战”、网约车大战、共享单车大战和社区团购大战，都符合这个规律。拉长时间看，国内外的家用电器、PC、手机、互联网门户、搜索、电商、物流以及智能手机行业的发展也完全符合这个趋势。

你可能注意到了，在图 22.1 和图 22.2 中，我都没有在横轴上标注时间。以我的眼光看，随着技术革命，尤其是计算机和互联网时代的到来，企业的平均生命周期会变得越来越短。

我没有这方面的具体数据，只是隐约觉得每隔二十多年社会上就会出现新一代技术的原住民。所谓“原住民”，就是那些在新技术已经普遍渗透后成长起来的人。这些人几乎没办法想象前一个时代的生活。这些原住民在进入大学之后会推动又一轮的技术变革。例如，发达国家的“70 后”是个人计算机的原住民，“90 后”是互联网的原住民，“10 后”则是移动互联网的原住民。也就是说，每个大的变革的洗牌周期大约是 20 年。

我们了解了企业和技术发展的规律，但这跟架构师的职业选择有什么关系呢？答案就是机会密度。

2．寻找机会密度最大的时机

机会密度是指在一个行业或者一家大企业内部所蕴藏的职业发展机会平均到每个员工有多少。架构师想要最大化自己的职业成长，就要寻找架构机会密度最大的行业或者企业。

我们先来分析一下，随着企业的发展，其内部的机会密度会如何变化。图 22.3 展示了一家企业内部的机会密度。

图 22.3 中的点划线代表一家企业的员工人数。一般来说，企业在变现期的顶峰时，员工人数最多，之后就会逐渐减少。虚线代表企业内部的人才成长机会。在企业的初创期和高速发展期，充满了机会，而这些机会在成长期达到峰值，在变现期到来前开始下滑，到了衰老期就变成负数。**为什么是负数呢？**有些岗位在企业衰老期必须被合并或裁减，但是

裁员的动作往往不够快。在这种情况下，企业不但没有任何空缺机会，甚至现有的机会还不够内部人员分配。所以从机会的数量来看，企业还欠着债，自然就是负数了。

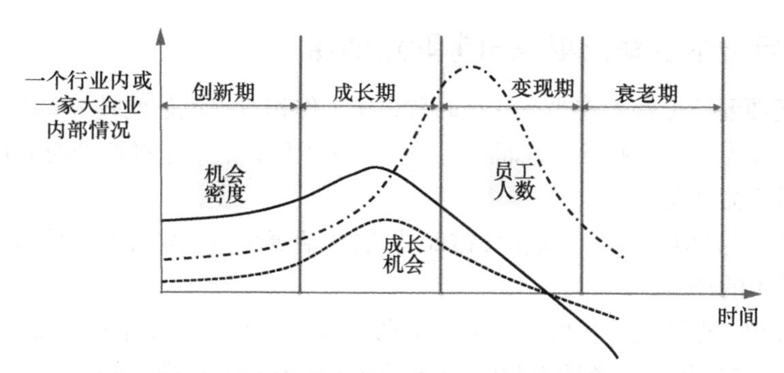

图 22.3 一个行业内或者一家大企业内部的机会密度

图 22.3 中的实线表示机会密度，它等于成长机会除以员工人数。在创新期和成长期，企业人数少，所以机会密度一直维持在较高水平。机会密度的峰值出现在成长期，在这之后就会**急速下滑**。

你可能有疑问，企业员工人数达到峰值的变现期要在成长机会的峰值之后，为什么在机会密度下滑的情况下，还有很多人涌入一家企业呢？

第一个原因很简单，就是**现金收入**，这是大多数人择业时的标准。一个进入变现期的企业，有稳定且高于行业平均水平的现金收入。也就是说，很多人为了稳定的现金流，宁肯牺牲成长的机会。

第二个原因，从**竞争角度**来看，变现最初总是出现在规模效应最大的场景中。之后，规模效应逐渐衰减，需要更多的人才能获取同样的收入增长，净利润因此开始下滑。但是，一个处在变现期的企业，一般会最大化利润而不是最大化利润率，这样才能避免让对手侵入，因此招聘人数反倒更多。

第三个原因与**供给变化**有关。从成长期开始，直到进入变现期，大多数企业会倒闭或者被兼并，没办法活到变现期，也就是图 22.2 所示的情况。在这种情况下，有的人为了避险，会选择现金流稳定的工作，而企业会以相对较低的成本招聘到大量熟练工，以期增长或者维持较高水平的市场渗透份额。

对新加入一家企业的人而言，机会密度越大，意味着企业内部越需要人，新人的成长相对就更容易一些。在机会密度迅速下滑的阶段进入一家企业，意味着新人必须同企业内部的老员工竞争，生存就更难一些。因此，要尽量寻找在机会密度最大的阶段进入一家企业，而不是企业利润最大或者招聘力度最大的时刻进入一家企业。

不过，多数读者可能会有这样的疑问：图 22.3 中的横轴没有具体的时间，如果一家企业的生命周期是 30 年，在这家企业创建 10 周年的时候入职还有多年的成长机会；但是，如果一家企业的生命周期只有 15 年，在第 10 年进入可能就不太明智了。

应该如何判断一家企业的真正生命周期呢？答案是要从行业看起。

22.3.2　从行业的生命周期来思考职业选择

为什么还要看行业呢？在当今这个时代，换工作相对来说是比较容易的。从某种角度来说，我们并非为一家企业工作，而是为一个行业工作，所以选择职业时我们要从整个行业的角度来看机会密度。

有句老话："男怕入错行，女怕嫁错郎。"这句话至少前半句现在依然适用。我们来看一个日常生活中的场景。

假设你碰到一个四五十岁的人，问他是做什么的，如果他告诉你"我是做房地产的"或者"我是做互联网的"，光凭直觉你也能判断出这个人很有钱；如果他告诉你"我是炼钢厂的"或者"我是做玩具的"，你可能会下意识地想同情他，因为房地产和互联网这两个行业在过去 20 年一直处于高增长期，直到现在，也依然处在变现期，而炼钢和玩具这两个行业在十几年前就已经进入衰老期了。

图 22.3 所示的机会密度也适用于整个行业。如果行业处在创新期和成长期，机会密度会维持在较高的水平。机会密度的峰值出现在成长期的峰值之前，之后就会急速下滑。从这个规律来看，**选择行业要比选择企业更重要！**

在互联网和移动互联网早期，很多公司都倒闭了，但是也有更多的企业涌了进来。看看那些在 20 年前就进入互联网行业的人，他们的成长速度要远远超过其他行业的从业者，原因就是行业自身在高速发展。

但是这里你可能有个更大的疑问：怎么判断一个行业的生命周期呢？本章的开始不是提到很多互联网热词最后都悄无声息了吗？我觉得，比较好的判断标准就是看**行业发展初期参与企业的数量和资金投入的力度**。

从整个社会看，当一个有巨大潜力的新行业出现时，参与竞争的企业往往数以千计。一旦这种颠覆性的机会出现，现有大企业也会及时应变。在国内，投入力度往往是整个企业内部半数以上研发人员的全面投入。

达到这种投资力度的现象，隔几年才出现一次。例如，过去 20 年仅有互联网、云计算、移动互联网和人工智能这 4 个领域，其他领域，如 AR/VR、社交、共享平台、区块链、物联网（Internet of Things，IoT），甚至移动支付，都没有达到过这种投资量级。所以，一旦回归现实，选择根本没有那么简单。

如果在毕业或者正在找工作的那年仅仅见到一个不大不小的投资现象应该怎么办？我认为，在选择职业时，尤其在年轻时，我认为选择高风险、高增长的行业是有必要的，因为这样选择除了能获取高质量的决策和成长机会，还能获取其他额外的好处。**一个高风险企业会逆向选择企业的员工、技术、文化和用户群体。**通常，企业的逆向选择有以下几个方面。

（1）这家企业里有很多愿意去冒险的员工。

（2）一批敢于尝试的员工会加速创新，实现新的技术突破。

（3）这家企业的成长和竞争环境会催生敢于试错的企业文化。

（4）这样的企业文化也会吸引愿意冒险的用户群体。

这种从人到技术、文化和用户群体的逆向选择，在大企业里可以说是极度稀缺的。架构师在这种环境下可以迅速提升自己的判断力，然后在新的技术浪潮出现的时候纵身一跃，带着经验和能力进入一个高速发展的行业中。

不过，说到底成长思维是一种冒险思维，并不是每个人都愿意一试，而且从历史统计来看，这种冒险的成功概率并不高。在美国互联网行业爆发期，哪怕是那些经过风险投资家筛选的初创企业，投资者无法取得回报的比例也在 79%[①]。归根到底，有人更喜欢冒险带来的刺激体验，认为这也是回报的一部分。而最终在这一部分人中间只有极少数成了得到高额回报的幸运儿。因此，他们的故事又不断地激励下一代冒险者，使他们成为新一批试图改变世界的人。

这其实就是一部关于冒险家的历史。

22.4 小结

在本章中我研究了从跨域架构师到总架构师的跨越。总架构师要面临未来的不确定性，需要在持续变化的商业、技术和人才环境中做出长期正确的技术决策。

总架构师的技术嗅觉非常重要，他要为整个公司软件架构的正确性负责。这种正确性是面向未来的正确性。

发展这种技术嗅觉需要大量高风险的技术决策机会。这种机会在大企业中尤其匮乏。而大企业往往又是多数架构师的最开始成长的地方，因为在这种企业中才会有比较多的横向问题和跨领域挑战。对于这些架构师，他们获取高质量决策机会的最好办法就是让自己成为某个领域的顶级专家，然后通过不断参与和跟踪这些决策来提升自己的决策能力。

更多的高质量决策机会来自一个处于成长期的行业和企业。遗憾的是，多数人择业会选择薪酬作为唯一或者最重要的标准，而这样的选择标准往往只会锁定那些机会已经开始萎缩的、处在变现期甚至衰老期的企业。

架构师的成长更需要的是成长思维，因此架构师要以一种长期成长的视角来看待自己的工作机会。架构师要把高风险的决策机会看成工作回报的一部分，这样才能理智地选择对决策能力成长更为关键的处于成长期技术的机会。

① 投资者取得回报也不意味着企业存活，只是投资者可以通过转让等手段把自己的投资收回而已。

22.5　思维拓展：要不停地看机会

在互联网行业工作的人经常会接到猎头的电话。他们的开始一句总是问："你看机会吗？"我的回答永远是："当然看了！"

幸运的是，我从来没有被动地去找工作。尽管我从来没有找过工作，但是我认为我需要不停地看机会。

对我而言，"看机会"和"面试"的重要区别是，前者代表了这样一个问题——"这份工作中有什么样的重要决策和成长机会值得我去考虑一下？"而后者代表了另一个完全不同的问题——"如果我接受这份工作后最终能够有足够的薪酬满足我的收入需要吗？"

我认为看机会是每位专业决策者必需的。我需要知道这个市场需要什么样的决策，为什么这种决策正在被市场需要，我是否具备那些真正被需要的技能。这是一个情报工作。专业决策者需要通过这种情报工作来了解整个市场和技术的走向。

看机会不等于面试，面试的准备成本非常高。我可能去看 20 次机会，但是仅仅去认真准备一次面试。

再次回想我自己的职业生涯，我觉得甄别机会的能力是迈向职业成功最重要的一步。遗憾的是，我最初做职业决策的时候甚至从来都没有思考过这个问题。后来我发现不单单是我，很多人都是如此。我之前在做架构师演讲时进行过一个匿名调研，问入行的架构师："你们为什么想要做架构师？"我得到最多的答案是："架构师挣钱多。"但是，本章的内容解释了这个问题：挣钱多不等于高质量的决策机会多。

那么，如果只是得到这些能力，你还愿意投入吗？我期望你的答案是：当然愿意。我个人认为生命只有一次。我非常喜欢自己从程序员到 CTO 的成长过程，每段经历都给我带来了新维度的思考和决策机会。我认为这种思维的体验才是最美妙的。我甚至想象不出为什么任何一个有条件的人不这样做，期望你也能够珍惜自己的每次架构决策机会。

22.6　思考题

1. 你认为你所在的企业或行业处在生命周期的什么阶段呢？为什么这么判断？
2. 你认为当下市场上处在高速成长期的行业有哪些？为什么这么判断？
3. 回想一下你作为架构师以来所有的重大技术决策，哪些现在看来是正确的，哪些是错误的？你能够回忆起那些让你做出正确或者错误判断的关键原因吗？如果未来碰到类似的决策，你怎么才能避免犯同样的错误呢？

第 23 章 为企业创造生存优势的能力

在本章中我会讲一下 CTO 这个角色。严格来说，CTO 不是架构师，CTO 是一名管理者。CTO 有很多的职责，如管理公司的技术团队、负责企业的信息安全、保障企业的 IT 服务、建设企业的技术品牌，同时控制整个企业的技术支出。

在 CTO 所有的职责当中，最重要一个就是技术领域的专业决策者。

在本章中我就从专业决策者这个视角来分析一下 CTO 和总架构师所创造的价值的区别，并由此出发分析一下从总架构师到 CTO 必须跨越的障碍。

23.1 CTO 到底是做什么的

到 2023 年年底，我已经做了 8 年的 CTO。我在这个岗位中收获了不少，但对这个问题的思考一直在调整。

我当下的答案是："CTO 就是一个从技术视角出发，为公司或者所在的部门做正确决策的 CEO。"怎么理解这句话呢？作为一个 CTO，其长期目标和决策优先级与 CEO 的是完全一致的，只不过 CTO 是通过技术手段来最大化公司的生存优势和发展，而 CEO 则是在更广泛的视角上解决公司的生存和发展问题。

我时常问自己：CEO 现在需要什么？从长期看，他需要什么？我怎么做才能帮到他？在技术视角上，我看到了什么机会和风险？他看到了吗？

也就是说，CTO 的大多数时间都是从技术视角出发，思考 CEO 一直在思考的问题：**如何为企业带来更大的生存优势？**这个决策目标有非常大的特殊性。企业内的所有技术人员，包括总架构师，一般都是以技术本身的先进性作为决策的第一优先级的。技术人员在考虑企业生存的时候，往往仅以多个约束中的一个作为参考，但 CTO 不是，企业长期生存才是他决策的第一优先级，技术先进性反倒是第二位的，甚至是可以忽略的。

我们可以通过一个案例来理解这两种思考方式的差异。

假设一名 CTO 所在的行业竞争激烈，所在企业还没有积累足够的资本和领先优势。有一天，技术团队在讨论是否应该采用云原生的架构来替代现有的方案。从长期的技术发展角度看，云原生会带来更好的计算伸缩性、更大的技术生态、更先进和更快速迭代的技术栈。

那么，如果以技术先进性为决策第一优先级，公司应该把线下的机器迁移到云上才能加速在云原生技术栈上的积累，因为这样做不会对公司的生存带来负面影响，所以要立即规划和行动，才能尽早培养人才和积累技术优势。

但是，同样的问题如果 CEO 以企业生存优势最大化为第一位来思考，结论就会不一样：第一，做迁移会增加技术投入，降低业务迭代速度；第二，云原生迁移带来的回报是一个长期且相对缓慢的释放过程，在迁移前期，由于周边技术的不成熟、投入大，资本回报反倒比较小；第三，也是最重要的一点，迁移到云原生并不能给企业带来当下的生存劣势，但是也不一定是当下最大化企业生存优势的最好的技术项目。所以，如果以企业生存为第一优先级做出这个问题的决策，那么对比其他更实用且有明确回报的技术投入，云原生还不是最高优先级，云原生这件事情可以放一放。

这个案例说明了一件事情，作为 CTO，技术先进性只是他的次要目标，其首要目标是必须从企业生存为第一优先级出发来做技术取舍。在这种视角下，投入技术创新、加速技术壁垒的构筑、放弃某项先进技术和某个团队，甚至寻找技术之外的选项，断臂求生，都是非常合理的选择。

CTO 的这种以企业生存为第一目标的判断能力往往会让 CTO 把最重要的人才投到最有利于商业增长的领域，而做到这一点就要求 CTO 对所在行业的未来走向有明确的判断，这其实就是人们常说的商业嗅觉。CTO 只有商业嗅觉足够好，才能知道如何做技术战略，把最重要的技术投入放在最关键的位置上。

23.2　成长为 CTO 要跨越的障碍

在软件架构这个话题上，CTO 以企业生存为决策第一优先级。所谓企业生存为第一优先级，就是一家企业在商业上的成功，所以我也把这种视角叫作商业视角。从技术视角到商业视角的思考变化就是架构师想成长为 CTO 必须跨越的障碍。

CTO 和大多数架构师一样，他相信软件是无所不能的，所以才选择了程序员这份职业，为学习新技术或者调试代码废寝忘食，最后才一步步地成长为资深架构师，但这种对技术的迷信和好奇心是资深架构师成长为 CTO 的最大思维障碍。

我还是以一个案例来帮助你理解这种思维障碍。

我曾经管理一个跨国业务，有一天，团队成员告诉我：“我们收到法务部门通知，某某国家发布了数据合规法令。依照合规要求，我们需要在这个国家建数据中心，投入是 500 人日，外加 450 万美元的首期建设成本，以及其他为数不详的维护成本。这个项目非常复杂，需求紧急，需要马上启动。”我听到汇报后，没有批准任何技术预研，而是请政府关系部门联系了当地的监管机构和律师事务所，寻求建设数据中心之外的其他选择。政府关系部门进行了各种操作之后告知我数据中心不用建了。这不但省下了各种成本，也避免了系统复杂度和运维成本的大幅提升。多年以后，这个方案依然可行。超过千万美元的成本就这样节省了下来。

这个案例中的场景对于一名从未搭建过全球多机房多租户系统的 CTO，肯定是多年难得一遇的机会。如果是技术先进性或技术好奇心在全面驱动这名 CTO 的决策，他就不会首先思考技术之外的手段，最后的结果也会大相径庭。

这种在技术之外寻找解决看似只能用技术手段解决的问题的思维，是 CTO 所必需的。这种商业视角的思维就是我在第 7 章中提到的最大化经济价值的思维。但是，这种思维并不是一名架构师上来就具备的。CTO 必须学会放弃团队利益，放弃技术痴迷，甚至放弃技术好奇心，才能为公司做出最大化生存优势的决策。

23.3　CTO 的双重人格

多数 CTO 不会放弃技术思维，因为在多数中小企业中，CTO 和总架构师这两个角色是合二为一的，由 CTO 一个人承担，其原因有很多。首先，总架构师非常难找，公司对这个岗位的能力要求非常高，总架构师在软件架构正确性的判断能力上必须在整个公司无出其右，包括 CTO；其次，总架构师很难从内部培养出来，因为这个角色的判断能力需要通过许多高风险的决策机会才能提升，这也是大多数中小企业最稀缺的；再次，总架构师的职级和薪酬很高，从 CEO 视角来看，要招聘的人非常多，为这个岗位付出高薪往往不是很多中小企业的第一优先级；还有，尽管这两个角色是汇报关系，但是决策的出发点完全不同，所以经常会发生冲突，发生冲突多了，渐渐就失去了信任，长此以往，难免分道扬镳；最后，总架构师有个人成长的诉求，很多总架构师期望自己做 CTO，也在企业生存的维度上决策思考，一旦有机会，也会主动选择离开。

总架构师岗位难招聘、难培养、成本高、合作难、易流失，所以在大多数公司总架构师这个角色就必须由 CTO 来承担。但是，这两个角色对一家企业来说都是必不可少的。看一下图 23.1，最上方的是真正担任 CTO 的某个人，他是企业的最终的技术决策者，他有两种人格，一种是总架构师人格，另一种是 CTO 人格。

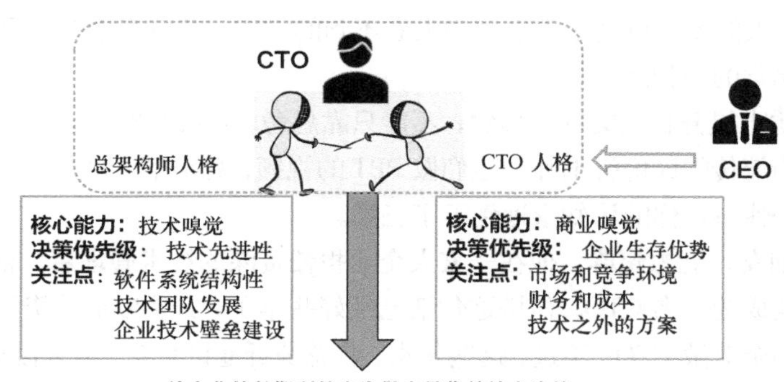

图 23.1　CTO 的两种人格

CTO 的这两种人格分别持有不同的视角和决策优先级，对待任何一个问题，CTO 人格都要和 CEO 保持高度一致，以企业的生存为第一优先级，并兼顾到商业竞争、业务、财务和产品的视角；总架构师人格必须以技术实力的增长为第一优先级。

这两种人格要不断交锋，总架构师人格要把 CTO 这个决策者的视角拉到技术思维中去，以技术先进性和技术团队的利益为先；CTO 人格要把 CTO 这个决策者拉到商业思维上去，以企业的长期生存优势为先。这种冲突势必存在于每个日常的决策中，不断交锋，但是交锋的最终目标只有一个，就是“从企业的长期利益出发做出最优的技术决策”。

总架构师人格的价值在于为 CTO 决策者提供不同的视角，并在合理的时候帮他顶住来自 CEO 的压力，坚持正确决策。CTO 人格的价值在于抵抗内心对技术的痴迷和保护自己团队人员的本能，从公司全局出发作出最优决策，必要的时候，技术先进性、团队利益和架构合理性都是可以牺牲的选项。

做好总架构师其实有一个必要条件，就是具备与 CTO 建立深度信任的基础和化解日常冲突的能力。但是，在频繁的冲突和信息不对称的情况下，做到这一点非常难，所以中小企业的 CTO 最终选择同时保持两种人格。

23.4 如何提升自己的商业嗅觉

23.3 节的分析指出了总架构师和 CTO 视角的主要差异。总架构师的关注点在企业内部技术上，CTO 的关注点在企业外部的商业竞争上。多数架构师一般不会把自己的注意力放在企业外部，尤其不会把注意力放在商业竞争上。这就是两者的巨大差异。这是我观察到的很多架构师都难以跨越的障碍。

培养这种思考能力的最好路径反倒是教科书。我建议任何想突破这种障碍的人先去学习一下博弈论。博弈论是教我们放弃从单一决策者角度思考的最好的学习起点。

有了这种思考习惯，架构师就可以着手提升自己的商业嗅觉了。这一点也可以从经济学、会计学和企业管理相关的数据学起。第 7 章中介绍的原则就是一种拓宽商业嗅觉的思考路径。不过更大的商业机会在于看到别人看不到的需求，第 6 章中关于洞察人性的建议也是提升商业嗅觉的一种路径。

真正从本质上提升自己的商业嗅觉，不能只靠思考，还必须践行。乔布斯曾经有一段在互联网上广为流传的评价咨询师和他们做 PPT 的视频，总结下来就是：如果你没有从头到尾真正做过一件事，你的认知永远到不了三维。

我有一个朋友，能力超群，他在一家大企业担任资深的技术管理者。他总是跟我讲，他最终的目标是成为一名 CTO。他讲这句话已经好些年了，其实以他的资历，几年前就很容易找一家中小企业做 CTO。不过，这些年来，我总是听他讲梦想，从来没见他真正行动。其实这是多数人的行为，有美好的向往，但没有承担风险的勇气。

在我看来，CTO 和大企业内部的管理者的最大差异就是在于风险。CTO 最终必须承担自己所做出的决策的全部或者大多数风险，而企业内部的管理者往往不是这样。

在一家创业公司中，决策者直面竞争和现金流的压力。这些压力会转化成 CTO 的具体产品、技术和组织决策。此后，他可以近距离观察到这些决策的直接效果反馈。这些效果反馈又会作为输入进入下一轮的决策迭代之中。

在巨大的生存压力下，企业的决策者对商业结果变得非常敏感。随着时间推移，这种敏感就反映到了日常的决策之中，最终逐渐成为一种主动去优化商业回报而最大化生存的决策本能。

这就是敏锐的商业嗅觉。

23.5 小结

本章中我分析了总架构师和 CTO 这两个角色在决策角度上的差异性。

总架构师的技术嗅觉非常重要，他要为整个公司软件架构的合理性负责，要面向未来的技术不确定性作出正确的判断。但是 CTO 不一样，CTO 的商业嗅觉更重要。作为一个 CTO，首先要放弃以技术作为决策的第一优先级的思维，从企业的生存视角去看问题。

同时，一名 CTO 的内心中必然有总架构师的人格存在，这种人格会对 CTO 的视角形成补偿，把决策更多地拉到技术先进性和软件架构的长期合理性上去。

想获取 CTO 所必需的商业嗅觉，最终只有一条路径，就是到一家企业中真正去担任 CTO，然后在压力中成长。

23.6 思维拓展：提升自己对人才的判断力

不论是总架构师还是 CTO，他都没办法长期在各个领域保持高度的注意力。他必须不断寻找和培养具备同样商业和技术嗅觉的人才，通过他们的判断力来补充自己的不足。

这种能力非常重要，因为每个人的思考带宽都有限。作为一名专业决策者，如果能够发现周围和你一样，甚至比你还要优秀的决策者，那么如果你把自己的一部分决策分担给他们，你就能处理更大规模或者更复杂的问题了。

所以，我从职业生涯开始到现在，依然在试图具备这种能力——对人才的判断力。我最频繁思考的事情就是如何发现尽可能多的兼具优秀商业嗅觉和技术嗅觉，并以企业利益优先而决策的人才，然后把尽可能多的机会交给他。

如果你是管理者，我相信你会同意这一点的：对人才的判断力是任何一个管理者最重要的能力。我认为能做到这一步先要能够相信、尊重，并且容忍不一致的判断，甚至能容忍一部分的失败。这种特质是一个优秀管理者必须具备的。

23.7　思考题

1. 到这里，我已经介绍完了架构师的所有能力维度。思考一下，你是怎么看待这 5 个能力维度的？你觉得自己在多大程度上具备了这 5 个能力维度？当下你最需要提升的维度是什么？
2. CTO 的双重人格其实不是特例，我在第 13 章的思维拓展（13.6 节）中提到了几乎所有的目标都有一个制衡指标。你有没有思考过制衡你当前向往的完美人格的那个（对立的）人格是什么？

第 24 章

架构师的职业成长

前面 5 章覆盖了架构师的 5 种核心能力和建设每种能力需要跨越的障碍。这些内容可能会让你觉得，如果每个人都按部就班地学习实践，就可以成为一名合格的 CTO，但显然事实并非如此。程序员当中只有极少数人能成长为 CTO。

因此，从架构师的职业选择和职业成长来看，我们必须问自己这样一个问题："我做这件事情的优势是什么？也就是说，为什么最终我可以成长为比别人更优秀的架构师？"这个问题的答案包含两个部分：一是成长为优秀架构师的必要条件，二是成长为优秀架构师的充分条件。这就是本章要讨论的内容。

我们研究这些条件的目标不是仅做一个有趣的思想实验，而是期望这个实验的结论能够指导我们职业规划的决策。知道了成为架构师的充分条件和必要条件，我们就可以把自己的全部精力投到提升自己相关的能力上，而不必在其他方面分散自己的注意力。这就是我们做这件事情的价值。

24.1 架构师成长过程的 5 个阶段

先回顾一下代表架构师成长的 5 种角色，分别是程序员、兼职架构师、跨域架构师、总架构师和 CTO。先看一下表 24.1，从中能看到架构师这个职业背后更深刻的内涵。

表 24.1 架构师的成长过程

角色	程序员	兼职架构师	跨域架构师	总架构师	CTO
关注范围	代码模块	横向领域	多个领域	技术职能	整个行业
面临挑战	代码结构混乱	横向技术债	领域冲突	长期不确定性	外部竞争
核心能力	结构化设计	解决横向问题	解决跨领域冲突	构筑技术壁垒	创造生存优势

如表 24.1 所示，这 5 种角色分别代表了架构师成长的 5 个阶段。在不同的阶段，架构师关注的是软件架构的不同侧面。

（1）程序员阶段，主要关注需求实现过程中代码的结构性。

（2）兼职架构师阶段，主要解决与业务无关的横向领域问题。

（3）跨域架构师阶段，主要解决领域间冲突，提升跨不同领域的结构合理性。

（4）总架构师阶段，关注整个企业层面技术架构的长期正确性。

（5）CTO 阶段，关注企业在行业整体竞争格局下的长期生存。

可以看出，这 5 个阶段其实是关注点不断扩展的过程。这有点像我们在第 23 章中提到的双重人格。其实，在架构师成长的整个生命周期内，会逐渐培养出由以上 5 种角色代表的 5 种不同的视角和优先级，从而在所有不同维度上去审视整个企业的软件结构的合理性。

我是 CTO，依然保持写代码和评审代码的习惯，依然要去看横向问题的解决方案，依然需要在团队间争吵不休时对跨域问题作出裁定，还要思考构筑企业的技术壁垒，最后也要通过技术为业务创造生存优势。

其实任何一名架构师，都要关注从宏观到微观的所有问题，只不过权重有所差异罢了。举个例子，一名架构师如果从来都没有关注过企业生存，那么他设计出来的架构就很难保障在这方面对企业有所贡献。相比之下，他的成长就不会很顺畅。

也就是说，对于这 5 种核心能力，并不是每个职业阶段只需要其中一种，而是贯穿架构师的整个职业生涯。只是随着职业层次的成长，你的关注点会逐渐向宏观问题迁移，更关注企业的生存。所以，从程序员开始，就应该提升这些能力。

24.2 贯穿架构师职业生涯的结构性

如果深入分析前言的图 0.1 中提到的 5 种角色，我们会发现这些角色的共同点在于他们都在为自己关注的范围注入结构性。

不过，这个“结构性”的定义似乎和本章中提到的创造生存优势很不相似。除了在架构师的准备阶段程序员角色必须具备的结构化设计的能力，架构师的其他 4 种核心能力乍一看似乎都跟结构性没有什么关系。那么，这个对架构师或者软件架构的定义是否正确呢？

事实上，另 4 种能力都是对“结构性”一词内涵的拓展。

对于结构性，更准确的用词应该是同质（homogenous），即处处一致。如果我们仔细分析一下会发现，我在定义架构师的能力维度时，都维持了“同质”这个概念。但是，在这个过程中，对每种能力维度到底要在哪些方面维持同质，也就是对同质这个词所描述的对象，作出了修改。

这些对象就是不同架构师角色创造的结构性价值的作用域，用更朴素的语言来说，就是架构师不同成长阶段的领地。接下来，总结一下在维持同质这个核心价值上，具有不同能力维度的不同架构师角色的领地是什么。

（1）**程序员｜代码的结构性**。这是软件结构性的最小起点，指的是每个程序员提交的代码在设计上的一致性。代码是所有上层软件结构性的最终载体，也是现实世界中所有结构化决策最终具象化到软件世界中的呈现方式。这种一致性的主要价值在于代码的可维护性和可扩展性。

（2）**兼职架构师｜横向问题的解决方案**。这是第一层抽象，也就是在多个代码模块之间共享同一个横向问题的解决方案，让横向问题的解决方案在多个模块中是一致的。这种一致性往往来自一个简单的组织抽象，也就是在多个代码模块中共享同一个能解决横向问题的兼职架构师。这种一致性的价值在于更低的实施成本和更高质量的解决方案。

（3）**跨域架构师｜整体的解决方案**。这是第二层抽象，指的是在多个领域之间维持整个解决方案的结构性。这种结构性体现了设计理念、数据模型和信息交互的一致性，最终将促进整个领域的结构性。这种结构性的价值在于让整个领域的软件质量更高、可维护性更好、更容易升级迭代。这个过程需要跨域架构师解决不同领域之间的设计冲突。

（4）**总架构师｜技术决策原则**。这是第三层抽象，指的是在软件技术相关投入上的决策原则在整个企业内具有一致性。也就是说，总架构师的存在是为了保障企业在不同层次、不同领域上的软件投入的决策原则是同质的。这个决策原则就是最大化企业技术壁垒，即在宏观技术决策层面追求长期的技术先进性。

（5）**CTO｜企业生存优先的理念**。这是最高层次的抽象，指的是整个企业管理理念上的一致性。第 23 章中提到，从 CTO 的视角看，企业在决策理念上应该和 CEO 视角保持一致，也就是最大化企业的生存优势。在这个理念之下，企业的资源投入不论是在技术、运营上，还是在市场上，都应该和最大化生存优势这个目标保持一致。技术这种职能没有特殊性，只是其中一个手段。

程序员、兼职架构师和跨域架构师这 3 种角色，都是在依照同一个假设来工作的。这个假设就是**更高层次的软件结构性会带来更好的外部适应性**。另外，这 3 种角色代表了 3 个层次，按照从高到低排序，依次是跨领域的、横向问题上的、代码层面上的一致性。

这些性质似乎是多多益善的。但事实上，实施这些假设需要投入研发成本、时间成本，甚至是机会成本，而一家企业的研发资源是有限的。应该先在哪个领域中的哪个层次投入，是否应该现在就投入，这些问题的决策要由总架构师做出。他最终的目标是优化企业的长期技术先进性，在此基础上做出对这家企业层面公平一致的技术决策原则。

到了 CTO，这个公平性的范围再次扩大，是从 CEO 视角来看问题。这时候，所有职能的价值是相同的，都要为企业扩大生存优势，而技术项目只不过是通过技术来最大化企业的外部适应性。如果存在其他手段能以更低成本达到同样的效果，CTO 就应该以 CEO 的视角来做出正确决策，为企业选择更低的成本或者更快的手段来达到同样的外部适应性。同时，CTO 也要为这些决策带来的预期商业回报和实际结果的一致性负责。这就是 CTO 需要具有商业嗅觉的原因。

这种理念背后是公平的价值观，而这种理念对整个企业来说都是极端对称的，是公平意志的体现。**这种整个企业层面的同质的理念就是最大化企业的长期生存。**

本书中不止一次提到过理念的同质性和规则的公平性，如架构活动中决策信条的建设、对规则而不是权威的尊重、规则本身的对称性等。这种理念的同质性不仅对 CTO 这个角色很重要，对企业中每种职能的每个行动也至关重要。

这种理念的同质性与第 10 章中提到的相信过程正义如出一辙。也就是说，这种理念同质性是渗透在日常行为中的，在一名程序员的职业生涯中是连续的，与决策的规模无关的。小到两个程序员之间的代码评审，大到整个企业的管理，一家企业只有保持理念的同质性，才能让企业的所有决策为大多数员工所认同，因此也才能被更高效彻底地执行，最终为企业带来长期生存的优势。

这就是程序员也应该学习 CTO 的思维方式的原因。

24.3 架构师成长的必要条件

我接下来分析一下培养出架构师所需的 5 种能力维度的必要条件。我之所以去思考这些条件，是期望通过分析这些条件，给每个想成为优秀架构师的程序员一个更长的准备期，让他能够提前准备。

虽然不具备这些必要条件程序员也可以尝试去做架构师，但是相比具备这些条件的人，其成长之路会艰难很多。

24.3.1 必要条件一：独立思考的能力

如果说架构师成长的必要条件只有一个，我认为只能是**思考力**，也就是在我们生活和工作中，**通过独立思考而得出有效结论的能力**。

这里的关键词有两个，第一个关键词是**独立思考**。

独立并不是避免跟别人讨论，或者不上网查资料、不参加会议，而是指最终能够得出有别于他人但正确的结论。这是一种非常了不起的能力，是专业决策者最重要的法宝。

不过，这种能力并非与生俱来、无迹可寻。这种能力主要来自 4 种独特的思考方式，即有别于他人的视角、有别于他人的假设、有别于他人的证据组合和有别于他人的思维方式。简单来说，独立思考就是以不同的方式看到了别人看不到的东西。

第二个关键词是**有效**，也就是为企业或团队带来足够的价值。

简单来说，就是你看到的这些东西对企业来说是有经济价值的，而不是把大家的注意力分散到了没有价值的方向上。如果一个专业决策者能看到别人看不到的有价值的东西，那么他的决策对企业就很重要。

有很多人把思考力误认为是学习能力，其实这两种能力完全不同。学习能力指的是把已有的知识高效吸收的能力。学习的目标是帮助一个人获取更多维度的证据。

前面提到了思考力的一个方面可以分解为高效地利用不同维度的证据。因此，思考力依赖于学习能力，但又不同于学习能力，思考力的最终目标是得到新的有效结论。

随着网络的普及，这个世界获取知识的成本和延迟越来越低，因此对架构师学习能力（即获取稀缺知识的能力）的要求逐渐提高。也就是说，如果一名架构师的知识来源只是知乎、极客时间、Stack Overflow 或者流行图书，他就没办法通过学习能力来持续获得额外的竞争优势。

另外，现在互联网其实是供大于求的充分竞争的状态，解决方案远比市场需求多得多，从基础设施到云，到服务框架，到展示模型，到端上交互，有多种组合。在这种情况下，多数企业缺少的往往不是答案，而是要靠决策者的思考力，通过对场景做推演，甄别出多个答案之间的优劣。

这就是我认为思考力应该放在架构师成长的必要条件的第一位的原因。

24.3.2 必要条件二：信息优势的内化能力

谈到架构师成长的必要条件时，很少有人会提到信息内化的能力。但是，根据我过去十多年的观察，在架构职能上做得比较好的人，一般都具备一定程度的信息优势，并且自身有高效内化这种优势的能力。

所谓“信息优势”，就是架构师所在的环境有大量的不对外共享的高质量的信息源。所谓**内化**，是指能够从这些信息中有效总结，比别人积累了更多的独家知识。这里的**信息**特指客观存在的内容，**知识**指我们脑海中可以随时随用的那些内容。

信息内化的过程，也就是从接触信息到消化吸收成个人知识的过程。如果能更进一步把这些知识系统性地表达出来，那么这名架构师就是一个很了不起的知识传播者了。

信息优势的例子有很多。例如，十几年前国内架构做得好的人往往英文很好，因为他们在阅读英文文档上占了优势；再往后是海归，带着在国外大企业积累的互联网经验和知识，也很受欢迎，因为很多国外大企业的技术细节没有对外开放，别人学不到；再往后就是一些随着国内大企业成长起来的老兵，在 PC 和移动互联网高速增长的过程中积攒了大量的实战经验。

我出国很早，一直在国外大企业工作，在国内互联网爆发前积累了自己的信息优势。如果你是一个刚入行的程序员，怎么去寻找自己的信息优势呢？

我在直播分享架构师成长这个话题时，弹幕中出现了如下的评论。

> “我在一个小公司，用户量少，验证不了架构设计是否合理。”
> “公司规模小，接触不到很完整和很主流的架构模式或者实战机会。”
> “我们公司太大了，我就是一个小螺丝钉，知识面不够广。”
> “我们公司有专职的架构师，根本轮不到我来做架构。”

还有相当多类似的问题，我梳理总结了一下，无外乎以下几种需求模式。

“我想在大公司里求广度。”
“我也想在小公司里求深度。”
“我也想在大公司里快速成长。”
“我也想在小公司有一个高度稳定的职位来钻研技术。”

我引用一个禅宗公案来回答这类问题。

行者问老和尚：“您得道前，做什么？”
老和尚说：“砍柴担水做饭。”
行者问：“那得道后呢？”
老和尚说：“砍柴担水做饭。”
行者又问：“那何谓得道？”
老和尚回答说：“得道前，砍柴时惦记着挑水，挑水时惦记着做饭；得道后砍柴即砍柴，担水即担水，做饭即做饭。”

无论是大企业还是小企业，都用不同方式提供了架构师成长的信息优势。大企业更有利于增加深度，小企业更有利于拓展宽度。如果一名程序员在大企业里，就要多解决难题，把这种信息优势转化成某个领域的深度。如果一名程序员在小企业里做事情，就要把小企业提供的信息优势内化成所在领域的宽度。

这个过程会帮你把外部的信息优势内化成内在的知识优势。如果处在一个有相对信息优势的环境中，你又比别人更擅长发现、总结和抽象知识，最终就会形成知识优势。

这是一种从大量信息中提炼出知识模型的能力。我在本书第二部分中介绍的架构师的6条生存法则就是从信息优势中抽象知识的案例。

当然，最佳的选择是在一个小企业，然后随着小企业成长为大企业，能同时提升自己的深度和宽度。要做到这一点，就需要有足够的眼光和运气了。

总结一下，在当前高度竞争的环境下，缺少信息优势，很难在架构师的成长过程中胜出。我们需要深度理解自己所在企业和行业的特点，找到自己的特定信息优势，并最大程度地内化这些信息来获取成长，同时也能帮助企业。

24.3.3　必要条件三：适应力

通过前面5章对架构师能力的分析，我们不难得出这样的结论：从程序员到架构师再到CTO的职业成长阶段与其他职业相比有个重大的差异，那就是能力的不连续性。

有些职业，如书法家、工艺美术家、中医和厨师等，非常适用匠人精神，他们在职业生涯中不断打磨同一种能力，所以越老越值钱。但是，架构师这个职业很不一样，从程序员到CTO的成长过程要经历多次蜕变。例如，在职业初期要沉迷于技术，而一旦成为CTO，反倒要不断思考技术之外的解决方案。类似地，架构师在职业初期基本上不需要什么人际关系能力，但是作为跨域架构师，要想解决好冲突，处理人际关系的能力就是绝对必需的。

所以，**适应力**（adaptability）也是架构师成长的一个必要条件。在不同的成长阶段，根据环境和场景不断调整和扩大自身的能力维度。

我在前言中提到过，架构师职业成长中需要的不只是这 5 种能力，其他能力（如项目管理能力）也是不可或缺的。

为了把这个道理解释清楚，我把程序员到 CTO 成长过程中所要经历的能力变迁，用表 24.2 来描述一下。因为表 24.2 的主要目的是展示出架构师成长过程中的变化，所以我没有追求完整性。

表 24.2 架构师的技能变迁

角色	程序员	兼职架构师	跨域架构师	总架构师	CTO
关注范围	团队	横向领域	多个领域	企业内部	整个行业
不确定性	低	低	中	高	极高
业务理解	低/中	低	中	高	极高
技术宽度	窄	中	较宽	宽	宽
沟通交流	少	中	中	多	很多
技术深度	浅/中/深	中/深	中/深	中	中
执行细节	多	多	中	少	很少
项目交付	无	简单	复杂	复杂	简单
管理宽度	无	小	小	中	大
管理复杂度	无	无	小	小	大

我把这些能力大致分为 3 组：第一组是伴随职责而扩大的岗位技能，第二组是个人技能，第三组是管理技能。

第一组技能是靠时间、经验和机会磨炼出来的，不能仅靠读书学习来提升。从程序员到 CTO，职责越来越大，所处理问题的不确定性越来越高，而在应对不确定性的过程中，业务理解能力也变得越来越重要。更大的领域范围也要求更大的技术宽度和更好的沟通交流能力。

第二组技能是可学习的，往往学校里的优等生会比较出色，但是随着架构师职责的扩大，对技术深度、项目推动交付的能力和执行细节的关注会越来越少。所以，这组技能对职业初期的成长来说很重要，随着时间的推移，慢慢地就没那么关键了。

第三组技能是管理技能，一般来说，架构师没有下属，少数的首席架构师会带小团队，对管理能力的要求不高，但 CTO 的管理幅宽非常大，往往会突破“邓巴数”（Dunbar's Number），也就是社会学家认为的一个人能够有效管理团队的大小。

邓巴数有很多版本，比较流行的是 150。但是据我的观察，互联网软件行业高速变化，每个人的工作职责要大很多且变化很快。如果管理幅宽超过 100 人，就很难靠个人管理来有效协调所有人的工作，而必须靠下属来协调工作了。这时候一个人真正的管理能力就凸显出来。这种管理角色和架构师的个人贡献者的角色之间能力差异非常大。正是出于这个原因，优秀的个人贡献者在成为管理者的过程中往往会栽很多跟头。

总结一下，多次角色的转移、多次的能力变迁和职业后期管理复杂度的迅速提升，意味着适应力对架构师而言是成长的一个必要条件。

24.4　架构师成长的充分条件

不满足必要条件就做不了架构师，但是满足了必要条件也不一定能成为架构师，因为架构师的成长还需要具备 3 个充分条件，即大量高风险的决策机会、正确的目标、对架构师友善的企业文化。这 3 个条件分别在第 2 章、第 5 章和第 10 章中提到过。

接下来我再从架构师成长的充分性的角度重新解释一下这 3 个充分条件。

24.4.1　充分条件一：大量高风险的决策机会

你从前面几章的内容可能感觉到了，“机会”是本书中的高频词。是的，每个人的成长都需要机会，架构师也是如此。只不过，架构师需要的是**大量高风险的架构决策机会**。

我在讲总架构师的能力跃迁时提到过“拍板”，指的就是在面临不确定情况时做决策的机会。从表 24.2 中可以明显看出来架构师的成长过程：在更大的领域范围、更大的不确定性下和更大的决策风险下做决策的过程。

为什么通过大量高风险架构决策的磨炼，就能获得成长呢？**因为对于作出的每次决策，无论正确还是错误，都会提升未来正确决策的概率。**

在计算机时代之前，这个论断也成立。我们能从过去的经验中获取可以应对未来不确定性的知识，实践机会越多，成长就越快。因此不论东西方的教育，都强调实践。

那么，该去哪里寻找高风险架构决策的机会呢？这似乎是个“鸡生蛋，蛋生鸡”的问题。我必须有足够多高风险架构决策的机会，才能成长为一个资深架构师；我必须是资深的架构师，才能获得更多高风险架构决策的机会。我们该从哪里开始这个循环呢？

简单的答案似乎就是我们前面禅宗公案中提到的理念：“人间处处是道场，修行到哪都一样”。但其实道场与道场的差别大了去了！

我在第 22 章中提到过机会密度的概念，也就是在一个行业或者一家企业内部所蕴藏的职业发展机会平均到每个员工身上到底有多少。一家机会密度大的企业会有很多做高风险架构决策的机会，而一家本来就没什么决策机会的企业，哪怕架构师再资深也很难拿到架构决策的机会。

我尝试根据上面的定义进一步量化“机会”这个概念。决策机会应该与决策中涉及的以下两个参数成正比。

（1）**参与项目的研发人员在企业总研发人员中的占比**：这代表该项目中的决策在企业内部的重要性。参与项目的研发人员越多，企业的投入越大，决策风险越高。

（2）**整体的资金投入**：整体的资金投入越多，决策风险越大。

这两个参数使决策在不同大小的企业内具有更大的可比性。

之所以把参与项目的研发人员在企业总研发人员中的占比和整体的资金投入作为两个参数来分开建模，是因为架构师决策机会的大小一方面要考虑整个项目的决策复杂度，另一方面要考虑整个项目的决策风险。可以通过研发投入工时来计算决策的复杂度，通过总资金投入计算决策风险的大小。虽然可以把研发投入折算成人力成本并入资金投入，这样遇到资金投入比较大的项目，架构师的决策机会就会被放大，但是现实情况是架构师往往不做任何资金投入和使用方面的决策，所以分开建模可以更好地反映决策的复杂度和风险。

一家企业中架构机会密度与以下 4 个因素有关。

（1）**赛道竞争的激烈程度**：在一个竞争激烈的赛道上，短时间内会有大量新技术和新模式涌入，变化迅速。而在一个硝烟散尽的赛道上，技术的迭代将会逐渐停止。

（2）**企业的成长阶段**：一个处于成长期的企业中会有非常多的机会，而一个已经开始老化的企业不但没有好的机会，甚至会非常糟糕。

（3）**企业的技术空间**：在大多数企业和行业里，技术是靠提升效率来创造价值的。一个人均交易额越大的企业或部门，技术的投入相对来说增量价值越多，机会就比较大。但是这种提升机会是逐渐收缩的，越到后期机会越少。例如，2020 年和 2021 年连续两年，国内某家互联网企业全年通过搜索推荐算法优化带来的大盘转化率相对提升不到 0.5%，我当时判断这个领域的技术机会已经基本枯竭了。果然不出两年，这两家企业的数百算法工程师纷纷离职或被离职，其实种子在之前就已经种下了。

（4）**部门内软件系统的成熟度**：软件也是有生命周期的，一个刚刚诞生的软件，到处都有决策机会，但是一个已经要老去的系统，不但没有决策机会，甚至会反过来霸占原本属于新生软件的机会。

总结下来，在有大量资金涌入的竞争激烈的赛道中的成长型中小企业，往往有大量高风险的架构决策机会。也就是说，如果真的想要修炼自己的软件架构能力，这类企业才是你的道场！

24.4.2 充分条件二：对架构师友善的企业文化

我在 10.1.3 节中提到一个对架构师友善的企业文化需要满足以下 4 项。

（1）企业内部尊重科学决策。

（2）企业内部为架构师提供良好的沟通环境。

（3）所有的执行者都能深度地理解并无损地实现架构目标。

（4）企业具备对探索失败、对风险和对人的包容文化。

24.4.3 充分条件三：正确的目标

回顾对不同架构师角色的描述，我们会发现，架构师在不同的成长阶段需要优化不同的目标。无论目标是什么，我们都先假定这些目标是正确的。

我在第 5 章中就提到了，从决策最高层到一线经理，都会出现设错目标的可能，例如顶层决策者能力不足，没有看对方向；中层决策者自私，将目标转移到最大化自己团队利益的方向上；一线管理者因为信息缺失导致判断失误，等等。设错目标并不可怕，但如果一家企业缺乏有效的纠错机制，那将是非常可怕的事情。如果在这样的企业里做架构师，很难学到“如何通过优化软件架构来帮助企业提升生存优势”的方法，因为架构师学来学去只是学会了怎么去做错误的事情。反过来，如果一家企业能经常设定正确的目标，哪怕项目最终没有成功，架构师依然能从失败的尝试中知道什么路径是不可行的，他的能力依然会获得提升。

其实，这种目标管理的环境也不难鉴别。这样的目标在定义中就公开透明，鼓励全员参与；在决策中尊重数据和事实输入，用确定的 KPI 和数据结果来衡量产出；在最终的复盘中，不忌讳失败，会认真反思分析。

在这样的环境下，架构师的每次尝试都会帮助企业更加逼近真相。

24.5 架构师成长的充分条件和必要条件的思考

关于如何验证充分性和必要性，我也没有什么准确的答案，接下来的内容仅仅是一些思考。我在这里分享出来，也请你判断一下逻辑的严密性。

我们先看一下充分条件，如果一名架构师总能收到正确的目标，又在一个对架构师友善的企业文化下工作，同时还有源源不断的高风险的架构决策机会。在这种情况下，哪怕学得再慢，他最终也会成长为一名能够找到正确架构设计的架构师。

但是，如果不满足必要条件，他凭什么会有源源不断的决策机会呢？如果他在一家小企业，没有足够的思考力、适应力和信息优势内化能力，企业也可能因为他的错误决策老早就破产了。如果他在一家大企业，企业相对公正，架构师人才充足。如果一名架构师连续犯错，自身能力不足，他就不可能连续得到好的架构决策的机会。

有了上面的简单分析，接下来我通过类比来思考这些充要条件的正确性。这里我引用已经经过大量案例验证过的机器学习学科的一个基础假设：只要有足够多高质量的训练数据和一个能够描述足够复杂场景的模型，机器学习系统就会在明确目标和高质量数据的训练之下变得越来越准确。

如果把架构师想象成一个大数据驱动的机器学习系统，那么架构师的成长就是他的算法模型在不同场景下快速找到正确架构设计的过程。现在要验证的是：通过训练最终能收敛到正确的模型，而且可以快速收敛，本章中提到的充分条件保障了收敛性，而必要条件保障了收敛速度。

图 24.1 展示了架构师和机器学习系统的相似性，图中把架构师对应到一个机器学习系统，他利用大量高风险的决策机会来训练自己的架构能力。

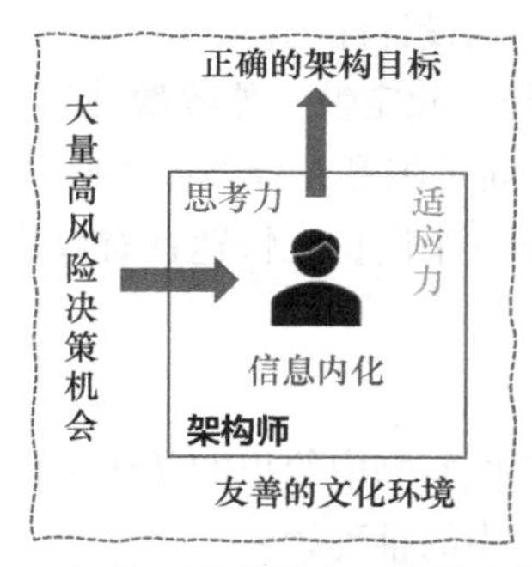

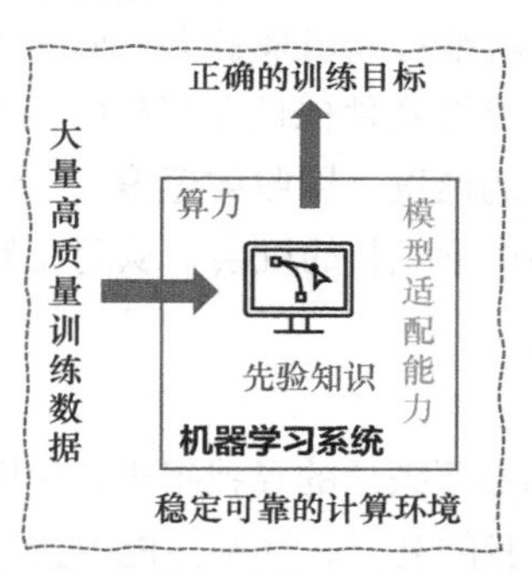

图 24.1　架构师成长的充要条件和机器学习系统的收敛的充要条件的相似性

图 24.1 中左图的虚线部分是架构师成长的充分条件，其中正确的架构目标对应机器学习系统的正确的训练目标，高风险决策机会对应机器学习系统中的高质量训练数据，对架构师友善的文化环境对应能持续正确运行机器学习系统的稳定可靠的计算环境。这 3 样结合起来就是架构师成长的外部环境，对应机器学习系统的运行环境。

图 24.1 中左图的实线部分最终体现为架构师成长的必要条件：思考力、适应力和信息优势的内化能力。这 3 种能力会把外部环境给予的锻炼机会最终转化成架构师的隐式的决策模型。

架构师的思考力对应机器学习系统的算力。算力越强大，越能在有限时间内收敛到最佳模型。

架构师的适应力，也就是他脑海中思维模型演变的速度，以及应对真实世界挑战的能力，等价于机器学习系统的算法模型适配能力。当架构师从一种角色升级到另一种角色时，他的适应力越强，就越容易学到新的场景。这个过程使机器学习模型能够升级且适配新的场景。适配性越强，模型在新场景下的效果就越好。

而由内化能力所积累的知识优势对应机器学习系统内所包含的先验知识。知识优势能帮一名架构师把业务理解转化成架构设计的约束，提升设计与所在环境的匹配度。同样地，先验知识越多，算法模型越正确，训练收敛得越快，最终的效果也越好，正确性也越有保障。

从机器学习的运行环境来看，如果训练目标正确，高质量训练数据多，且计算环境稳定可靠，那么算法最终会收敛：系统最终能够找到正确的模型。对架构师而言，这意味着能够找到正确的架构原则，保证最终的成长是真实有效的。

从机器学习的过程来看，如果算力大，收敛快，模型适配能力就越强，否则线上实验长时间等不到实验结论，就无法获得更多的调优机会和训练样本。对架构师而言，产出速度需要跟行业竞争和人才市场的竞争相匹配，这样才能比别人更快地产出架构设计，得到有效结论，迅速迭代调优。

那么最终的产出是什么呢？对机器学习系统而言，就是高质量可以应用的算法模型。对架构师而言，就是可以用来解决未来问题的架构设计能力。

可以看出，充分条件保证了**架构师能力成长的确定性（即收敛性）**，必要条件保证了**架构师能力成长的速度（即收敛速度）**。如果能同时满足充分条件和必要条件，架构师就能获得更多的高质量成长的机会，从而在架构师这个岗位上快速且有效的成长。

24.6 小结

充分条件和必要条件的寻找很难，我也不敢说本书中给出的结论是完全正确的。我本着实证思维分享我的观点，期望你能够指出本章中的推理缺陷。

架构师成长的必要条件包括思考力、信息优势的内化能力和适应力，充分条件包括大量高风险的决策机会、对架构师友善的企业文化和正确的目标。

从某种角度讲，必要条件有一部分是先天的，改变起来比较困难，但充分条件是外部给予的成长环境，是后天的，可以选择。有了大量高风险决策机会、友善的企业文化和正确的目标，架构师才能成长为一名好的架构师。

理解了架构师成长的充分条件，才能更好地理解本书中反复强调的成长思维的理念。

24.7 思维拓展：职业成长也需要战略取舍

我们之所以研究充要条件，其实就是为了帮助你制定架构师**成长战略**。所谓“成长战略”，就是根据长期目标做合理取舍，要主动放弃一些能力，然后才能专注在另一些能力上。

互联网时代竞争激烈。我们不可能在各种能力上都超越他人。所以我们必须在某些能力上做选择性投入，才能在最终的人才竞争中胜出。

事实上，本章中提到的必要条件其实并不完整，还有其他一些高收入职业都需要的必要条件，如自驱力、学习能力、影响感召力、推动力、沟通交流能力和管理能力等。不过，我认为这些大多数是普遍存在的能力，即没有高区分度的能力。

举个例子，架构师本身是一个非常自驱的职业，所以自驱力也是架构师成长的一个必要条件。但是，我觉得整个软件行业已经进入极度内卷的竞争环境中，无论是做程序员、产品经理，还是做设计师，自驱力都是标配。

以我的职业发展为例。我的职业生涯已经走过了二十多年，但在很多能力上我仍然有非常大的欠缺。这些短板之所以没有完全阻碍我的职业发展，主要是靠一些相对强的能力来给自己遮丑。

如果我建议你修习 100 种能力，对你来说其实根本没什么帮助。在我看来，思考力、信息优势的内化能力和适应力是优秀架构师成长的必要条件，能把这 3 种能力练到极致，对一个有大量问题需要解决的企业而言，就已经是稀缺人才了。

这种情况在赢家通吃的互联网时代尤其普遍。越是某个业务核心领域的稀缺人才，其价值越大。所以，我个人的成长战略就是发展那些最具区分度的能力。

同样在充分条件上，从架构师的角度看，最稀缺的还是对未来行业竞争最有价值的决策机会，也就是新兴行业中头部独角兽企业中的决策机会，所以这是架构师成长的最重要的充分条件。

24.8 思考题

1. 这个思考题的目的是强迫你尝试从与他人不同的角度思考。尝试完成以下几个思考：
   - “我不认同本章中提出的观点，我认为架构师成长的 3 个必要条件不是思考力、信息优势的内化能力和适应力，而是……原因是……”；
   - “我不认同本章中提出的观点，我认为架构师成长的 3 个充分条件不是大量高风险的决策机会、友善的企业文化和正确的目标，而是……原因是……”；
   - “我此刻就在做长期的职业规划，架构师也是我的选项之一，但我觉得学了你这个充分条件和必要条件的思考对我没有产生任何价值。我认为真正能够帮到我的是……原因是……”。
2. 我在本章中提到了机会密度的 3 个判断条件，用这些条件来判断一下你所在的生存环境，它满足这 3 个条件吗？哪个条件没有满足？为什么？
3. 本章中我提到了对架构师友善的企业文化的 4 个判断条件，很难有企业完全满足这些条件。在你看来，如果必须做取舍，需要最大化哪个条件？为什么？
4. 天下没有免费的午餐。同样，架构师的成长也需要付出代价。有的人满足了必要条件，却在寻找充分条件的过程中放弃了，因为他要付出的代价远远大于他想成为优秀架构师的决心。你经历过这样的内心挣扎吗？结果怎样？

第 25 章 提升独立思考的能力

在第 24 章中我提到了架构师的职业成长最重要的必要条件就是独立思考的能力，有些人可能认为独立思考的能力是天生的，但我认为独立思考的能力是可以学习并且可以逐步提升的。

在本章中我就阐述一下如何提升独立思考的能力。

25.1 独立思考

在第 24 章中我定义了思考力，即在生活和工作中通过独立思考得出有效结论的能力，其中“独立思考”是指针对同一个问题，通过有别于他人的视角、假设、证据组合和思维方式推导出逻辑结论的过程，而“有效”是指给企业带来足够的价值。

下面我就从上面的定义开始探索架构师提升自己的思考力的路径。

25.1.1 否定现有假设或者设立新的假设

多数时候，人们做决策时都有很多隐含的假设，这些假设可能来自从书本上学来的知识，也可能源于行业或者企业的最佳实践，还可能是照搬的他人的决策方法中的假设。

不论根因是什么，一个专业决策者能够做出最大贡献的地方往往就是否定或者挑战某个现有假设。一旦否定了某个假设，该假设作为一个限制条件就不复存在，就放宽了解决方案的搜索半径，有助于我们发现更优的方案。这也是我在第 18 章中提到的终极问题。

举个例子，我在负责某个全球电商业务的时候，曾经面临如何通过全球为数不多的机房服务好全球客户的问题。当时业界最常见的部署方式就是在世界的几个区域（如北美、欧洲、东南亚）各设置一对机房，双活部署，但我们的用户数不足以支撑这样的豪华配置，所以我们把北美机房设置为中心机房，其他区域的机房仅作为当地用户的主机房。这是一种非常少见的部署方式，业界多数人假设这种跨大洲的部署会导致机房之间有超过 100 毫秒的延迟，没办法做数据同步写入，会导致数据丢失问题，出现机房切换，使用户体验变差，造成用户流失，部署和维护的难度会大幅增加。

我们在这种部署上做了数据库数据的 binlog 同步。真正出现跨大洲数据切换时的确有少量用户会出现用户数据不一致的情形，其中多数用户会通过再次下单来解决，极少数用户会联系客服，但这个成本远远低于建立双活机房的成本。

切换后用户体验会有损失，但是即便是我经历过的恢复时长最长、体验损失最严重的故障，在故障期间损失的下单用户数也没有超过 3%，而且这些用户几乎都被之后的赔付优惠券召回，未被召回的用户数低于日常取消订单的用户数。

最终这种远程多机房不对称的部署结构的确增加了维护成本，但是成本还不到每年 400 人日，不及两个全职工程师的工作量，远远低于每年数千万美元的机房建设和维护成本。

而能做出这个正确决策的最大原因，就在于我们挑战了一个常规假设，即服务一个大洲的机房只能在当地做双活部署。随后就是一系列的试验来验证我们的挑战是否成立。

25.1.2 寻找独特的视角

架构师经常需要以异于他人的视角来思考问题。

本书中提到了很多独特的视角，例如，第 6 章中提到的人性视角（其中又分解为用户视角和员工视角两部分）、第 7 章中提到的经济价值视角、第 21 章中提到的领域层面视角和全局视角、第 22 章中提到的总架构师的技术先进性视角和第 23 章中提到的 CTO 的企业长期生存视角等。

在思考一个问题的时候，架构师要选择一个不被他人重视但能对结论产生重大影响的视角去做深度思考，正如我在之前各章中演示的那样。

25.1.3 寻找独特的证据组合

在选择好一个或多个视角切入思考后，选择的证据组合同样会对结论产生巨大的影响。

多数时候，我们会陷入**证真偏差**（confirmation bias）的思维陷阱，也就是我们潜意识里爱上了我们之前做过的某个决策，不由自主地把我们看到的新证据作为我们持续正确的一个新论据。在这种情况下，架构师的价值在于抵抗团队成员的证真偏差。架构师需要验证现有的证据组合，并且寻找更有价值的证据组合，也就是最能逼近有效结论的证据组合。

25.1.4 尝试独特的思维方式

每个人的思维方式都不一样，有的人喜欢在别人逻辑推导的基础上发现漏洞，并试图修复优化；有的人喜欢对问题进行层层分解，自己独立得出结论；也有的人喜欢从其他学科中寻找类似的问题，从而发现新的解决问题的思路；还有的人喜欢在跟别人的深度讨论和辩论中逼近真理。通常来说，不同的思维方式会带来不同的推导路径，从而得出不同的结论。

第 2 章中提到的价值思维和第 3 章中提到的全方位思维、批判思维、实证思维和分析思维，都是架构师通过独特的思维方式为企业注入独立思考的办法。

事实上，整本书都是关于架构师以独特的思维方式为企业注入价值的方法论。

25.1.5 对独立思考过程的正确性保障

最后还有架构师可以创造巨大价值的两点。

第一点就是第 15 章中提到过的统一语义的过程。这个过程的价值在于架构师要确保**所有人都在同时思考同一个问题**。

这一点对于需要独立思考的问题尤其重要。这种场景下问题定义往往不清晰。最常见的情形是讨论很久之后才发现大家讨论的都不是同一个问题。不信的话，下次在大家争论得不可开交的时候，你可以试着打断一下，然后让每个人把正在讨论的问题分别写在纸上，看看大家对问题定义的描述是否完全一致。

第二点是架构师要确保最终的思考结果存在一个**统一的甄别方案**，也就是说不同结论之间是可以被比较的，最终能够选出最有价值的结论。越是有挑战的问题，越难找到统一的度量结论的标准。事实上，如果一旦思考清楚我们在一个问题上的目标，并量化出这个目标的指标，解决方案往往也就开始浮现了。它不再是一个未解的难题。

有效的甄别方案除了能帮助我们厘清问题，还有一个很重要的价值，就是可以应用到我在 11.1 节中讲的共识机制的建设中。它可以保障最终决策的公平性，避免将解决方法的共创，变成最高权力者的决策。

25.2 如何判断一个人的思考质量

思考力的提升意味着架构师的日常工作需要高质量的思想碰撞。也就是说，架构师需要寻找有高质量思考的人。

判断一个人的思考力非常难，尤其是在有限的时间内。例如，在面试中我们需要在几十分钟的交流过程中对一个人的思考力做出评价。接下来，我以提问一个候选人做过什么决策为例，来展示如何去判断一个人的思考质量。

在这个问答的过程中，对方往往会先给出一个案例，我们紧接着就可以追问案例中的细节，然后引出更多的决策和更多的细节。这个问答和探索的过程，最后会让我们对一个人的思考力形成判断。这就是当下非常流行的场景式（STAR）面试方法。这种判断基于以下 5 个要素。

（1）**案例的真实性**。很多时候，面试候选人可能会夸大自己的贡献，甚至给出一个凭空捏造的案例，所以我们首先要判断案例的真实性。一般来说，每个人做过的最有价值的决策都会跟他的岗位、经历密切相关，具有一些特殊性。所以，案例的真实性可以从多个维度来验证。

（2）**洞察的价值**。人人都会思考，但是思考者提供了什么样的洞察？是否有价值？总的来说，我认为一个洞察的价值可以用有效时间和资本回报来度量。**有效时间**是这个洞察的持续有效的时间范围。**资本回报**则是这个洞察能为企业创造的直接经济价值。

（3）**思考者的贡献度**。有时候候选人提供了一个非常深刻的洞察，我们可能很钦佩，但是这个思考者的贡献度有多大呢？这个归因过程非常重要。一家企业如果有非常高质量的洞察，最终肯定会广为传播，甚至会被行业内所知晓的。一个极端稀缺的洞察往往有一个非常极端的前提条件，就是他能拿到别人拿不到的数据和知识。这个过程特别像武侠小说里那种跌落山崖的故事。也就是说，如果一个高质量的洞察背后缺乏配套的周边，那么这个人可能只是听说并复述了别人的洞察。

（4）**思考的难度**。思考的难度是指这个思考究竟难在哪里。例如，这个人思考的内容是否具有独特性？思考路径是否很少见？收集到的证据是否有说服力？有一点特别要注意：判断一个人的思考难度，必须以他当时所能接触的信息为基础。例如，我的团队是在2015年推行的Docker，当时国内还没有流行，大多数人都没意识到Docker的真正价值。那时候，去尝试一个尚未在国内有任何成功案例的基础设施投入，就需要非常缜密的思考。但两年之后，国内Docker化做得如火如荼，成功案例比比皆是，思考的难度几乎就没有了。

（5）**可重复性**。在判断完思考的难度后，我们还需要进一步去想想：这种质量的思考是对方有能力重复的吗？如果一个人的高质量思考来自对数据的执着、思考深度的探索、见识的广博，那么这种可重复性就非常有价值。

这5个要素其实都是面试官的主观判断，而主观判断很可能是片面的。在这种情况下，一个比较好的追问问题是："你怎么评判你的思考质量、贡献度和思考难度呢？"这样可以帮助你发现你判断中的漏洞。

关于真实性，追问太多，有时候会给对方留下非常差的印象。比较好的办法就是向对方询问客观的第三方资料和背景，然后通过第三方来验证案例的真伪。

与思考力相关的面试问题，我一般都问得比较普通，有时候我甚至会请HR提前通知给候选人，例如，你做过的最重要的决策是什么？你是怎么思考我们这个行业的特殊性的？你认为自己能为行业带来的价值是什么？你之前做过的最大的技术创新是什么？

其实问题本身不重要，重要的是我们根据候选人的答案，在更深层次的细节上继续追问。我依靠这个追问过程来判断一个候选人的思考力，尤其是在鉴别真实性、可重复性和贡献度上。当然，这个追问过程同时也显示了提问者本身的思考实力和理解能力。

同样，在日常研发讨论中，可以通过对案例价值的衡量、逻辑细节的探索、思考质量的分析形成对一个人贡献度、思考深度和能力可重复性的衡量过程。这就是判断一个人的思考力的办法。这种判断做多了，就固化成对某个人思考力的鉴别能力。

25.3 如何判断一个尚未验证的思考案例的质量

不过，多数时间我们并不是判断一个人的思考质量，而是需要区分多个讨论者对一个正在执行中的案例的论断。这种尚未得出验证结论的案例对我们的挑战更大。

我们可以从以下 3 个方面来区分在同一个案例上的不同的思考之间的质量。

- **逼近本质**：哪个思考的结论更接近问题的本质，哪个思考的价值就越大。
- **假设简单**：哪个思考结论的前提假设少，哪个思考的价值就越大。
- **场景契合**：哪个思考背后的模型和场景契合度高，哪个思考的价值就越大。

关于逼近本质，6.3 节中的拼多多案例就是一个非常好的示例。关于假设简单，17.4.4 节中的跨境案例就是假设错误的一个例子。

这种靠增加系统角色和功能来解决问题的思考误区，在软件架构设计上很常见。你肯定听说过这个讽刺："软件架构中没有通过增加一层抽象解决不了的问题，如果有，那就增加两层。"真实的情况是我们引入一个假设之后把问题转移到了另一个领域，但是，如果这个假设背后的技术并不能带来的熵减，解决方案就不会变得更容易。

关于"场景契合"判断有两层含义：第一层是说思考是由模型驱动的，第二层是说模型和场景是契合的。拿本书举例，我在本书的开始对企业进行了建模。我强调我所描述的企业处在高度竞争的互联网环境中，那么本书的模型就与其他面临高度竞争的行业很契合，如 2023 年的中国汽车行业，我的思考如果应用在这些行业中的企业的相关场景，价值就很大；但是我的思考如果应用在一个高校的研究部门或者三甲医院，那么因为模型不同，场景也有很大差异，价值就很小了。

25.4 发现身边的独立思考者

读到这里，你可能会有疑问："你是一位 CTO，每天见到那么多人，有的是聪明人和你交谈来往。我只是一名一线员工，去哪里找这么多有思考力的人来交流呢？"

25.4.1 想提升自己的思考圈，先要做一个伯乐

其实我们身边有的是高质量洞察的人。CTO 也是从一线员工成长起来的，我经常和一线员工交流。在我看来，一个刚刚毕业的校招生的洞察并不一定比一个工作多年的资深专家差。每个人的视角不同，都能在自己的观察中得出高质量的思考。区别不在于所思考的问题本身，而在于对这个问题的洞察质量。

一个毕业生接触到的信息有限，工作经历也短，但是他比管理者能拿到更细节、更早、更原始的数据，他没有经历过职场老人的失败，就不会过度关注风险；他没有很长的从业经历，就不会受集团内部衰老技术的束缚；他在学校里学习了最新的理论，也就有机会带来更前沿的创新。

我相信所有职场人士都一样，会接触到很多不同层级的人。我们肯定相信：层级低不等于思考力低，层级高也不等于思考力高。多数时候，我们身边不是没有优秀的思考者，而是我们没有足够的辨识能力。正所谓："千里马常有，而伯乐不常有"。

25.4.2 要能容忍一个思考者的性格缺陷

这里我也分享我的一个观察：**一个有深度思考洞察的人，往往是偏执的。**

这样的人往往会形成相对完整且自洽的认知体系，得出的结论可能听起来非常武断。但是，如果深挖他的逻辑，就会发现任何一个武断结论的背后都有一套完整的逻辑推理。有时候他的逻辑起点或假设不一定正确，但他的思考过程很值得学习。

这样偏执的人在一家大企业里往往是不太讨人喜欢的，面试时也很有可能让面试官不太舒服，日常交流的过程也是如此。所以很多人见到这种有思考力的人往往是躲得远远的。也就是说，一个优秀的思考者也需要伯乐的识别。作为伯乐，必须能够容忍他们的偏执。

总结成一句话就是：**要能跨越一个人的性格缺陷，去欣赏他的逻辑之美。**

25.4.3 往来无白丁

如果你能判断一个人的思考力，也能在单个问题上判断思考质量，而且还善于发现并愿意与有高质量思考的人相处，那么应该怎么与这样的人相处才能获得长期的信任呢？

有两种态度，一种是理想主义，是“君子之交淡如水”的态度；另一种是实用主义，是“小人之交甘若醴”的态度。

应该选择哪一种态度呢？前一种态度与晋朝士大夫之间的清谈十分类似，交流双方会在一个哲学问题上做深度的思想碰撞。问题本身不具有实用性，交流是在思想层面上的。后一种态度是一种基于现实问题的互惠的关系，目的性很强。交流双方建立思考合作，用不同的思考方式来解决同一个问题，各自都受益。例如，一个负责首页成交优化的负责人和一个首页个性化广告投放的负责人之间的交流就属于这种关系。

我的个人经验是，前一种思维伙伴很难在企业内部找到。这种高频次的深度交流本身就是比较困难的，对工业界来说就更难了，一般职场中很少遇到这样的伙伴。我认为，在互联网企业里，基于实用主义的态度更容易找到思维伙伴。这种以解决实际问题为导向，最终各自获得收益的方式更持久。这种互惠的合作方式还有一个好处：参与者都有从思考到收益的反馈闭环，从而可以从实践中发现思考的漏洞，从而进一步提升认知。

这种思考合作需要参与双方不断发现缺陷、提出正确的问题。通过解决问题来滋养一个有经济收益的思考合作。这个过程会让对方持续获益并同时提升思考质量。

25.5 小结

诚恳地讲，本章的内容不算成熟。没有人教我作为一名架构师应该如何去思考，我只能从自己不算太成功的职业经历中提取经验。

虽然我不知道提升架构师思考力的标准答案是什么，但是我认为要逼近这个答案，至少有一个起点：能有一位架构师将自己充满瑕疵的方法拿出来，让大家讨论、批判，并提出更好的建议，然后为其他人呈现出高质量的思考。因此，尽管我觉得本章的内容不算成熟，但是我依旧愿意分享出来，希望能引发一些思考和批判。

我一直坚信一件事：**人可以通过学习和训练来提升思考力。**

我认为可以通过否定现有的假设、寻找独特的视角、寻找独特的证据组合来放大独立思考的范围，同时通过对问题的准确定义和对结果的客观度量来验证思考的质量，这样就能使我们的思考形成闭环，从而逐渐提升。

我们也可以通过和身边优秀的思考者讨论和碰撞来提升思考的质量。一个人是不是优秀的思考者，可以通过观察他的日常思考案例是否更逼近本质、是否假设更简单、是否模型与场景更契合来判断。

25.6 思维拓展：建立思考者间的信任网络

如果我们能够判断一个人的思考力，并且愿意和他交流和碰撞，我们就有了一位可以信任的思考伙伴。有了一位思考伙伴，我们就可以扩大这个信任圈，找到更多的思考伙伴。这样一来，我们就可以建立自己的思考者网络了。

想建立思考者网络，就必须保持合作的心态。

有些人之间思考合作可能会不太愉快，合作的一方觉得自己的想法被盗用了，或者没有得到合理的回报。我的态度是：想法很贱，不值得隐藏，没有必要把自己的想法当成宝贝去保护。

例如，我写这本书，其实背后也有同样的思考。不是说我把自己的想法分享出来，我的思考从此就公布于众，我的招数就没用了；相反，我认为把自己的想法分享出来，我会在这个过程中最大程度地获益。

如果你能够从本书中获得帮助，就证明我的这些想法是有价值的。同时，你的反馈和传播也会增加我的信心。如果我的想法没能帮到你，那么你的反馈会同时帮我和你提升。

毕竟一个人实现想法的带宽有限，只要接触到我这些想法的读者愿意去尝试，这些想法就能触达更多的场景，这就足够了。至于说能不能获得回报，我认为，任何人在实践中尝试的那一瞬间我就得到了回报。

笛卡儿说“我思故我在”，我觉得可以更进一步，“我思已在，故我在”。所以，我要感谢每一位学习和实践这些想法的读者。

25.7 思考题

1．你有没有自己的判断一个思考力的方法？如果有，建议描述一下你的成功案例。
2．你是怎么判断一个人的思考质量的？

3．判断一个人的思考力，其实也包括识别伪装者的能力。我之前被称为“面试杀手”，就是因为我很擅长识别那些拿别人的思考来充数的面试候选人。你有没有比较好的鉴别“思考赝品”的办法可以分享？
4．有时候，跟一个有好的思考力的人相处是很难的。你有没有失败或成功的经验可以分享？

第 26 章 关于中台的思考

在本章中我以 2016 年至 2023 年间国内轰轰烈烈的中台运动为例，分析一下如何从多个维度去独立思考，最终发现一些可能的突破路径。

中台是一个对中国互联网影响深远的技术案例。它是一个有数以万计的研发者参与的大运动，直到今天，依然有一些企业在实施中台，因此研究中台的本质对正在实施中台的团队是有启发作用的。

我在本章中提到的想法形成于 2018 年，相关的分析最早在 2020 年完成，并在 2020 年 QCon（上海站）的主题演讲中向公众展示，演讲的文字稿随后发布到了网上。2022 年春天，我又重新整理图片和文字，并将其发布在我的极客时间专栏中。

从我产生这些想法到现在已经时隔 5 年多，我公开发表的分析结论多数已经被后来发生的事实印证，例如国内在中台上投入最大的某个大企业已经在 2023 年年中基本解散了大多数的业务中台团队。

再次整理这些内容的过程中，我还是发现了很多令人扼腕的地方。我作为很多关键决策的参与者，当时还是非常缺乏勇气的，在巨大的压力之下我没敢表达自己，现在回想起来，这些思考其实当时已经完备了，如果那时候讲出来可以避免很多同事好几年的辛苦付出。

我们经历过所有的失败都会提升我们面向未来的能力和勇气。我期望通过本章的分析，能帮那些经历过失败的人找到内心的平衡，也对那些正在建设中台的企业有所启发。

26.1 为什么选择中台案例

中台后面既有个人获益者，也有企业获益者。

我公开我的分析的时候，中台正如火如荼地在国内大大小小的企业中推广。当时很多人站出来反驳我的观点，我猜测其中有不少中台建设的既得利益者。在 2020 年，我的文章和转载的版本被大量删除，其中个别版本阅读量超过 10 万次，反对者的声音却被付费传播，所以很多认识我的人都读到了多个反驳我观点的文章，却没有看到我的原文，他们甚至找我来索要我的文章。

在 2022 年，各大企业纷纷压缩甚至裁撤中台团队或者改变中台组织的运行机制，证明我当时的分析是正确的。我认为这个分析的最大价值在于帮助你学会如何在众说纷纭的情况下看清楚问题的本质，在多数人狂热的时候坚持自己的独立思考。

除了以上原因，选择中台这个话题还有以下 5 个原因。

（1）**选择中台是好的分析和比较机会**。中台本身是一个充满争议的话题，有非常多不同的观点。这也给了研究别人的思考路径和逻辑的机会。

（2）**选择中台有商业价值和研究价值**。中台背后的需求很合理，是国内互联网企业的刚需。我认为中台的尝试未来依然不会停止。我们需要在当前业界的思考之上寻求突破才能真正创建出有商业价值的中台。

（3）**选择中台是架构决策的绝佳案例**。中台实施相关的图书有不少，但是很少有人对搭建中台这个架构决策本身做过深入的研究。本书是帮助架构师做专业决策能力提升的，因此用这个话题来结束这本书是我能找到的最好的理性思考话题。

（4）**选择中台有第一手的经历**。我在国内外亲历了多个中台相关的决策、实施和使用项目，有多家跨国企业、多种角色的多年亲身的经验，所以我在中台话题上的思考也能帮助架构师做未来的中台相关的决策。

（5）**选择中台是介绍理性思维的最佳案例**。从 2015 年开始，国内中台经历了一个从起步到巅峰，现在到低谷的过程。在某些企业，建设中台的决策从头至尾是一个严重缺乏理性思考的典范反模式。多数企业在建设中台的决策上没有严格论证，在拆中台这件事情上也缺乏理性思考。正因为这种思维误区，不论是中台的推广还是裁撤，在其过程中理性思维被压制到了极致。

在本章中，我要用逻辑严密的分析思维去研究中台相关的决策，而不是喊着口号去盲从或打倒，否则一个缺乏严密逻辑的分析结论就会像那种非理性的狂热和批判一样，把大家再次带入新的非理性循环之中。

26.1.1　什么是中台

围绕中台的争论非常多，但很多争论者连中台的定义都不清楚。这里有必要给出中台的定义：**中台**是在多个前台业务之间共享的有业务语义的计算能力。在这个定义里，前台是服务终端用户的能力。

这里需要强调一下中台和前台在目标上的差别。**前台**服务于单个业务，目标是这个业务的增长，定位则要考虑竞争环境、目标客群和监管环境等因素。**中台**服务于整个企业，目标有多个，比较常见的是降低成本、加强管控、沉淀数据或放大规模优势，定位是在企业利益最大化的前提下尽量服务好多个前台业务。在这种定义下，中台最常见的形态有两种：提供共享业务逻辑的**业务中台**和共享业务数据的**数据中台**。

还有一个概念是后台。与中台不同，**后台**是不具备任何业务语义的全企业共享的基础计算能力。后台的典型案例是云厂商提供的工作流、身份管理、消息队列、分布式缓存、持久存储等技术。

图 26.1 是对这种定位的一个示意。

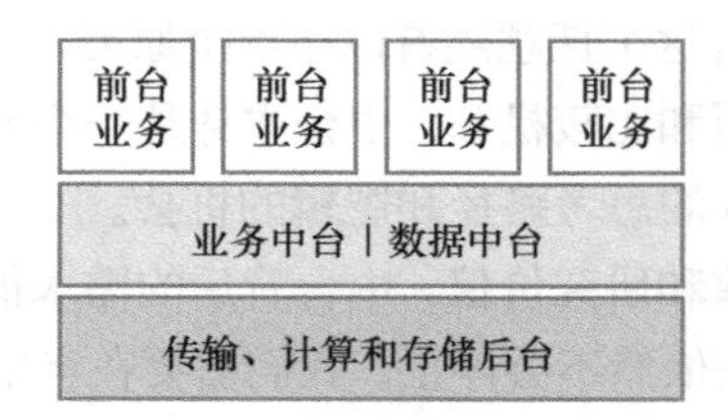

图 26.1　前台、中台和后台的分割

与中台类似的还有一个概念叫作**平台**。平台有时候指的是**平台模式**，即区别于自营的商业模式；有时候指的是**技术平台**，即服务于多个场景或多个租户的技术实例，如第 9 章中提到的供应商管理平台。中台和平台一样，都是服务于多个租户，只是中台的租户特指一个完整的独立核算的业务部门，而平台的租户可以是个人，可以是商家，也可以是一个场景。此外，中台背后不一定是一个技术实例，可能有多个技术实例，而平台是基于单一代码分支的单个技术实例。中台可以由多个平台组成，反之却不成立。

26.1.2　中台的历史

国内中台的概念是从阿里巴巴开始的，相关的故事不少书里有介绍，这里就不多提及了。不过中台本质上是一个对业务能力的抽象和共享的过程，其实一直存在。甲骨文公司的业务中台 Oracle Fusion Middleware 早在 2006 年就发布了。与业务语义无关的技术中台的历史就更早了，有了企业软件就有了技术中台。在互联网时代，亚马逊的 AWS 被认为是比较成功的商业化的技术中台，国内被广泛借鉴的游戏公司 Supercell，属于业务中台。

无论是甲骨文公司还是后来的阿里巴巴，做中台的动力都是大公司内部由于并购和无序发展带来的业务线大量的资源浪费和低效协同，以及由此衍生出的其他诸多问题。例如，整个公司的数字资产不统一，难以借助数据产生规模效应；团队之间互相挖角，内耗严重；公司基础设施部门的需求复杂，导致服务成本过高；等等。

先不谈中台是否能解决这些问题，有一点是毋庸置疑的，这些中台要解决的问题没有过时且未来依然会在不同的企业里发生，所以从价值创造的角度来说，**中台是一个完全值得长期研究和投入的方向。**

为了应对各业务已经形成的割据的现象，多数企业采用的办法就是把一些分散和重复的开发工作集中起来，通过共享同一个研发团队来抽象出不同业务线之间的共享技术能力，也就是通过组织的统一来最终诱导出架构的统一。这类组织就是**中台组织**。这个单一的中台组织也会带来最终的技术栈和数据模型的统一，从而消除内耗。

26.1.3 业务中台被寄予的厚望

如果企业有了这样的中台，可以创造什么样的价值呢？我们先来归纳一下经常被大家提及的中台的价值。

首先是**业务能力共享**，这也是最初被认为是中台最重要的价值。如果我们可以把同一种业务能力，如会员、营销、下单、支付等能力，在整个集团层面集中建设，然后在不同的业务线中推广，那么在避免重复建设的同时，也能放大规模效应。这里主要包括3种类型的业务能力。

（1）技术型业务的集中建设，如ChatBot、直播、内容等领域，都是FaaS/SaaS商业模式的内部应用。

（2）对完全可以复用的标准化商业能力的集中开发，未来以低/零研发成本加速一个新的业务上线。也就是说，一个之前只卖非标品的商家，可以利用同样的技术体系去卖电器或者快消品，甚至可以卖生鲜。

（3）业务层面的集中建设由一个中央团队同时提供研发、工具和对内的服务与运营，如安全、风控、财务、信息技术等。

对于第三种场景，最成功的案例是阿里巴巴的数据业务。在集团内部统一数据标准，最大化数据积累和复用，把一个业务线积累的数据优势推广到其他业务线中去，逐渐构筑企业的数据壁垒。这些数据统称为**企业的数据资产**。企业的数据资产可以通过数据应用为企业外的客户服务，最终形成以数据为商品的新商业模式，也就是我们常说的**数据业务化**。

其次，**提升业务稳定性**。对于技术产品差异不大的领域，可以通过集中研发运维来获取更高的业务稳定性。这样一个团队开发的底层服务能够同时服务多个业务场景，聚合所有流量，加速场景积累。同时，研发人员也可以通过更多的场景加速打磨设计。这种优势在会员、营销、交易、资金等业务中比较容易体现。

最后，**放大的业务资源规模效应**。把各业务线的资源集中化，变成全企业共享的供给资源，从而放大整个企业资源供给的规模效应。例如，商品中台不仅包括商品库，还包括商品质量控制体系、背后的货源和相关货源的极具市场竞争力的供货价格，而商家中台不仅包含商家的信息，还包括商家的较高的合作意愿和对集团品牌的信任。这样相比于一家初创企业，一个商家更愿意和大企业下面的新孵化的初创业务合作。事实上，**一个企业真正想跨部门复用的是从一个大业务迁移而来的市场竞争力，而不是数据和代码**。

但是，中台实际上真的可以带来这么多的价值吗？

26.1.4 中台被诟病的地方

遗憾的是，国内很多推行中台的企业频繁曝出以下弊端。

（1）**拖慢业务**：中台体系反应迟缓，在各种商业竞争中频繁败北。这似乎与前面提到的第一个对中台价值的期望背道而驰。

（2）**遏制创新**：中台化的企业普遍丧失业务创新能力，无法跟上竞争对手的步伐。

（3）**人才流失**：中台化之后的企业，优秀人才会大量流失。

（4）**伤害用户**：中台化之后的企业，会逐渐减少对用户体验的关注。如果用户不再是企业的关注点，那么最终整个企业将在竞争中丧失优势。

这就值得我们深入思考了：这些是企业本身的问题，还是中台带来的问题？我们必须深入分析被诟病的对象——中台，与观察到的现象到底有没有因果关系。

如果这些企业已经出现了上述所有问题，企业不得已祭出全企业中台化这样的大招，期望一招制胜，那么中台只是没有解决企业固有的难题，而不是带来或者放大了这些问题。因此，必须依次分析这些现象背后的细节，才能识别因果关系。

我先来分析一下拖慢业务这个弊病。中台会拖慢业务吗？答案是有可能。中台本来就是一套用来服务多个前台业务的模式。如果这些前台的业务模式和定位完全相同，并且可以完美无瑕地对接同一套中台，那么这些前台业务本来就应该合并成一个前台业务。但事实上，前台业务之所以分开，往往是各有各的特殊性，这些特殊性最终会转变成个性化的产品需求，所以中台不可能抽象之后还很完美地服务好每个前台业务。

那么在一家企业中，当不同的前台业务的体量差异非常大的时候，想用一套中台来支持这些不同的业务，就会导致大量成熟业务和强监管环境下的需求被带入创新业务中，这样不仅会给创新业务引入大量的运营复杂性，还会增加用户（买家、卖家、本地运营）的学习难度。而较小的前台业务的个性化需求无法被顾及，不但自己的需求不被实现，还要配合大业务的中台升级而不断地做改动和测试。所以，对小而另类的前台业务而言，中台势必会拖慢它们。

接下来分析遏制创新这个弊病。事实上，如果不是被强制推广到各个业务线，中台根本不会影响创新，因为对一个前台业务而言，中台就是一个额外的设计选择。前台业务可以选择自主创新，也可以选择中台的一种或多种能力。这就是亚马逊采用的模式，这也是亚马逊前台团队的创新能层出不穷的原因。

不过，国内个别大企业强制推行“大中台小前台”的策略。前台团队不能自建任何相关能力，还必须使用中台的能力来做线性组合，这种被完全中台化的业务会一下子丧失创新能力甚至是丧失自理能力。为什么呢？

因为有些大企业里有十几个中台团队。这些中台团队少则几百人，多则上千人，而一个业务前台少则几个人，多不过几十人。常常是每个前台团队中最多只能有一个人全职与上百人的中台域对接，而这个人既无法理解该中台域的全貌，也无法跟上它的演变。这就意味着前台业务无法在与中台相关的领域做任何创新。

总结而言，建设中台这个决策本身不会影响创新，但是强制推广中台且人员完全失衡的前台和中台团队会扼杀前台团队的创新。

我们接着分析人才流失这个弊病。企业搭建中台不会导致前台业务的人才流失，但是如果企业强制把一个前台业务中台化，加上中台自身的设计能力不足，那么一旦前台业务被强制接受一个相比而言次优的解决方案，前台的精英人才往往会率先离开。

不过这个流失的现象和是否建设中台没有直接的因果关系，人才流失的根源在于强制中台化制度和中台团队本身的技术能力过低。

最后分析一下伤害用户的弊病。中台和这个问题倒是有直接的因果关系的，原因有以下两个。

（1）企业建设一个大中台，而且这个大中台又和前台业务、前线用户完全隔开，那么这个巨大的中台组织设计的软件架构最终将脱离前台用户。这是符合康威定律的。

（2）中台团队的产品和研发的核心技能在于抽象和降本。前台业务的核心能力在于对用户痛点的捕捉和新商业机会的创造。这两种完全不同的技能，往往对应着两种完全不同的思维方式，也对应着两种不同类型的人才。一个长期在多个业务中间找共性来降本的人，是不会专注于最大程度地满足用户需求的。

从上面的分析可以得出结论：中台会直接拖慢前台业务并且伤害终端用户，中台也会因为强制推行的制度和不合理的人员配比而间接导致遏制创新和人才的流失的问题。

那么，中台难道一无是处吗？

有些人思考问题的时候经常把自己放在了这两种极端上。事实上，中台既不是“银弹”，也不是“哑弹”。接下来我就从不同维度去理智地、平衡地重新思考中台。

26.2 从不同维度继续剖析中台

期望的不一定是我们能得到的，被诟病的也不一定不能被容忍。

下面我就从不同视角来认真分析一下中台：中台到底可以带来什么价值？对外部竞争力的影响是什么？对成本有什么样的冲击？对企业的长期竞争力有什么样的影响？

26.2.1 从价值创造的角度看中台

建设中台，起初是为了遏制无序发展和低水平重复建设的业务线。很显然，建设中台可以遏制业务线的无序发展和低水平建设，但遏制业务线不是目标，帮助业务成长才是目标。

中台能帮助业务成长吗？能，这样的案例比比皆是。一家大企业，在一个或多个行业有垄断性的优势，这种优势就可以用来孵化新的业务。

假设一家电商大企业，拥有全网几乎所有消费者的画像。如果这个大企业想要孵化一个新的在线销售电影票的业务，就可以从现有的用户画像中，迅速找到最合适的、可以作为启动者的人群，如一线、二线、三线城市的“宅男”、“宅女”、白领人群或未婚人士，然后针对这些人群做推送。

启动之初，大企业可以在一两个城市内使用自己的营销费用来完成验证。一旦确认用户的生命周期总价值（lifetime value，LTV），大企业就可以在更多的城市推广。这时候，大企业可以让用户附近的影院承担部分，甚至全部的营销费用。

一旦拉新成功，用户将成长为大企业忠实用户，大企业也可以抽佣，带来更多的周边消费，例如提醒用户使用大企业的打车服务到电影院去。而电影娱乐的消费，又为大企业带来了大量新的画像信息，继而带来更多的精准推荐和购买。这种优势使大企业的拉新成本远低于小企业的拉新成本，而大企业的 LTV 远远高于小企业的 LTV。

那么这种能力的本质是什么呢？其实就是**用户行为数据的优势**。这就是在对垄断企业监管比较宽松的国家中会出现那些覆盖多个不同行业的巨无霸企业的原因。这也是数据中台为这些企业带来的核心价值。同样，一个电商平台的供给侧的优势也可以转化成这种能力。例如，电商行业的直播业务，就是利用现有的供给侧优势，把孵化直播业务的巨大成本从平台转嫁给商家。

既然这种价值创造是真实存在的，为什么还会拖慢业务呢？因为多数时间，一旦启动业务之后，迭代速度对业务来说就是至关重要的。

启动后多家企业进入激烈竞争。这时候中台拖慢业务的问题就显现出来了。所谓的业务能力共享，多数时候都是一个幻想。前面提到的“只卖非标品的商家，可以利用同样的技术体系去卖电器、快消品和生鲜”，事实上，完全是一个缺乏行业知识的猜测。如果扒开这 3 个行业看细节，到了相对成熟的阶段，每个行业都有各自定制的品牌、营销、分销、采购、库存、履约、服务和售后流程。这些行业所需的技术体系和人才也有很大的差异。

所以，从价值创造的角度得出的结论是：**中台对于启动一个新业务的价值很大，可以帮助一家企业利用它在用户习惯、资源供给、数据和技术上的优势，以最低成本快速启动一项新业务。**

新业务启动之后的企业更需要的是定制和加速迭代，这时中台没办法帮上忙。

26.2.2　从竞争角度看中台

中台技术可以帮助业务启动。中台到底能不能帮助一项新业务在一个激烈竞争的赛道上赢得商业竞争呢？中台最重要的假设就是业务能力共享，小业务通过图形界面拖曳就能从中台编排出来，几天就能进入一个新行业，这难道不是竞争优势吗？

这种说法根本经不起推敲。想要**在一个高度竞争的行业里长期立足，依靠的是持续高速且创新地响应市场需求**。但是，我认为中台做不到这一点。

首先，从投资者角度分析。任何一个理智投资人都不会把钱投到一个可以被大企业拖曳出来的商业模式的。看看过去几十年的计算机领域发展史，哪一个真正开创并且赢得市场的企业是从已知能力线性组合而来的？所以真正有竞争力的对手，并不怕拖曳出来的系统。

其次，从中台运营模式是否带来的外部适应性角度来分析。我在第 9 章中强调过了，一个架构师最重要的价值就是为企业注入外部适应性。所谓外部适应性，是在激烈竞争中响应外部市场变化的能力。而业务中台自身笨重，迭代缓慢，不但不能为一项小业务注入外部适应性，甚至还会伤害外部适应性。原因在于多数选择做中台的企业是带着一个主流业务十多年的历史老代码和十几个新部门的需求冲突而开始第一种能力建设的。中台首先必须支持最早孵化中台的主流业务，所以这些陈旧的代码一行都不能少。而主流业务和初创业务的需求冲突则一直存在于中台的基因里。这样一来，中台团队仅仅是修改陈旧代码去支持主流业务就已经疲于奔命了，根本就不会有额外的时间重构代码支持新业务。真正写过代码的人都知道，窖藏的酒是年代越久越值钱，代码可不是。但遗憾的是，许多中台的决策者从来就没写过一行代码。因此，中台既不会给主流业务带来外部适应性，也不会给每项业务带来外部适应性。

最后，从竞争的角度进一步分析。中台的决策者认为一个大部门沉淀了十多年的代码给到任何一项小业务都能让这些业务旗开得胜，因为这些新业务都一下子具备了老部门的经验。

但这个假设暗示一家企业可以靠一套代码和一种做事方式赢得整个市场。这个假设我认为是不成立的。这中间最根本的差异在于人性。消费者的心智在不同的场景中是不同的。我们不会用买拖鞋的心智去买冰箱，也不会用买冰箱的心智去买新房。所以，想靠最大化卖非标品[①]的经验赢得标品[②]和重资产行业的竞争是缺乏谨慎思考的。过去几年的市场竞争已经充分证明了这一点，大企业靠简单拖曳制造出来的业务，都在各自的行业竞争中败北了。

所以，从竞争角度得出的结论是：**从中台对竞争的影响来看，中台并不能创造外部适应性，也不能为前台业务在高度竞争的行业带来决定性的优势。**

26.2.3 从成本角度看中台

从上面的分析看，大企业孵化出来的小业务最终还是要面临残酷的行业与市场竞争。这样一来，大企业做新业务就不具备什么绝对的优势了，甚至有些劣势：首先，大企业里的人行动起来一般比较保守，愿意冒险的人比较少；其次，大企业的人力成本并不低，研发的速度也不快。所以如果所有的孵化业务都要从头建设，那大企业赚取的利润也都用到商业模式的探索上了。

从成本角度来看，中台给了大企业的创新业务一个以更低成本探索市场的可能。所有的小业务节省的成本最终累计起来，就是整个企业节省的总人力成本。但这是一个平衡，小业务将会因为使用中台而放慢迭代速度，也就是说，中台就是一个典型的用低人力成本换高时间成本的例子。

---

① 行业标准没有被多数商品采用的品类，如服装。

② 行业标准被多数商品采用的品类，如家用电器或手机。

因此，从成本角度得出的结论是：**中台对于企业试水新业务的价值，就在于为企业降低了新业务的尝试成本，并且可以通过数据中台提升尝试初期的成功概率，但是一个长期依赖中台的小业务必须为之付出时间代价。**

26.2.4　从构筑企业壁垒的角度看中台

中台还有一个被垂涎很久的价值。假设一个想象中的完美中台存在，那么这种完美的孵化器最终会变成企业的长生不老药。企业可以靠中台孵化出很多小业务，小业务又长大，反哺更多的数据和场景给中台，继而孵化出更多的小业务。子子孙孙，无穷尽也。

事实上，中台和所有的商业尝试一样，不论是品牌、数据，还是需求规模、供给规模，带来的规模效应不是永远线性拓展的，而是边际效用递减的。也就是说，中台后面最重要的假设，即中台有无限拓展的规模效应，不成立！

到现在为止，中台被证明的商业价值只在数据中台上，背后的技术就是主数据管理（master data management，MDM）和再利用的能力。至少在反垄断法能够有效遏制大企业的扩张之前，这种优势带来的价值可以说是令人畏惧的。这也是之前的百度、阿里巴巴、腾讯、京东、今日头条、美团、滴滴有如此强悍的扩张能力的原因。同样是对平台供给侧的控制，如阿里巴巴对商家的控制、美团对餐馆和骑手的控制，也具有非常大的价值。需求侧也一样，如今日头条和腾讯。我就不一一分析了。

但不论是需求、供给、数据的规模优势，都是边际效用递减的。

一家企业的死忠用户可能会接受企业推出的任何一项新服务，但是普通用户只会在短时间内尝试这种服务，而多数参与尝试的用户只是为了薅羊毛，在企业终止营销折扣之后就放弃使用这个服务。

同样，哪怕是全球最大的平台，也不是每个商家都应该对平台的运营要求言听计从。每个商家都有自己的定位、供给优劣势和特定的服务能力，如果一味听从平台的建议，不断尝试新的模式、服务新的人群，最后只会经不起折腾，蒙受重大损失。

事实上，数据中台也是边际效用递减的。首先是高回报的场景有限。其次，数据中台建设的前提条件是数据模型的标准化和数据语义的统一，这种对数据模型统一性和稳定性的约束，代价就是业务迭代的速度。最后，场景之间的用户心智差异会越来越大，数据的回报就会越来越小。

从企业层面看，业务中台的价值在于降低成本，但抽象带来的增量价值同样因为场景之间的用户心智、流程和规模的差异而逐渐变小。因此抽象的终局是零和博弈，不过是把前台的事情交割给中台去做。没有更高的效率，只有工作的转移。

另外，业务中台要加速业务迭代，边际效用也是逐渐减少的。一个健康行业的需求永远都在进化，不存在超前的完美设计。业务中台在业务起初时能产生最大的价值，之后就会逐渐衰减。

所以，从构筑企业竞争壁垒的角度得到的结论是：**天下没有免费的午餐，业务中台也是一种平衡。业务中台仅仅在有限的场景和有限时间内能为企业构筑竞争壁垒，但最终也要以企业的迭代速度为代价。**

26.3 中台失败的最大根因在于分封机制

接下来我通过分析思维来推演中台的合理定位和建设路径。

如果总结一下业务中台创造价值的领域，可以归纳出以下 6 类。

（1）**低成本上线**：同一个功能模块在多个场景中被使用，要求该能力的接口确定性高。

（2）**加速上线**：同一个基础能力不需修改，或者简单修改即可上线，也就是模块化支持，要求高 API 确定性和好的功能通用性。

（3）**提升稳定性**：同一个业务能力持续打磨，要求需求能同时具备高的接口稳定性和好的跨业务线通用性。

（4）**加速能力扩散**：基础业务能力可以跨业务线模式，要求该能力具备比较好的通用性，可以在多个业务线之间共享。

（5）**统一数据资产**：数据模型可以在多个业务线之间统一，对功能的通用性要求高，且业务需求相对稳定。

（6）**企业资源高效利用**：业务能力共享，不仅仅是技术资源，其实是业务能力有高通用性且需求稳定。

如图 26.2 所示，我把中台这 6 类创造价值的场景放在了一个四象限图里，其中横轴代表技术演化的稳定性，纵轴代表功能的通用性。

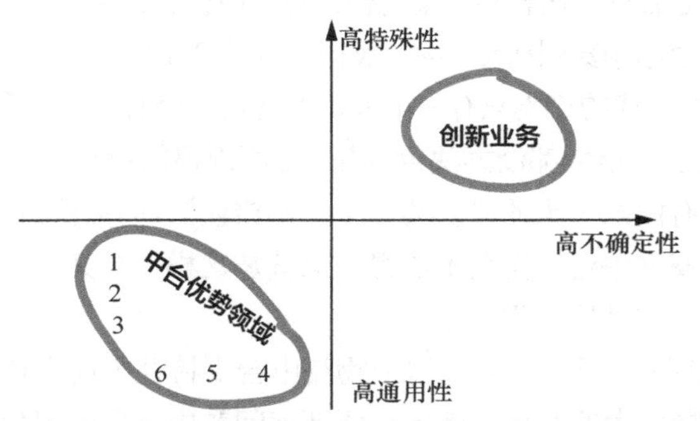

图 26.2 中台能够创造价值的优势领域在于高通用性和高确定性的场景

图 26.2 表明，中台的优势领域在第三象限。在这个象限中，技术具有高确定性，（业务）功能通用。比较好的例子是云计算、芯片、支付、物流等。第二象限属于比较稳定，但是不通用的小众行业。第四象限属于普遍流行，但是高速变化的领域，如自媒体、娱乐和游戏等。而第一象限属于创新业务，不但定制化程度高，而且演化快速。例如，垂直行

业的创新技术或者监管依然在不断调整中的领域，当下很火的 Web 3 和大语言模型应用就是很好的例子。

从适用性角度来说，我们可以得出这样的结论：**中台的使用范围是有限的，仅限于技术演化相对慢且功能通用性高的场景。**过往中台的失败案例也集中在把中台强推到创新业务中的场景。

26.3.1　中台在演进慢和通用性高的场景中的失败案例分析

前面的分析似乎很完美了，但是这里还有一个非常大的疑点。

对于物流、供应链、财务这种在全球范围内标准化比较彻底、全球的业务形态上又比较类似、演化也没那么快的领域，怎么没有看到国内的企业能取得类似 Supercell 中台那样的效率呢？为什么在欧洲的一些国家里，靠 100～200 个研发人员便能撑起一个独角兽企业，甚至是跨多个大洲的超级独角兽企业？

值得一提的是，类似 Supercell 的中台并非个案，截至 2021 年，仅仅百万人口的小国爱沙尼亚就有 10 家独角兽企业，他们的中台团队也不过是百人左右。为什么国内的中台动辄就是成百上千人的研发团队，但效率更低呢？

先举一个我经历过的国际化物流中台在海外彻底失败的案例。

海外的物流体系不发达，包裹损坏和丢失是常事儿，而且损坏和丢失的原因也五花八门。商家抱怨看不到真实原因而不断投诉平台，所以商家运营团队期望商家系统能够把从物流终端和第三方系统中收集到的各种本地定制的、非标准化的原因描述直接透传给商家。不过，国际化物流中台和商家中台都不支持透传非标准化的原因描述。

于是这么一个变更需求，就需要商家前台、商家中台、订单中台、供应链履约中台、物流中台、物流前台、物流商接入团队、物流数据团队等 3 个国家 8 个团队数百人同时协作，而他们在整个企业中汇报线的交集只有一个人，那就是一个有十几万员工的大集团的 CEO。

这个问题整整拖了一年半都没办法得到排期。原因很简单也很合理：就海外业务来说，累积一年的订单都没有国内一天的多。为一个“小错误”，而去修改一个支持日峰值 10 亿物流的中台或全球的商家中台，完全不值得！但就是这样一个又一个不值得的小需求，加在一起就成了压死骆驼的最后一根稻草。

这里最重要的根因有两个：一是，这个物流中台支持几个前台业务的规模和优先级差异很大，当优先级差异太大的时候，就像任务调度问题中常见的现象一样，低优先级任务会被饿死；二是，这个物流中台和其他多个中台一起被强制打包，任务调度的优先级协调更加困难，死锁和等待频繁，前台业务的需求如果不容易分解就会被频繁降级。

这种规模严重不匹配的场景在技术侧也存在。举个例子，我所在的团队开发的一个营销场景 Java jar 包，之前只有 130MB，在营销领域被中台化之后，超过了 3GB。也就是说，中台的解决方案巨大、复杂、缓慢、低效，是拖慢业务的一个重要因素。

这还不是根因。我有幸接触过芬兰和爱沙尼亚的几家独角兽企业，他们的全球业务体量其实差异也很大，爱沙尼亚本土、欧盟、非洲国家、美国的独角兽企业的体量也相差三到四个数量级，那么他们为什么可以支持这么大跨度的业务体量呢？

分析到这里，我们就开始接近国内中台失败的根因了。

26.3.2 国内中台各种弊端的根因

我先来总结一下国内中台常见的管理和建设方式。

（1）**中央集权**：对哪个团队做中台或者哪个人来设计中台的决策，是自上而下的中央决策。做中台的人缺少必需的抽象能力和业务理解能力。

（2）**忽视产权，掠夺创新**：中台的推行机制往往是个掠夺的过程。对业务线的创新直接复制，复制之后就立即裁撤前台团队，不尊重发明者的知识产权和劳动。中台所到之处，寸草不生。

（3）**独家授权**：中台能力一旦发布，由中台团队独家专供，哪怕功能不完善、设计不合理，也不允许业务团队复制或分支。前台业务线不仅看不到代码，不能改动数据模型，还不允许另外搭建自己的版本。

（4）**强制推行**：中台为了做规模，强制向业务线推行，业务线则被迫接受中台的设计方案、被迫修改上层代码，削足适履，消耗严重。每次中台升级，小的业务部门更是叫苦不迭，故障频发。

如果拿这些管理和建设方式与前面提到的中台弊端对照一下，就不难明白为什么中台有拖慢业务、遏制创新、人才流失和伤害客户的弊端了。国内的中台一出生就具备绝对的权力，这使得针对中台的权力分配变成了类似封建王朝的分封或者专卖权授予的过程。有没有能力不重要，重要的是“生在帝王家”。

那么，建设中台在国内为什么会从一项工作变成一种权力呢？原因是国内几乎所有大企业都有着同样的晋升和薪酬激励机制：一个人管理的研发团队越大，层级越高，收入也越高。这种机制有一个巨大的弊端：奖励组织膨胀的机制必然会带来组织的膨胀，而组织膨胀最终会因为康威定理的作用，导致整个软件系统设计臃肿，运行缓慢。这就是常说的膨胀软件（bloatware）。

北欧国家人口稀少，造就了崇尚简约、尊重原创和组织扁平的研发文化。相比之下，我国的高科技从业人数全球第一，过去 10 年间又有大量新的从业者不断加入。这些新的从业者又普遍有大企业情结，期望为一个技术品牌相对较高的企业工作。

也就是说，大企业具备了孵化中台的条件，且有源源不断的、对成长没有太多诉求的劳动力。所以，客观上说，国内大企业的确存在组织膨胀的土壤，有了土壤，又有了不合理的激励机制，膨胀就变成必然了。这种膨胀现象当然不局限于中台，整个企业都在膨胀。但是，这种膨胀对中台而言是灾难性的。一个膨胀的业务线伤害的是自己，但一个膨胀的中台伤害的是整个企业。

这就是国内中台建设的失败根因。

26.4 关于建设中台的正确路径的思考

找到了最大的失败根因，就可以寻找相应的解决方案了。失败的根因在于机制，解决的办法也在机制。接下来我就介绍一下中台的组织和运行机制。

26.4.1 中台的正确组织和运行机制

什么样的机制才是合理的？很遗憾，我也不知道终极答案。但是，我们可以用前面提到的全方位思维的方式，从失败中寻求教训，从历史中寻找启发。

我在26.3.2节中列举的4个问题并非中台独有的，这4个问题其实和封建社会的分封机制类似：本来应该由市场选择、良性竞争和创新来完成的事情，现在却被强权和封建制度所禁锢。

而历史上打破这种禁锢的事件，其实在世界各地都成功上演过，那就是工业革命和它背后的机制。从某种程度上说，这些机制就是把人类从封建社会的束缚中解放出来，释放人类的创造力及其潜能。所以从历史观来看，工业革命背后的机制就是我们可以借鉴的出路。

那么，这些机制具体是什么呢？

（1）**市场选择**：机会配置由市场决定。

（2）**保护产权**：尊重知识产权和创新，保护参与者的创新意愿。

（3）**自由准入**：通过自由准入来维持市场活力。

（4）**自然收敛**：最终通过需求带动的规模效应形成统一的事实标准。

这些机制映射到中台建设上，就是一组公平的、合理的、能保障长期价值创造的组织的运行机制，主要包括以下4种机制。

（1）由市场来选择最好的中台的提供者和最合理的设计。

（2）尊重原创，通过溯源和产权机制保护创新。

（3）自由准入，不做自上而下的独家专供。

（4）由市场化的经济机制，将技术加速收敛到规模效应最强的技术上。

有了这些机制，中台就不需要被强制推行了。中台化是市场演化的结果，而不是行政命令。

虽然我们不能证明这就是终极的中台机制，但至少可以从思想实验的角度思考这种机制是否可以避免过去国内中台建设所经历的一系列失败。

接下来，我就通过解释这4种机制的实施方法来分析它们的作用。

第一，逐步建设市场机制。由前台业务线研发来做选型决策，保障业务优先。同时，通过控制前台业务线的总人力成本，引导业务线做成本最优的决策。最终，靠市场和预算驱动最经济的决策和最合理的布局，防止中台或前台的膨胀。中台和前台必须有统一的研发体系和人才流转机制。在考核指标上，前台考核业务增长，中台则考核前台对新需求响应的延迟、前台定制的成本和接口的高稳定性。

第二，尊重原创。把中台变成根据需求的迭代而自我进化的过程。**中台的代码边界、组织边界和服务边界都不需要完全相等**。代码可以由原创团队用 SDK 发布并共享，发明者自己、他的团队、其他团队都可以包装这个 SDK，并对外提供服务。其他前台业务可以直接引用 SDK，也可以引用其他团队包装后的服务。也就是说，中台不是中央授权的，而是因为原创内容的价值逐渐提升和普遍接受的。

第三，建设自由准入能力，同时鼓励经营和创新。将中台的代码开源，允许前台业务分支，建设去中心化研发体系，加速分布式创新。同时，为了鼓励中台经营，通过控制前台业务线的研发成本防止重复造轮子。对中台定期做设计评审和日常的变更约束，避免频繁的技术重构，并保障大版本的迭代能跟上竞争的需求。

第四，控制前台的资金投入，迫使前台在自研和中台之间做选择。通过经济机制迫使前台把有限的资金最终投到增值最大的技术上。前台团队会部分或者全部选择中台技术而不是重复造轮子，而被前台选择的技术会获得相应的激励，进一步提升中台和该前台的适配性。

总结下来，**中台的建设要有与之匹配的市场化的、尊重原创的、鼓励经营的组织和激励机制**。有了中台相关的整体的市场、文化和产权机制之后，我们就具备了建设中台的"人和"。那么，中台建设有"天时"和"地利"吗？答案是有的。

26.4.2 中台的启动时间和环境

我们得出了中台的正确定位和组织机制，那么什么时候可以开始在企业里做中台呢？

如图 26.3 所示，它描述了中台启动之后的前台复杂度的变化。首先，随着时间的推移，中台服务的调用频次指标 QPS（每秒查询率）呈指数关系逐渐上升业务部门数逐渐上升，变更频次逐渐下降。

由图 26.3 可见，太早上线中台，其实价值不大。极端情况就是一两条业务线之间做复用，中台带来的合力还抵不上增加的重构成本、沟通成本和人力开销。所以，**中台需要一个正确的启动时间**，也就是我们说的天时。这个天时发生**在具备核心技术竞争力的企业在迅速扩张到多个垂直市场之前**。

如果一家企业有了一个核心技术，而且这个核心技术在多个行业中都可以创造价值，如机器人技术或者图像识别技术，那么这家企业可能在短时间迅速扩建多条业务线，各自在应用场景上有差异但是基础技术相似，可以共享。这时候多条新业务线同时处在探索期，都需要控制成本和加速启动，那么中台就可以创造最大的增值。

如果我们做一个简单的建模就会发现，业务线的体量、业务线的数量和需求变更的频次是决定这个中台的研发复杂度的核心因素，可以大致建模为：

中台变更复杂度 = (QPS × 业务部门数/变更频次)

任何一个服务，QPS 越低，依赖这个服务的业务部门数就越少，迭代得就越频繁，那么变更的难度就越小，变更带来的风险也越小，如图 26.4 所示。

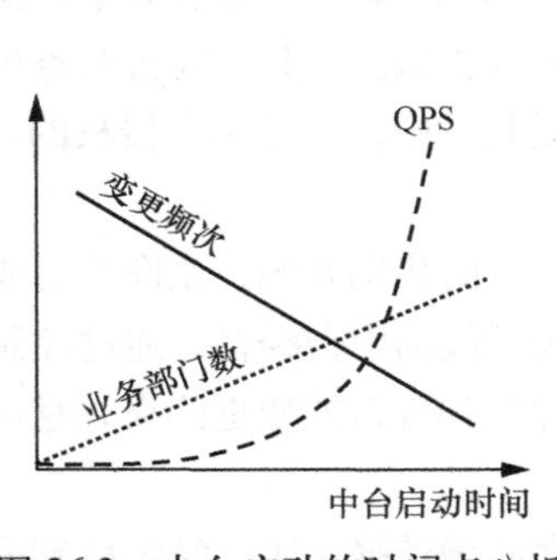

图 26.3　中台启动的时间点分析

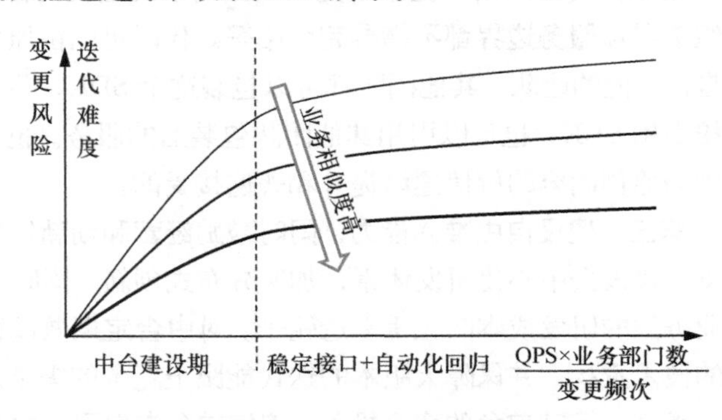

图 26.4　中台建设的时间选择

因此，建设中台的企业最好有多条仅有局部定制的业务线，它们的体量相似，QPS 都不高，业务线间相似度高，多条业务线的变更频次基本稳定。

在中台建设期间，由于自动化测试能力还不够，接口设计还不完善，团队成员的运维和沟通能力还在成长中，因此风险上升相对来说比较快。等中台建设相对完善了，风险的增长和迭代难度就会逐渐变缓。

26.4.3　中台的质量保障和交付要求

一旦过了孵化期，建设一个实体的中台就必须建立机制，对中台软件提出完整的要求和约束，防止出现膨胀软件和 PPT 软件的情况。

当然，这么做也有很实际的考量。以前各家公司开发中台，很少对中台软件做系统性的要求。中台团队想交付什么就交付什么。结果是软件质量参差不齐，往往是项目的时间节点一到，中台团队就有什么就算什么，前台团队叫苦不迭。前台业务团队如果稍有抱怨，未来的需求就免不了遭受打压。

为了避免这种情况，架构师必须对中台的软件的设计和交付做出要求。这些要求可以大致分成两类，一类是必要条件，另一类是充分条件。先说两个必要条件。

（1）**中台软件必须具有可解释性**，也就是说，中台能力可以被分解成一组可以被完整描述的行为。这里特别要强调一下完整描述。有些团队做中台，先不说自己能做什么，而是先占领一个关键词，然后再后问前台业务团队想要什么。“你想要什么我们就可以做什么”，这是一种典型的圈地心态。对做什么功能、解决什么问题，完全没有任何前瞻思考，结果就是越做越无序，前台团队跟着变得越来越低效。

（2）**中台必须具备可验证性**，也就是说，中台的结果可以验证，中台交付的功能可以被证伪或被证真。这是对中台功能可验证性的要求。很多中台是从业务线里划分出来的。由于需求繁忙，一般不会对自己的边界做清晰的定义，也没有完备的自动化功能测试，更别说场景集成测试了。哪怕有边界，也经常变动，没有兼容能力。可验证性的要求就是对能力和兼容性做限制，避免中台堕入深不可测的状态。

这两个必要条件解决了中台提供能力的可封装性和可用性。也就是说，如果中台满足必要条件，那么**一个前台团队根据能力的描述，可以验证后再决定是否使用一个中台功能。**

接下来介绍两个充分条件。

（1）**中台软件必须具备可隔离性**，也就是说，中台能力应该由多个相对独立的模块构成，每个模块对相关实体的状态改变必须隔离在模块内部。这个要求可以确保前台对中台的最小化，而且对中台的依赖可以局限在前台的个别业务模块中。这样做，既不会降低整个系统的稳定性，也可以防止中台过度侵入到前台，无序扩张。

（2）**中台的模块必须可以被局部替代**，也就是说，中台的各模块加载独立，且个别模块所封装的能力可以被等价接口所替代，而不影响剩余的模块功能。这个要求与前面可解释性/可验证性一起，就可以允许业务线对中台形成部分依赖，而不是只要依赖中台的一个功能，就必须依赖其所有功能。

这两个充分条件保障业务线可以灵活选择最有价值的中台模块，而不是为了接入一个中台功能就要用所有的中台模块替换前台功能。

这样一来，一旦中台同时满足这几个充分条件和必要条件，就既可用，亦可弃，满足了中台作为一个通用能力加速业务线迭代的要求。

26.4.4 中台的退出机制

不是说建设了一个中台就永远存在了，中台也要有竞争和退出机制。**架构好不好，赢得市场的认可才是第一性的。**内部的中台也必须证明它的市场价值，一旦市场放弃它了，那么它作为一个中台的价值就不存在了。

这种市场机制反映到中台的架构决策上就是中台团队也要以客户第一的心态追求市场认可和用户满意度，通过用户的信任获得更大的成长空间。这就意味中台团队应该主动选择以下技术设计。

（1）**架构顺应需求**。市场机制意味着市场选择会淘汰落后的中台。多数时候，由业务线的需求决定中台的架构选型，而不由中台自行随意想象。从前台业务的实践来看，如果中台的架构不合理，前台团队就不会选择这个中台技术。一旦被多数人放弃，这个落后的中台架构就消亡了。

（2）**中台扁平化**。整个中台强制要求扁平化的微服务化设计，降低依赖深度，加速复制，鼓励中台团队内部的竞争。也就是说，中台团队要鼓励团队内部竞争来提升自身的外部竞争力。一个中台可以占领搜索中台这样的大关键词，但是开源的要求和依赖复杂度的要求意味着它必须提供足够优秀的解决方案，否则就会被分支掉。

（3）**模块化开发**。中台必须由最小可用的独立模块构成。各模块之间有明确的边界、独立的文档，可独立设计/发布/被替代/升级。模块尽量以原子服务模式向外提供 API，模块间的依赖主要是服务依赖。这种模块化开发让它们更容易被传播和引用。一旦前台团队尝试了一个中台模块并且非常满意，那么中台团队就可以很容易地把自己的其他模块介绍给前台团队了。

（4）**边界可自由重组**。允许其他团队或者中台团队自己对中台边界进行重组，从而提升中台可以提供的能力范围或者在某个垂直场景加速进化。这样中台团队的适应性会提升，只要有足够的市场需求，这些重组后的模块也可以成长为一个新中台。这样现有中台的最核心能力就能在整个企业内部形成最大程度的复用。

中台的具体边界和抽象深度是非常有挑战性的问题，往往是一个平衡，没有对错。对此，中台团队应该有以下的**设计追求**，也就是通过上面的边界重组机制最大化以下两点。

（1）**边界合理**。寻找中台的正确边界，平衡研发成本和业务迭代速度。中台的边界应当使得 API 最简化。

（2）**最大化信息增值**。中台对多个业务的抽象逼近最优，模型在信息量最大的情况下能够保持相对稳定。图 26.5 展示了一个具体的例子，左侧模型简单，相对稳定，但是在这个模型下能够提供的服务粒度比较粗。右侧模型更复杂，在这个模型下能够提供相对更细粒度的服务。但是，如果后者能够同时适用多个业务线的现有模式，那么它的信息更容易增值，在当前的业务矩阵之下就是一个更好的模型。

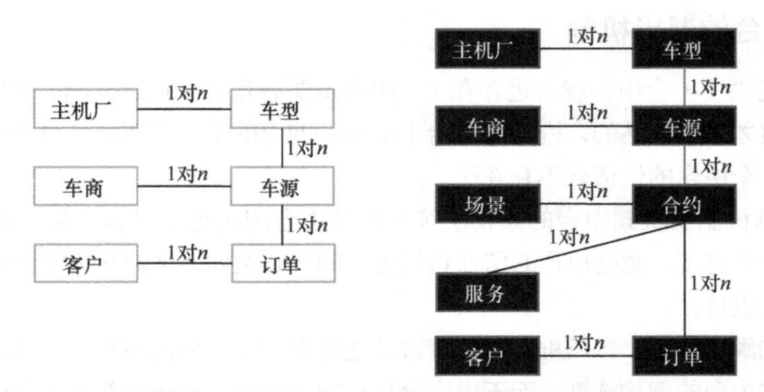

图 26.5　中台的模型设计原则应该是在满足抽象需求下最大化信息增值

事实上，**抽象粒度这件事情不由架构师说了算，具体要分解成什么粒度由市场说了算**。这一理念我在 15.4 节中介绍过。

中台技术是服务前台用户的。中台团队提供给前台团队的微服务的粒度、服务保障（如

SLA)、迭代速度等，必须保证前台团队能赢得竞争才行。这也意味着架构师的取舍不是一门艺术，而是一个理性思考的过程。也就是说，一个中台团队马马虎虎做一个粗粒度的服务，还不如不做。事实上，这也是很多中台尝试最后一败涂地的原因之一。

有了退出机制，再加上前面提到的正确的中台启动时间、完善质量保障、交付的充分条件和必要条件保障和完整的市场竞争机制，那么中台就可以确定地为企业创造价值了。前台团队也可以放心地建设或者使用中台了。

26.5 小结

中台是一个宏大而复杂的话题。本章主要是从分析思维出发，从假设、问题、解决方案一步一步分析中台的失败根因。在发现根因之后，再寻找解决方案的过程。

本章篇幅虽然很长，但是相比中台的场景复杂度、激烈的市场竞争、巨大的组织挑战、长期的多个部门之间的需求冲突而言，我们分析的篇幅远远不够。有些企业每年投入几千名研发人员建设中台，连续投入六七年，最终却有很多令人遗憾的失败。没有深入的分析是很难理解失败的根因的。

从来都没有和中台打过交道的人，可能不太容易理解本章的内容。对多数读者而言，理解分析细节不重要。重点在于学习分析的方法：我们整个思考过程就是其实就是一个复盘过程。我们要不断的提出问题，挑战假设，一直挖到根因。

具体到本章的内容，我认为对你比较有价值的结论有以下几个。

- 企业对中台的需求确实存在。
- 中台在加速启动和压缩成本上对企业是有价值的。
- 中台以损失部分的外部适应性和迭代效率获得价值。
- 分封机制的重大弊端应该是一些国内企业中台失败的根因。
- 解决国内现有的中台问题的一个可能是引入市场机制。
- 中台不是靠相信就能成功的，简单地相信就是交智商税。

我觉得吸收到这些知识就足够了。最终，我还期望你能从本章中学习到分析思维的价值。

26.6 思维拓展：从日常生活中寻找思考案例

我在第 25 章中提到思考力是架构师最重要的能力，本章通过中台给出了一个深度思考的具体案例。

锻炼自己思想实验的机会有很多。例如，我经常用的办法就是在看论文看到一半的时候思考作者会如何解决这个问题，然后再读下去试图领略作者思路的精妙之处。

我个人比较喜欢背包旅行，因此比较喜欢读户外探险者的自传。我在我的极客时间专栏中曾经花大量篇幅分析了罗阿尔德·阿蒙森（Roald Amundsen）和罗伯特·斯科特（Robert

Scott）的南极探险案例。虽然这个案例内容与软件架构没什么关系，但是阿蒙森和斯科特在未知环境下挑战高风险目标的过程和互联网企业非常类似。

这个案例曾经被投资界、商业界和企业管理界反复研究，尤其是阿蒙森，阿蒙森的文笔很好，他传世的传记有很多，每本都是经典的高风险决策案例。他的探险过程难度之大，至今都没有其他人在类似条件下成功复制过。一百多年过去了，他的文章读起来依然惊心动魄。

历史上还有很多案例和互联网极其相似。马克·吐温的名作《密西西比河上》（*Life on the Mississippi*）和《苦行记》（*Roughing It*）也是冒险家和资本在疯狂追逐利润的纪实文学，内容引人入胜且令人深思。

从其他学科和日常生活中寻找思考案例的地方还有很多。重要的是在看到这些有价值的案例的同时，要通过想办法发掘其他的信息源来帮助我们做更好的独立思考。尤其是在不同的决策者都各持己见的时候，我们更要尝试拨开迷雾，逼近真理。

从某种角度讲，我并不是真正喜欢软件架构，我从内心里更喜欢的其实是独立思考。期望本书也让你爱上独立思考，不论你做不做架构师。

26.7　思考题

1. 你有过失败的中台经历吗？能否将你的案例分享出来？其中的根因是什么？和我在本书中提到的这些原因有关系吗？
2. 你所在的团队或公司有成功建设中台的案例吗？成功的原因是什么？
3. 你有没有发现生活中比较有价值的思考案例？你能介绍一下这些案例吗？为什么你认为这个案例比较有价值？